T0222235

Mit harmonischen Verhältnissen zu Kegelschnitten

Lorenz Halbeisen · Norbert Hungerbühler · Juan Läuchli

Mit harmonischen Verhältnissen zu Kegelschnitten

Perlen der klassischen Geometrie

2. Auflage

Lorenz Halbeisen
Departement Mathematik
ETH Zürich
Zürich, Schweiz

Norbert Hungerbühler
Departement Mathematik
ETH Zürich
Zürich, Schweiz

Juan Läuchli
Fachschaft Mathematik
Kantonsschule Frauenfeld
Winterthur, Schweiz

ISBN 978-3-662-63329-8   ISBN 978-3-662-63330-4   (eBook)
https://doi.org/10.1007/978-3-662-63330-4

Die Deutsche Nationalbibliothek verzeichnet diese Publikation in der Deutschen Nationalbibliografie; detaillierte bibliografische Daten sind im Internet über http://dnb.d-nb.de abrufbar.

Planung/Lektorat: Annika Denkert
Springer Spektrum ist ein Imprint der eingetragenen Gesellschaft Springer-Verlag GmbH, DE und ist ein Teil von Springer Nature.
Die Anschrift der Gesellschaft ist: Heidelberger Platz 3, 14197 Berlin, Germany

Vorwort

An wen wendet sich dieses Buch?

In erster Linie richtet sich dieses Buch an alle, die sich an klassischer Geometrie erfreuen. Insbesondere ist das Buch gedacht für Lehrende der Sekundarstufe II, für interessierte Schülerinnen und Schüler sowie für alle interessierten Laien. Da kaum Vorkenntnisse in Geometrie vorausgesetzt werden, eignet sich das Buch auch zum Selbststudium.

Warum wurde dieses Buch geschrieben?

Im Zuge der Schulzeitverkürzung in allen deutschsprachigen Ländern und durch den Wegfall von Mathematikstunden wurde nicht selten die Geometrie drastisch gekürzt. Da elementare Geometrie auch im Fachstudium nicht vorkommt und in der Lehrdiplomausbildung lediglich unter dem Aspekt der Fachdidaktik behandelt wird, besteht die Gefahr, dass langfristig grundlegende Kenntnisse in klassischer Geometrie verloren gehen. Um dieser Entwicklung entgegenzuwirken, haben wir in diesem Buch versucht, die Schönheit der griechischen Geometrie deutlich zu machen und zu zeigen, dass Geometrie mehr denn je ein Grundpfeiler für den Aufbau von mathematischem Verständnis ist.

Der ästhetische Aspekt erschließt sich durch die Klarheit der Einsichten sowie die Entdeckung überraschender Zusammenhänge. Harmonische Verhältnisse spielen dabei immer wieder eine zentrale Rolle und ziehen sich daher wie ein roter Faden durch das ganze Buch. Es werden durchgängig elementar zugängliche Beweise angeboten, sodass sich im Aufbau keine Lücken in der Theorie ergeben, welche uns bis zu den Kegelschnitten führt.

Aufbau des Buches

Der größte Teil des Buches widmet sich dem sorgfältigen Aufbau der Theorie, beginnend mit dem Satz von Thales bis hin zur Theorie der Kegelschnitte und den klassischen Sätzen von Pascal und Brianchon. Nach der Theorie werden in jedem Kapitel in den Anmerkungen die Resultate in ihren historischen Kontext gestellt und mit Literaturangaben unterlegt. Daneben findet man jeweils am Ende der Kapitel einige weiterführende Resultate sowie ausgewählte Aufgaben. Diese Resultate und Aufgaben ergänzen und vertiefen die Theorie, sind aber nicht notwendig für das weitere Verständnis des Textes. Am Schluss dieses Buches haben wir ein Kapitel mit „Kleinodien" angefügt, in welchem, aufbauend auf dem Haupttext, diverse Sätze der klassischen und neueren Geometrie behandelt werden.

Um auch Personen ohne Vorkenntnisse in Geometrie den Einstieg ins Thema zu ermöglichen, enthält das Buch einen Anhang mit elementaren Resultaten zur zentrischen Streckung, den Strahlensätzen und einigen Folgerungen. Auch hier werden durchwegs elementare Beweise angegeben, sodass sich dieser Anhang auch für den direkten Einsatz in der Schule eignet.

Dank

Das vorliegende Buch ist mit großzügiger finanzieller Unterstützung der Eidgenössischen Technischen Hochschule (ETH) Zürich entstanden. Für diese Unterstützung möchten wir der ETH ganz herzlich danken. Weiter danken möchten wir dem Kanton Thurgau, der einem der Autoren während der Entstehung des Buches ein Weiterbildungssemester gewährt hat.

Die meisten Figuren wurden zuerst mit GeoGebra gezeichnet und dann als PSTricks ins Manuskript eingefügt. Danken möchten wir deshalb auch den Entwicklern dieser kostenlosen, fantastischen Geometrie-Software.

Einen speziellen Dank möchten wir auch Frau Kristine Barro für die sorgfältige Durchsicht des Textes aussprechen. Ebenso gebührt unser Dank Frau Tatjana Strasser und Frau Regine Zimmerschied vom Springer-Verlag für das sorgfältige Lektorat sowie Frau Annika Denkert und Frau Bianca Alton für die geduldige und umsichtige Anleitung durch den Verlag. Danken möchten wir schließlich auch all jenen, die uns bei diesem Buchprojekt unterstützt haben.

Bemerkungen zur zweiten Auflage

Die zweite Auflage des Buches enthält neu Lösungen und Hinweise zu allen Aufgaben. Zusätzlich wurde das Kap. 8 um einen Abschnitt über die Zyklographie erweitert. Diese heute fast vollständig der Vergessenheit anheimgefallene Abbildung erlaubt eine verblüffend einfache und elementare Lösung des Apollonischen Berührungsproblems. Das Kap. 8 enthält neu auch einen Abschnitt über das Ceva- und das Anti-Ceva-Dreieck sowie einen Abschnitt über trilineare Koordinaten. Damit wird die Tür zur modernen Dreiecksgeometrie einen Spaltbreit weiter aufgestoßen.

Inhaltsverzeichnis

Einleitung

Das Buch behandelt die klassische Geometrie der Kreise und Kegelschnitte aus der Perspektive der griechischen Mathematik. Vielleicht hätte Apollonius es in ähnlicher Weise geschrieben. Obwohl auch Aspekte der Mathematik des 17. und 18. Jahrhunderts vorgestellt werden, etwa die Sätze von Pascal und Brianchon oder die Theorie der Polaren und Chordalen, bleiben die Beweise elementar zugänglich und dennoch rigoros. Auf diese Weise stoßen wir bis ins 19. Jahrhundert vor, als Poncelet die projektive Geometrie aus der affinen Geometrie löste und damit zu neuen Ufern aufbrach. Bei der Auswahl der Inhalte hatten wir stets die Perlen der Elementargeometrie im Blick, und bei der Darstellung steht die Ästhetik einfacher und eleganter Überlegungen im Vordergrund, wobei die harmonischen Verhältnisse eine wesentliche Rolle spielen.

Das Buch beginnt mit dem Satz von Thales bzw. mit dem Peripheriewinkelsatz, der bis zum Satz von Pascal für Kreise ausgelotet wird. Im zweiten Kapitel führen die Winkelbetrachtungen am Kreis zum Sehnen- und Sekantensatz, auf denen anschließend die Theorie der Chordalen aufbaut. Das dritte Kapitel beleuchtet harmonische Verhältnisse, welche an Drei- und Vierecken auftreten. Diese Überlegungen münden in einer gemeinsamen Betrachtung der Sätze von Ceva und Menelaos. Im vierten Kapitel werden die bisherigen Ergebnisse kombiniert zur Theorie harmonischer Punkte am Kreis: Vom Kreis des Apollonius gelangen wir über die Polarentheorie zum Satz von Brianchon am Kreis. Das fünfte Kapitel ist einer Apollonischen Berührungsaufgabe gewidmet, nämlich einen Kreis zu konstruieren, der drei gegebene Kreise berührt. Es zeigt sich, dass dieses Problem im Lichte der Chordalentheorie eine sehr elegante, einfache und überraschende Lösung besitzt. Das sechste Kapitel behandelt die Inversion am Kreis, mit welcher wir unter anderem den schönen Schließungssatz von Steiner über sogenannte Kreisketten, wie in der nachstehenden Figur dargestellt, beweisen werden.

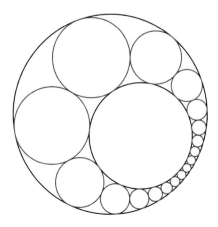

Das siebte Kapitel hat zum Ziel, mithilfe der Zentralprojektion die Tür zur Theorie der Kegel-
schnitte aufzustoßen. Auch hier spielen harmonische Verhältnisse wieder eine zentrale Rolle.
Die Sätze von Pascal und Brianchon für Kegelschnitte bilden den krönenden Abschluss des
Haupttextes. In den „Kleinodien" sind schließlich diverse Sätze der klassischen und neueren
Geometrie zu finden, welche aufbauend auf dem Haupttext behandelt werden.

Vorkenntnisse

Je nach Vorkenntnissen empfehlen wir den Leserinnen und Lesern im Anhang A zunächst
die Abschnitte zur zentrischen Streckung, zu den Strahlensätzen und einigen Folgerungen zu
konsultieren, bevor sie sich dem ersten Kapitel widmen.

   Ansonsten setzen wir nur Kenntnisse voraus, welche unmittelbar aus den Axiomen der eu-
klidischen Geometrie (inklusive Parallelenaxiom) folgen. Zu diesen zählen unter anderem:

- Die Winkelsumme im Dreieck ist $180°$.
- Die Stufen- und Wechselwinkel an Parallelen sind gleich groß.
- Die Basiswinkel im gleichschenkligen Dreieck sind gleich groß.
- Ein Punkt, welcher denselben Abstand zu zwei Punkten hat, liegt auf deren Mittelsenk-
  rechten.
- Eine Tangente an einen Kreis steht immer rechtwinklig zum Berührungsradius des Kreises.

Diese und weitere Sätze finden sich alle in den ersten Büchern von Euklids *Elementen* [18]
oder, in moderner Form, bei Hilbert [27] und Hartshorne [24].

   Bei unseren Konstruktionen mit Zirkel und Lineal setzen wir ebenfalls nur elementare Kon-
struktionstechniken voraus. Zu diesen gehören zum Beispiel *Lot fällen*, *Lot errichten* oder *Mittelpunkt einer Strecke konstruieren*.

Terminologie

Die geometrischen Begriffe, welche in diesem Buch verwendet werden, wie zum Beipiel
Peripheriewinkel, *Sehne*, *Sekante*, *Zentrale*, gehören zur klassischen Terminologie der eu-
klidischen Geometrie. Wie üblich werden Punkte und Ebenen mit Großbuchstaben und
Strecken sowie Geraden mit Kleinbuchstaben bezeichnet. An einigen Stellen werden auch
Strecken*längen* mit Kleinbuchstaben bezeichnet, obwohl wir sonst durchgehend *Strecken*
und Strecken*längen* unterscheiden: Sind A und B zwei Punkte, so bezeichnet $\overline{AB}$ die *Strecke*
zwischen A und B und $\overrightarrow{AB}$ die *Länge* dieser Strecke. Wie üblich bezeichnet AB die Gerade
durch A und B. Wir möchten an dieser Stelle erwähnen, dass Strecken, Geraden und Ebenen
zu sich selbst parallel sind. Ebenso sind Strecken, welche auf einer Geraden liegen, zu dieser
parallel. Der projektiven Geometrie entnehmen wir den Begriff *kollinear*, um auszudrücken,
dass mehrere Punkte auf einer Geraden liegen. Und *kopunktal* nennen wir Geraden, die durch
einen Punkt gehen.

Literaturüberblick

Die Literatur zur elementaren Geometrie und ihrer Geschichte ist außerordentlich umfangreich. Um interessierten Leserinnen und Lesern die Orientierung zu erleichtern, geben wir hier einige Hinweise in Form einer kommentierten Literaturliste, die selbstverständlich keinerlei Anspruch auf Vollständigkeit erhebt:

Zur Ergänzung

- Adams [1, 2]: Abgesehen von den Kegelschnitten waren die beiden Bücher von Adams am Anfang eine Art Modell für unser Buch.
- Scheid und Schwarz [41]: Auch von diesem Buch haben wir uns inspirieren lassen.
- Als Ergänzung zu unserem Buch möchten wir die *Kreisgeometrie* von Aumann [7] empfehlen, in der zahlreiche klassische Resultate der Kreisgeometrie sehr schön dargestellt werden.

Zu den Grundlagen der Geometrie

- Euklid [18], Hilbert [27], Hartshorne [24]: Für die Grundlagen und die Axiomatik der Geometrie können wir diese drei Bücher sehr empfehlen.

Zu harmonischen Verhältnissen

- Steiner [46]: In diesem Buch beweist Steiner unter anderem die Konstruktion von harmonischen Punkten mit dem Lineal allein, woraus dann später zum Beispiel die Konstruktion der Tangenten mit dem Lineal allein folgt.
- Steiner [44]: Hier findet man viele elegante Beweise für Sätze der Polarentheorie. Ferner ist dieses Buch ein schöner Zugang zu den Kegelschnitten.

Zur Theorie der Kegelschnitte

- Apollonius [5]: Das Werk zeichnet sich aus durch elementare, klare und zugleich ästhetische Beweise, welche bis zur vollen Polarentheorie für Kegelschnitte vorstoßen.
- Zeuthen [55]: Dieses Buch behandelt ausführlich Apollonius' Werk [5] und beschreibt auch, was Archimedes über die Kegelschnitte wusste.

Zur Geschichte der Geometrie

- Unsere Quellen für historische Anmerkungen waren Tropfke [51] (Hauptreferenz), van der Waerden [52] (vor allem für die ersten Kapitel), aber auch Hauser [25], Ostermann und Wanner [37] sowie Scriba und Schreiber [43].

1 Peripheriewinkelsatz

Übersicht

1.1   Satz von Thales

Es ist sicher nicht übertrieben zu behaupten, dass mit THALES VON MILET die griechische Geometrie begonnen hat (siehe Anmerkungen), und so wollen auch wir mit dem **Satz von Thales 1.1** beginnen. Zuvor möchten wir aber diesen Satz im historischen Kontext betrachten.

Die klassische griechische Geometrie unterscheidet sich zum Beispiel von der älteren ägyptischen Geometrie dadurch, dass nicht die praktische Anwendung numerischer Berechnungen von Flächen und Körpervolumen im Vordergrund steht, sondern das Aufzeigen von fundamentalen geometrischen Sachverhalten, auf denen dann ein Beweis für einen geometrischen Satz aufgebaut werden kann. Einer der ältesten geometrischen Sätze, der allgemein bewiesen wurde, ist der **Satz von Thales 1.1**. Vielleicht war dieser schon den Ägyptern oder Babyloniern bekannt. Das Verdienst von THALES war aber, dass er diesen Satz auf fundamentale geometrische Prinzipien zurückgeführt bzw. gewisse fundamentale geometrische Prinzipien als Erster formuliert und aufgeschrieben hat.

© Springer-Verlag GmbH Deutschland, ein Teil von Springer Nature 2021

L. Halbeisen et al., *Mit harmonischen Verhältnissen zu Kegelschnitten*,

https://doi.org/10.1007/978-3-662-63330-4_1

Satz von Thales 1.1

Ist k ein Kreis mit Durchmesser $\overline{AB}$, so gilt für jeden von A und B verschiedenen Punkt P auf k, dass das Dreieck $\triangle ABP$ bei P einen rechten Winkel hat, d.h. $\sphericalangle APB = 90°$.

Umgekehrt liegen die Punkte P der Dreiecke $\triangle ABP$ mit $\sphericalangle APB = 90°$ auf dem Kreis k mit Durchmesser $\overline{AB}$.

Wir sagen auch: Der *geometrische Ort* aller Punkte *P*, für welche $\sphericalangle APB = 90°$ gilt, ist der Kreis mit Durchmesser $\overline{AB}$ ohne die Punkte *A* und *B*.

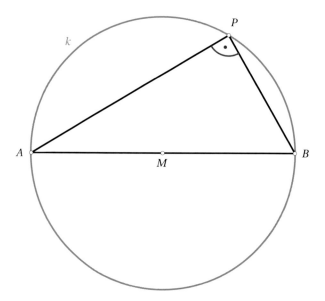

Wir möchten an dieser Stelle erwähnen, dass üblicherweise die Umkehrung separat formuliert und bewiesen wird, was zur Folge hat, dass Sachverhalte, welche eng miteinander verknüpft sind, auseinandergenommen werden und die Zusammenhänge weniger gut ersichtlich sind. Deshalb haben wir uns entschlossen, die Sätze, wenn immer möglich, zusammen mit ihrer Umkehrung zu formulieren und zu beweisen.

Beweis: Wir betrachten zuerst folgende Figur:

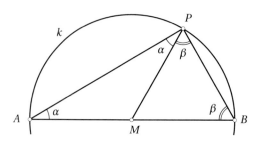

Aus $\overline{MB} = \overline{MP} = \overline{MA}$ folgt, dass die Dreiecke $\triangle AMP$ und $\triangle BMP$ gleichschenklig sind. Somit sind die zugehörigen Basiswinkel α respektive β gleich groß. Da die Winkelsumme im Dreieck $\triangle ABP$ 180° beträgt, erhalten wir $2\alpha + 2\beta = 180°$ und nach Division durch 2 folgt $\sphericalangle APB = \alpha + \beta = 90°$.

Für die Umkehrung betrachten wir nun folgende Figur:

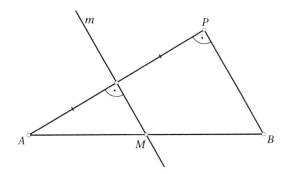

Ist der Winkel $\sphericalangle APB = 90°$, so liegt die Mittelsenkrechte m der Strecke $\overline{AP}$ parallel zur Kathete $\overline{BP}$. Somit wird nach dem **1. Strahlensatz** (siehe Anhang A.3) die Mittelsenkrechte m die Hypotenuse $\overline{AB}$ in deren Mittelpunkt M schneiden. M ist somit der Umkreismittelpunkt des Dreiecks $\triangle ABP$. **q.e.d.**

Der **Satz von Thales 1.1** führt uns zu folgender Definition:

Thaleskreis. Einen Kreis, in dem ein rechtwinkliges Dreieck $\triangle ABC$ mit Hypothenuse $\overline{AB}$ einbeschrieben ist, nennen wir *Thaleskreis über $\overline{AB}$*.

Bemerkungen: Ist k ein Thaleskreis über der Strecke $\overline{AB}$, so ist $\overline{AB}$ ein Durchmesser von k. Aus dem **Satz von Thales 1.1** folgt somit, dass die Hypothenuse eines rechtwinkligen Dreiecks immer ein Durchmesser seines Umkreises ist.

1.2   Tangenten an Kreise

Wie schon in der Einleitung erwähnt, gilt folgender Satz: *Berührt eine Tangente t einen Kreis k mit Mittelpunkt M im Punkt B, so steht t senkrecht zum Berührungsradius $\overline{MB}$.* Wählen wir nun irgendeinen vom Berührungspunkt B verschiedenen Punkt P auf t, so ist das Dreieck $\triangle MPB$ rechtwinklig. Aus dem **Satz von Thales 1.1** folgt nun, dass der Punkt B auf dem Thaleskreis über MP liegt. Daraus folgt die klassische Konstruktion der Tangenten an einen Kreis k von einem Punkt P außerhalb des Kreises (zum Begriff der *Konstruktion* siehe Anmerkungen).

Tangenten von einem Punkt an einen Kreis

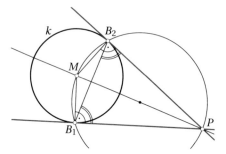

1. Konstruiere den Thaleskreis über $\overline{MP}$, der k in den Punkten B_1 und B_2 schneidet.

2. Die Geraden PB_1 und PB_2 sind dann die Tangenten.

Der Figur entnimmt man, dass aus Symmetriegründen sowohl die Streckenlängen $\overrightarrow{PB_1}$ und $\overrightarrow{PB_2}$ als auch die Sehnentangentenwinkel $\sphericalangle PB_1B_2$ und $\sphericalangle B_1B_2P$ gleich groß sind.

An dieser Stelle möchten wir erwähnen, dass in Kap. 4 eine Konstruktion einer Tangente an einen Kreis gegeben wird, welche mit dem Lineal allein ausgeführt werden kann, d.h. ohne Hilfe des Thaleskreises.

Wir können mit der obigen Konstruktion nun auch Tangenten an zwei Kreise konstruieren, sofern diese unterschiedlich groß sind und nicht ineinanderliegen.

Äußere Tangente an zwei Kreise

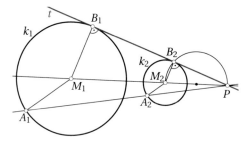

1. Wähle einen beliebigen Punkt A_1 auf dem Kreis k_1, der nicht auf der Zentralen M_1M_2 liegt.

2. Konstruiere zu A_1M_1 eine Parallele durch M_2; diese Parallele schneide k_2 in A_2, wobei A_2 auf derselben Seite von M_1M_2 liegt wie A_1.

3. Der Schnittpunkt von A_1A_2 mit M_1M_2 sei P; hier wird verwendet, dass die beiden Kreise unterschiedlich groß sind. P liegt außerhalb der beiden Kreise, da diese nicht ineinander liegen.

4. Konstruiere eine Tangente t von P an k_2 mithilfe des Thaleskreises über $\overline{M_2P}$.

Bemerkung zur Konstruktion: Der Punkt P ist das sogenannte *äußere Ähnlichkeitszentrum* der beiden Kreise (siehe **Satz A.11**). Die Tangente von P an k_2 ist somit auch Tangente an k_1.

1.3　Peripheriewinkelsatz

Der folgende Satz, der schon Hippokrates von Chios bekannt war (siehe Anmerkungen),
ist eine Verallgemeinerung des **Satzes von Thales 1.1**. Es werden einem Kreis einbeschriebe-
ne Dreiecke betrachtet, welche eine Seite gemeinsam haben, die nicht mehr zwingend ein
Durchmesser ist.

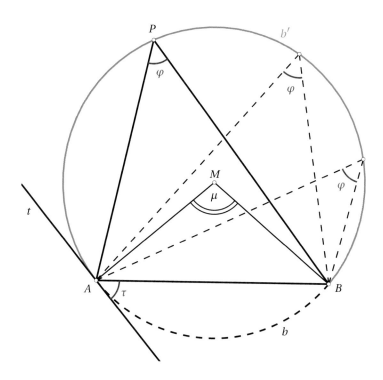

Peripheriewinkelsatz 1.2

*Alle Peripheriewinkel φ über dem Kreisbogen b sind gleich groß, nämlich gleich groß wie der
zugehörige Sehnentangentenwinkel τ und halb so groß wie der zugehörige Zentriwinkel μ
(der auch überstumpf sein kann, falls b größer als ein Halbkreis ist). Etwas formaler ausgedrückt heißt das:*

$$\varphi = \tau = \frac{\mu}{2}$$

*Umgekehrt liegen die Punkte P der Dreiecke $\triangle ABP$ mit $\sphericalangle APB = \varphi$ auf dem Kreisbogen b'
(bzw. auf dem an AB gespiegelten Kreisbogen, falls P auf der anderen Seite von AB liegt).*

Der geometrische Ort aller Punkte P mit $\sphericalangle APB = \varphi$ ist dieses Kreisbogenpaar. Der Kreisbogen b' wird *Ortsbogen* zum Winkel φ genannt. Der volle Kreis bestehend aus b und b' heißt
Fasskreis.

Beweis: Wir betrachten die folgende Figur:

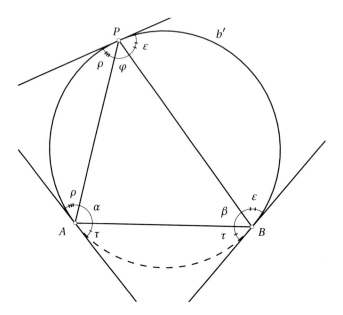

Die drei Geraden sind Tangenten an den Kreis in den Punkten A, B, P. Somit sind die entsprechenden Sehnentangentenwinkel jeweils gleich groß. Die folgenden drei Gleichungen sind offensichtlich:

$$
\begin{aligned}
\alpha + \rho + \tau &= 180° \\
\varepsilon + \beta + \tau &= 180° \\
\varepsilon + \rho + \varphi &= 180°
\end{aligned}
$$

Addieren wir diese drei Gleichungen, so erhalten wir

$$\alpha + \beta + \varphi + 2\varepsilon + 2\rho + 2\tau = 3 \cdot 180°.$$

Wegen der Winkelsumme im Dreieck $\triangle ABP$ gilt $\alpha + \beta + \varphi = 180°$, und somit ist

$$2\varepsilon + 2\rho + 2\tau = 2 \cdot 180° \qquad \text{bzw.} \qquad \varepsilon + \rho + \tau = 180°.$$

Mit der dritten Gleichung von oben, $\varepsilon + \rho + \varphi = 180°$, folgt

$$\varphi = \tau.$$

Nun gehört zu einer gegebenen Kreissehne $\overline{AB}$ immer ein fester Sehnentangentenwinkel τ, unabhängig von der Wahl des Punktes P. Aus der Beziehung $\varphi = \tau$ folgt, dass für jede Wahl des Punktes P auf dem Kreisbogen b' der Peripheriewinkel φ immer gleich τ ist. Somit sind alle Peripheriewinkel über demselben Kreisbogen gleich groß.

Es bleibt nun noch zu zeigen, dass der Zentriwinkel μ doppelt so groß ist wie der Peripheriewinkel φ:

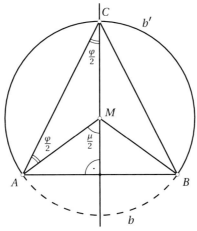

Tatsächlich sind im gleichschenkligen Dreieck $\triangle AMC$ die Basiswinkel $\frac{\varphi}{2}$, also der Außenwinkel $\frac{\mu}{2} = \varphi$. Für den Beweis der Umkehrung wählen wir einen beliebigen Punkt Q auf derselben Seite von AB wie b', der nicht auf b' liegt, und zeigen, dass der Winkel $\sphericalangle AQB$ verschieden ist vom Peripheriewinkel φ. Dazu konstruieren wir den Kreis um das Dreieck $\triangle ABQ$; dieser habe den Mittelpunkt N. Weil Q nicht auf b' liegt und $\overline{AB}$ eine Sehne des Kreises wie auch des Bogens b' ist, sind M und N verschieden, und weil M und N auf der Mittelsenkrechten von $\overline{AB}$ liegen, sind auch die Zentriwinkel $\sphericalangle AMB$ und $\sphericalangle ANB$ verschieden. Somit ist $\sphericalangle AQB$ verschieden von φ.   **q.e.d.**

Bemerkungen zum Peripheriewinkelsatz:

- Ist der Bogen b' ein Halbkreis, so gilt $\varphi = \tau = 90°$, und wir erhalten den **Satz von Thales 1.1**.
- Ist der Bogen b' größer als ein Halbkreis, so gilt $\varphi = \tau < 90°$.
- Ist der Bogen b' kleiner als ein Halbkreis, so gilt $\varphi = \tau > 90°$.
- Die Summe der Peripheriewinkel auf verschiedenen Seiten einer Sehne ist $180°$, da sich die zugehörigen Sehnentangentenwinkel zu $180°$ ergänzen.

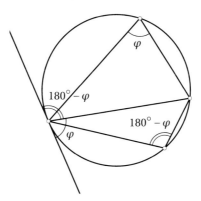

- Peripheriewinkel eines Kreises über Sehnen gleicher Länge sind gleich groß, und umgekehrt werden durch gleich große Peripheriewinkel Sehnen gleicher Länge ausgeschnitten. Zum Beispiel sind in unten stehender Figur die Längen der Sehnen s_1, s_2, s_3 gleich.

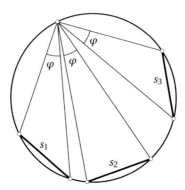

Wenn ein Viereck einen Umkreis besitzt, dann ist jede Seite des Vierecks eine Sehne des Kreises. Deshalb heißt ein Viereck, welches einen Umkreis besitzt, ein **Sehnenviereck**. Entsprechend nennen wir ein Viereck, welches einen Inkreis besitzt, ein **Tangentenviereck**. Aus der vorletzten Bemerkung folgt unmittelbar:

Satz 1.3 (Satz über Sehnenvierecke)
Ein Viereck ist genau dann ein Sehnenviereck, wenn die Summe zweier gegenüberliegender Winkel 180° beträgt.

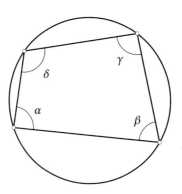

$$\alpha + \gamma = \beta + \delta .$$

Da die Winkelsumme in einem Viereck 360° beträgt, kann **Satz 1.3** auch wie folgt formuliert werden: *Ein Viereck ist genau dann ein Sehnenviereck, wenn die Summen gegenüberliegender Winkel jeweils gleich sind.* Eine ähnliche Charakterisierung erhalten wir für Tangentenvierecke: *Ein Viereck ist genau dann ein Tangentenviereck, wenn die Summen gegenüberliegender Seitenlängen gleich sind* (siehe **Satz 1.11**).

1.4 Satz von Pascal für Kreise

Zum Schluss dieses Kapitels beweisen wir den **Satz von Pascal**, und zwar für Kreise. Wie wir in Kap. 7 sehen werden, gilt dieser Satz aber nicht nur für Kreise, sondern ganz allgemein für Kegelschnitte. Der **Satz von Pappos 3.12** ist dabei ein Spezialfall, bei dem der Kegelschnitt zu zwei Geraden entartet.

Satz von Pascal für Kreise 1.4

Liegen die Eckpunkte eines Sechsecks auf einem Kreis und schneiden sich die drei Paare gegenüberliegender Seiten, so liegen diese drei Schnittpunkte auf einer Geraden.

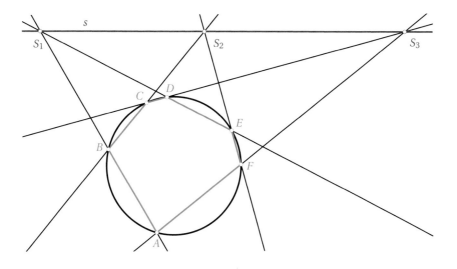

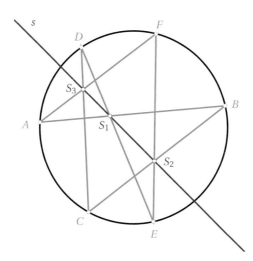

Beweis: Wir betrachten nur die Situation in der ersten Figur. Für andere Lagen der Punkte, wie zum Beispiel in der zweiten Figur, ist der Beweis analog (siehe auch **Aufgabe 1.5**).

Sei k' der Kreis durch C, F und S_2, welcher CD in D' und AF in A' schneidet.

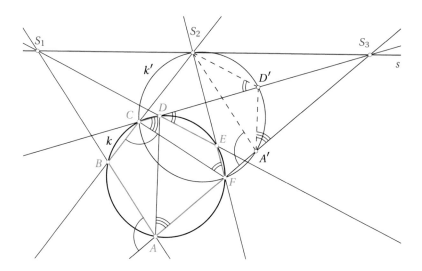

Mit dem **Peripheriewinkelsatz 1.2** (Bogen auf k' über der Sehne $\overline{CS_2}$) gilt

$$\sphericalangle S_2 D'C = \sphericalangle S_2 FC .$$

Nach **Satz 1.3** gilt für das Sehnenviereck $CDEF$

$$\sphericalangle EFC = 180° - \sphericalangle CDE = \sphericalangle EDD' .$$

Somit ist $\sphericalangle S_2 D'C = \sphericalangle EDD'$, und da Wechselwinkel an Geraden nur dann gleich groß sind, wenn die Geraden parallel sind, ist $D'S_2$ parallel zu DE. Ebenso zeigt man, dass sowohl $A'D'$ und AD wie auch $A'S_2$ und AB parallel sind. Mit **Satz A.10** schneiden sich die Geraden durch die sich entsprechenden Eckpunkte der Dreiecke $\triangle ADS_1$ und $\triangle A'D'S_2$ in einem Punkt S_3. Die drei Punkte S_1, S_2, S_3 liegen somit auf einer Geraden.   **q.e.d.**

Bemerkungen:

- Liegen die Eckpunkte eines Sechsecks auf einem Kreis und schneiden sich nur zwei Paare gegenüberliegender Seiten, so liegen diese zwei Schnittpunkte parallel zum Paar der gegenüberliegenden Seiten, welches sich nicht schneidet (für einen Beweis siehe Kap. 7).
- Wenn eine Seite des Sechsecks im **Satz von Pascal für Kreise 1.4**, also eine Sekante des Kreises, sich zu einem Punkt zusammenzieht und die Sekante dabei in eine Tangente übergeht, erhält man entartete Fälle der Aussage. Die folgende Figur zeigt eine derartige Situation, bei der die Seite EF zu einem Punkt geschrumpft ist:

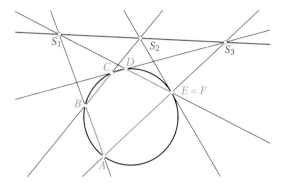

Zum Schluss dieses Kapitels möchten wir eine Art Umkehrung des **Satzes von Pascal für Kreise 1.4** beweisen:

Satz 1.5

Liegen die Schnittpunkte gegenüberliegender Seiten eines Sechsecks auf einer Geraden und liegen fünf der sechs Eckpunkte des Sechsecks auf einem Kreis, so liegt auch der sechste Eckpunkt auf dem Kreis.

Beweis: Die Eckpunkte des Sechsecks seien A, B, C, D, E, P, wobei die fünf Punkte A, B, C, D, E auf einem Kreis liegen. Der Schnittpunkt von AB mit DE sei S_1, der Schnittpunkt von BC mit EP sei S_2, und der Schnittpunkt von CD mit PA sei S_3. Falls P nicht auf der Kreistangente in A liegt, schneidet PA den Kreis in einem von A verschiedenen Punkt P'. Sei dann S_2' der Schnittpunkt von BC mit EP'. Schneiden sich diese Geraden nicht, so kann nachfolgender Beweis leicht angepasst werden.

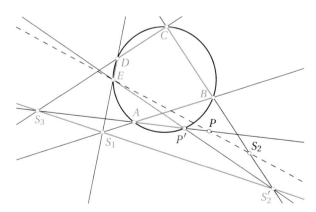

Da die Punkte A, B, C, D, E, P' auf einem Kreis liegen, folgt aus dem **Satz von Pascal für Kreise 1.4**, dass die drei Schnittpunkte S_1, S_3, S_2' auf einer Geraden liegen. Da nun nach Voraussetzung auch S_1, S_3, S_2 auf einer Geraden liegen, muss P mit P' identisch sein, womit auch P auf dem Kreis liegt.

Falls P auf der Kreistangente in A liegt, wendet man die oben beschriebene entartete Variante des **Satzes von Pascal für Kreise 1.4** an.   **q.e.d.**

Weitere Resultate und Aufgaben

Satz 1.6 (Satz von der konstanten Sehne)

Seien P und Q die Schnittpunkte zweier Kreise k_1 und k_2 und Z ein Punkt auf k_1. Weiter seien P' und Q' die anderen beiden Schnittpunkte der Geraden ZP und ZQ mit k_2. Dann ist die Länge der Sehne $\overline{P'Q'}$ unabhängig von der Lage von Z.

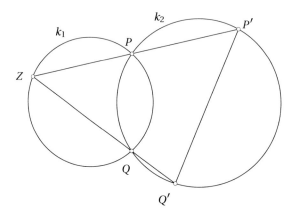

Beweis: Seien Z und Y Punkte auf k_1 außerhalb von k_2 (siehe Figur). Wegen des **Peripherie-winkelsatzes 1.2** für k_1 sind die beiden markierten Winkel bei P und Q gleich groß und damit auch ihre Scheitelwinkel. Der Peripheriewinkelsatz für k_2 liefert dann, dass die beiden Bögen $\overset{\frown}{P'P''}$ und $\overset{\frown}{Q'Q''}$ gleich lang sind. Somit ist die Sehne $\overline{P''Q''}$ einfach eine gedrehte Version der Sehne $P'Q'$.

Z und Y können auch andere Lagen relativ zueinander einnehmen. In den entsprechenden Fällen argumentiert man ähnlich wie oben.

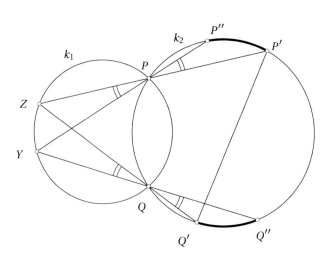

q.e.d.

Bemerkung: Die Tatsache, dass die Sehne $P'Q'$ konstante Länge besitzt, drückt sich dadurch aus, dass jede dieser Sehnen tangential an einen festen Kreis ist.

Satz 1.7 (Schließungssatz von Miquel)

Seien k_1, k_2, k_3 drei Kreise durch einen Punkt P. Die weiteren Schnittpunkte seien P_1, P_2, P_3 (siehe Figur). Sind dann die drei Punkte A_1, A_2, A_3 auf k_1, k_2, k_3 drei Punkte so, dass A_1, P_3, A_2 und A_2, P_1, A_3 jeweils auf einer Geraden liegen, so liegen auch A_3, P_2, A_1 auf einer Geraden.

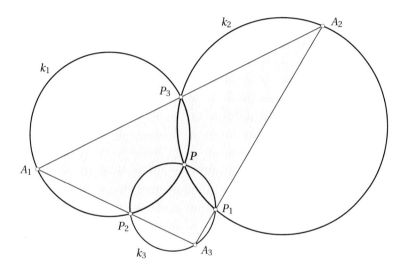

Beweis: Wir zeigen die Behauptung nur für die in der Figur dargestellte Konfiguration. Wir interpretieren die Kreise k_i als Fasskreise. Die durch die Punkte P_i begrenzten Kreisbögen durch P sind dann Ortsbögen zu drei Winkeln, die sich auf $360°$ aufaddieren. Die drei komplementären Kreisbögen, auf denen die Punkte A_i liegen, sind daher Ortsbögen zu drei Winkeln α_i, die sich wegen des **Peripheriewinkelsatzes 1.2** auf $180°$ aufaddieren. Die Gerade durch A_3 und P_2 schneidet somit die Gerade durch A_1 und A_2 unter dem Winkel α_1. Der Schnittpunkt muss daher, erneut wegen des Peripheriewinkelsatzes, auf k_1 liegen und ist daher A_1.   **q.e.d.**

Bemerkungen:

- Der Satz von Miquel lässt sich auch so formulieren: Ist $\triangle A_1 A_2 A_3$ ein Dreieck und sind P_1, P_2, P_3 Punkte auf den Seiten a_1, a_2, a_3, so schneiden sich die Umkreise von $\triangle A_1 P_2 P_3$, $\triangle A_2 P_3 P_1$, $\triangle A_3 P_1 P_2$ in einem Punkt P. Dieser Punkt heißt dann Miquel-Punkt.

- Aufgrund des Beweises ist klar, dass alle im Schließungssatz von Miquel erzeugten Dreiecke $\triangle A_1 A_2 A_3$ untereinander ähnlich sind.

- Auf derselben Idee beruhend, lassen sich Schließungsfiguren für beliebige n-Ecke konstruieren.

Satz 1.8 (Satz vom Pedaldreieck)

Sei $\triangle ABC$ ein Dreieck und P ein Punkt. Die Lotpunkte A', B', C' von P auf die Dreiecksseiten bilden das Pedaldreieck (siehe Figur). Dann gilt für dessen Seitenlängen

$$\overrightarrow{A'B'} = \frac{\overrightarrow{AB} \cdot \overrightarrow{PC}}{2r}, \quad \overrightarrow{B'C'} = \frac{\overrightarrow{BC} \cdot \overrightarrow{PA}}{2r}, \quad \overrightarrow{C'A'} = \frac{\overrightarrow{CA} \cdot \overrightarrow{PB}}{2r},$$

wobei r den Umkreisradius des Dreiecks $\triangle ABC$ bezeichnet.

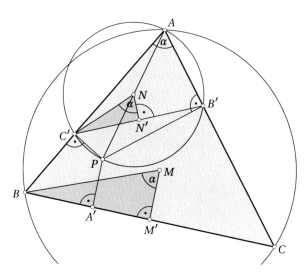

Beweis: Sei M der Mittelpunkt des Umkreises des Dreiecks $\triangle ABC$. Aufgrund der rechten Winkel bei B' und C' liegen diese beiden Punkte auf dem Thaleskreis mit Zentrum N über dem Durchmesser AP. Nach dem **Peripheriewinkelsatz 1.2** sind die Winkel bei N und M gleich α. Also sind die Dreiecke $\triangle BM'M$ und $\triangle C'N'N$ ähnlich. Es folgt

$$\frac{\overrightarrow{BC}}{2r} = \frac{\overrightarrow{BM'}}{\overrightarrow{BM}} = \frac{\overrightarrow{C'N'}}{\overrightarrow{C'N}} = \frac{\overrightarrow{B'C'}}{\overrightarrow{AP}}.$$

Daraus folgt die behauptete Formel für $\overrightarrow{B'C'}$. Die übrigen Formeln erhält man durch zyklische Vertauschung. **q.e.d.**

Satz 1.9 (Satz von Simson-Wallace)

Ein Punkt P liegt genau dann auf dem Umkreis eines Dreiecks $\triangle ABC$, wenn die Fußpunkte Q, R, S der Lote von P aus auf den Dreiecksseiten auf einer Geraden s liegen, der sogenannten **Simson-Gerade** *(siehe Anmerkung zur Simson-Gerade).*

Wir können den Satz auch so ausdrücken: Das Pedaldreieck eines Dreiecks $\triangle ABC$ bezüglich eines Punktes P entartet genau dann zu einer Geraden, wenn P auf dem Umkreis von $\triangle ABC$ liegt.

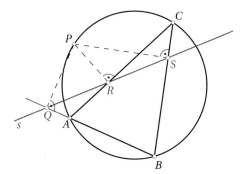

Beweis: Sei zunächst P ein Punkt auf dem Umkreis. Durch allfälliges Umbenennen der Punkte dürfen wir annehmen, dass P auf dem Bogen $\widehat{AC}$ so liegt, dass der Fußpunkt Q außerhalb von $\overline{AB}$ liegt. Dies ist genau dann der Fall, wenn P zwischen A und dem B auf dem Umkreis diametral gegenüberliegenden Punkt B' liegt. (Fällt P genau auf den Punkt B', so folgt aus dem **Satz von Thales 1.1**, dass $Q = A$ und $S = C$ gilt, und wir sind fertig.)

Da $ABCP$ ein Sehnenviereck ist, sind die markierten Winkel bei A und C in der Figur unten gleich groß (siehe **Satz 1.3**). Daher sind die rechtwinkligen Dreiecke $\triangle AQP$ und $\triangle CSP$ ähnlich. Somit sind die beiden markierten Winkel bei P gleich groß. Q und R liegen auf dem Thaleskreis über $\overline{AP}$ und S und R auf dem Thaleskreis über $\overline{CP}$. Aufgrund des **Peripheriewinkelsatzes 1.2** sind dann auch die markierten Winkel bei R gleich groß, und die Punkte Q, R, S sind kollinear.

Sei umgekehrt P ein Punkt, sodass sein Pedaldreieck zu einer Geraden degeneriert. Dann liegt P in einem der Winkelbereiche des Dreiecks, sagen wir im Winkelbereich des Winkels β, und dort auf der anderen Seite von AC. Indem man die Argumente oben in umgekehrter Richtung durchläuft, findet man, dass P auf dem Umkreis von $\triangle ABC$ liegt.

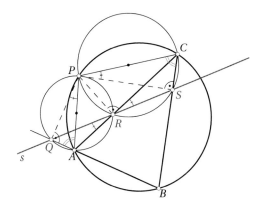

q.e.d.

Bemerkung: Falls man von P aus schiefe Lote fällt, also Geraden, welche die Dreiecksseiten nicht senkrecht, sondern unter einem festen Winkel φ schneiden, so liegen die Fußpunkte ebenfalls auf einer Geraden.

Satz 1.10 (Satz von Ptolemäus)

Sei ABCD ein Viereck. Dann ist das Produkt der Diagonalen kleiner oder gleich der Summe der Produkte gegenüberliegender Seiten:

$$\overline{AC} \cdot \overline{BD} \le \overline{AB} \cdot \overline{CD} + \overline{BC} \cdot \overline{AD}$$

Gleichheit gilt genau dann, wenn ABCD ein Sehnenviereck ist.

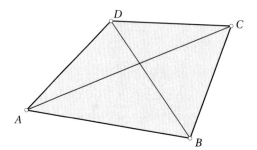

Beweis: Wir betrachten das Pedaldreieck $\triangle A'B'C'$ des Dreiecks $\triangle ABC$ bezüglich des Punktes D:

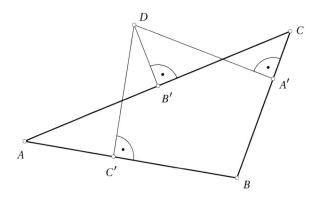

Die Dreiecksungleichung für das Pedaldreick $\triangle A'B'C'$ liefert

$$\overline{A'B'} + \overline{B'C'} \ge \overline{C'A'}.$$

Aus der Formel für die Seitenlängen des Pedaldreiecks im **Satz 1.8** erhalten wir daraus

$$\frac{\overline{CD} \cdot \overline{AB}}{2r} + \frac{\overline{AD} \cdot \overline{BC}}{2r} \ge \frac{\overline{BD} \cdot \overline{CA}}{2r},$$

wobei r den Umkreisradius des Dreiecks $\triangle ABC$ bezeichnet. Gleichheit gilt oben genau dann, wenn die Punkte A', B', C' kollinear sind. Und nach dem **Satz von Simson-Wallace 1.9** ist dies genau dann der Fall, wenn D auf dem besagten Umkreis liegt.   **q.e.d.**

Satz 1.11 (Satz vom Tangentenviereck)

Ein konvexes Viereck ist genau dann ein Tangentenviereck, wenn die Summen gegenüberlie-gender Seitenlängen gleich sind.

Beweis: Dass ein konvexes Tangentenviereck die genannte Eigenschaft besitzt, sieht man sofort, wenn man die entsprechenden Tangentenabschnitte aufsummiert.

Um die Umkehrung zu beweisen, nehmen wir an, dass für die Viereckseiten a, b, c, d gilt: $a + c = b + d$, d.h. $a - d = b - c$. Eventuell nach Umbenennen der Seiten dürfen wir annehmen, dass gilt: $a \geq d$ und $b \geq c$. Falls $a = d$, ist auch $b = c$, womit wir ein Drachenviereck erhalten. Dieses besitzt einen Inkreis, und wir sind fertig. Ansonsten fahren wir wie folgt fort:

Auf a und b wählen wir Punkte A' und B', sodass $\overrightarrow{A'B} = a - d = b - c = \overrightarrow{BB'}$ gilt.

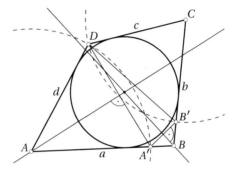

Die drei Dreiecke $\triangle AA'D$, $\triangle A'BB'$, $\triangle B'CD$ sind alle gleichschenklig, und somit sind die Winkelhalbierenden von den Ecken A, B, C aus die Mittelsenkrechten des Dreiecks $\triangle A'B'D$. Weil sich die Mittelsenkrechten im Umkreismittelpunkt von $\triangle A'B'D$ schneiden, schneiden sich auch die drei Winkelhalbierenden in diesem Punkt, welcher somit der Inkreismittelpunkt des Vierecks ist.   **q.e.d.**

Bemerkung: Auch ein nichtkonvexes Viereck, ja sogar ein überschlagenes Viereck kann ein Tangentenviereck sein. Tatsächlich sind genau fünf Fälle möglich:

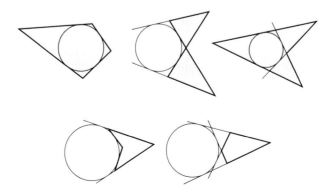

Sind beispielsweise überschlagene Tangentenvierecke durch dieselbe Bedingung charakteri-siert wie im oben beschriebenen konvexen Fall? **Aufgabe 1.1** widmet sich dieser Frage.

Satz 1.12 (Nobbs-Punkte)

In einem Dreieck $\triangle ABC$ seien die Berührungspunkte des Inkreises I_a, I_b, I_c. Dann liegen die sogenannten Nobbs-Punkte, also die Schnittpunkte $A' = BC \cap I_b I_c$, $B' = CA \cap I_c I_a$, $C' = AB \cap I_a I_b$, auf einer Geraden g, der sogenannten Gergonne-Geraden.

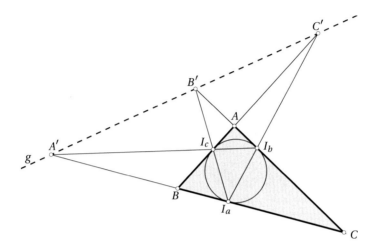

Beweis: Dies folgt sofort aus dem **Satz von Pascal für Kreise 1.4**: Das Dreieck $\triangle I_a I_b I_c$ ist nämlich ein degeneriertes Sechseck $I_a I_a I_b I_b I_c I_c$. Damit ist die Gergonne-Gerade nichts anderes als eine Pascal-Gerade.   **q.e.d.**

Aufgaben

1.1. In der Bemerkung zu **Satz 1.11** wurden die fünf möglichen kombinatorischen Varianten von Tangentenvierecken beschrieben. Wie lautet in diesen Fällen die notwendige und hinreichende Bedingung für ein Tangentenviereck?

1.2. Zeige, dass bei beliebiger Wahl eines Punktes P auf dem inneren Bogen einer Mondsichel die zugehörige Bogenlänge b auf dem anderen Bogen konstant bleibt (siehe Figur).

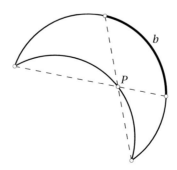

1.3. **(a)** Drei Geraden schneiden sich im Punkt S unter einem Winkel von jeweils $60°$. Zeige, dass die Fußpunkte der Lote auf diese Geraden von einem beliebigen Punkt $P \neq S$ ein gleichseitiges Dreieck bilden.

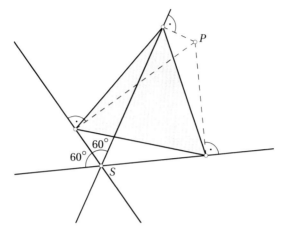

(b) Drei Geraden schneiden sich im Punkt S. Von einem Punkt $P \neq S$ fällt man die Lote auf die drei Geraden. Zeige, dass dann die Innenwinkel des entstandenen Pedaldreiecks den Schnittwinkeln der drei Geraden entsprechen (siehe Figur).

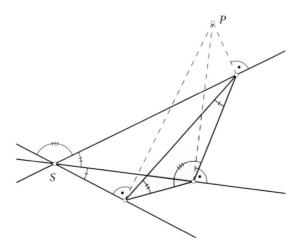

(c) Zeige: Ersetzt man in der Teilaufgabe (b) die Lote durch Geraden, welche die gegebenen drei Geraden statt unter einem rechten unter einem anderen festen Winkel schneiden, so bleibt die Aussage dieselbe.

1.4. **(a)** Beweise: Die inneren und die äußeren Winkelhalbierenden eines beliebigen Vierecks bilden je ein Sehnenviereck.

(b) Beweise: Die äußeren Winkelhalbierenden in einem Tangentenviereck bilden ein Sehnenviereck, dessen Diagonalen sich im Inkreismittelpunkt des Tangentenvierecks schneiden.

1.5. Zeige, dass der **Satz von Pascal für Kreise 1.4** auch dann gilt, wenn sich die Seiten des Sechsecks überschneiden, wie die folgende Figur illustriert:

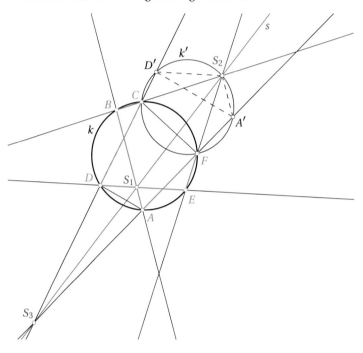

1.6. Gegeben seien fünf Punkte eines Kreises. Konstruiere mit dem Lineal allein weitere Punkte des Kreises.

1.7. Wir betrachten die Tangenten t_A, t_B, t_C in den Ecken des Dreiecks $\triangle ABC$ an dessen Umkreis. Folgere aus dem **Satz von Pascal für Kreise 1.4**, dass die Schnittpunkte S_A, S_B, S_C dieser Tangenten mit den gegenüberliegenden Dreiecksseiten auf einer Geraden s liegen.

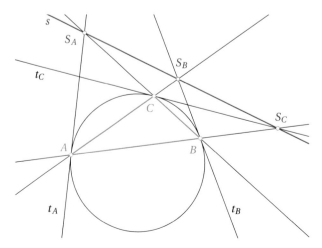

1.8. Sei $\triangle ABC$ ein Dreieck und H_a der Fußpunkt der Höhe h_a. Zeige: Die Fußpunkte der Lote von H_a auf b, c, h_b, h_c liegen auf einer Geraden (siehe Figur).

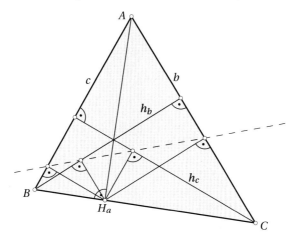

1.9. Sei $\triangle RST$ ein spitzwinkliges Dreieck mit Höhenschnittpunkt H. Sei $\zeta = \sphericalangle RTS$ der Winkel bei T und $\eta = \sphericalangle RHS$ der Winkel, unter dem die Seite $\overline{RS}$ von H aus erscheint. Welche Beziehung besteht zwischen ζ und η?

Anmerkungen

Die Quellen, auf die wir uns im Folgenden stützen, sind hauptsächlich Hauser [25] und van der Waerden [52], wobei sich diese an verschiedenen Stellen auf das sogenannte *Mathematikerverzeichnis* von PROKLOS (410–485 n. Chr.) beziehen, welches größtenteils eine Zusammenfassung der verloren gegangenen *Geschichte der Mathematik* (um 334 v. Chr.) von EUDEMOS VON RHODOS (ca. 370–300 v. Chr.) ist.

THALES VON MILET (ca. 624–547 v. Chr.) ist der Gründer der ersten Philosophenschule. Nach der griechischen Überlieferung ist er der erste Geometer des Abendlandes, und er gilt als erster nennenswerter Vermittler ägyptischer und babylonischer Geometrie an die Griechen. EUDEMOS berichtet über THALES, dass er der Erste war, der *bewiesen* hatte, dass ein Kreis von seinem Durchmesser halbiert wird; und auch, dass er, neben vielen anderen Theoremen, als Erster erkannt und ausgesprochen hat, dass in jedem gleichschenkligen Dreieck die Basiswinkel gleich sind. Mithilfe dieser geometrischen Sachverhalte konnte THALES dann einen Beweis für den **Satz von Thales 1.1** führen. In den *Elementen* des EUKLID [18] (der vermutlich im 3. Jahrhundert v. Chr. in Alexandria gelebt hat) wird dieser Satz als Folgerung aus dem Peripheriewinkelsatz im Buch III (L. 27) bewiesen.

Geometrische Konstruktionen: OINOPIDES, der etwa um 450 v. Chr. den Höhepunkt seines Lebens erreicht hat, soll nach dem auf EUDEMOS fußenden Zeugnis von PROKLOS unter anderem die folgende Konstruktionsaufgabe gelöst haben: *Auf eine gegebene Gerade von einem gegebenen Punkt aus, der nicht auf der Geraden liegt, sei das Lot zu fällen.* Diese Grundkonstruktion in der Ebene war vermutlich schon den Ägyptern bekannt. Es muss aber die bloß praktische Ausführung dieser Konstruktion von der theoretischen Behandlung unterschieden werden, denn zu einer theoretisch-mathematischen Aufgabe wurde sie erst durch die griechischen Geometer. So besteht das Verdienst von OINOPIDES unter anderem darin, dass er als Erster diese Aufgabe durch bewusste Einschränkung der erlaubten Hilfsmittel zu *Konstruktionen mit Zirkel und Lineal* machte, was zu einem Kanon der griechischen Geometrie für alle ebenen Konstruktionen wurde.

Peripheriewinkelsatz: Der Peripheriewinkelsatz war schon HIPPOKRATES VON CHIOS (Mitte des 5. Jahrhunderts v. Chr.) bekannt, der im 5. Jahrhundert v. Chr. mit seiner Quadratur der „Kreismöndchen" einen hervorragenden geometrischen Beitrag geleistet hat. Nach einer Bemerkung im *Mathematikerverzeichnis* von PROKLOS war HIPPOKRATES auch der Erste, der sogenannte „Elemente" geschrieben hat, worunter eine geordnete und logisch zusammenhängende Sammlung des damals bekannten mathematischen Gedankenguts verstanden wird. Mit dieser methodischen Arbeit ist HIPPOKRATES zum Vorläufer von EUKLID geworden, der mit seinen um 300 v. Chr. verfassten *Elementen* in die Geschichte der Mathematik einging. Vor EUKLID haben auch LEON und THEUDIOS, welche beide zum Kreise um PLATON (427–347 v. Chr.) gehörten, Elemente verfasst, die aber wie jene von HIPPOKRATES verloren gingen. EUKLIDs großes Verdienst besteht vor allem darin, das Wissen seiner Zeit in einer Weise didaktisch und methodisch gesammelt und aufgearbeitet zu haben, die ganz neue Maßstäbe setzte und die noch heute nachwirkt. Dafür hat er sich zu Recht unsterblichen Ruhm erworben, mehr noch als für seine eigenen geometrischen Entdeckungen.

Satz von Pascal für Kreise: Klassischerweise wird der **Satz von Pascal für Kreise 1.4** mithilfe des **Sekanten-Tangenten-Satzes 2.2** und des **Satzes von Menelaos 3.10** bewiesen (siehe **Aufgabe 3.2**). Der hier präsentierte Beweis, welcher nur den **Peripheriewinkelsatz 1.2** und **Satz A.10** voraussetzt, stammt von Yzeren [53]. Ursprünglich hat BLAISE PASCAL (1623–1662) seinen Satz für allgemeine Kegelschnitte bewiesen [38]. Allerdings ist PASCALs Beweis verschollen, und es kann nur darüber spekuliert werden, wie PASCAL seinen Satz bewiesen hat. Wie wir später in Kap. 7 sehen werden, folgt die eine Richtung des **Satzes von Pascal** für Kegelschnitte direkt aus dem **Satz von Pascal für Kreise 1.4** (was vermutlich auch PASCAL so bewiesen hatte).

Schließungssatz von Miquel: Dieser Schließungssatz geht auf eine Aufgabe von THOMAS MOSS zurück. Er stellte sie 1755 im *Lady's Diary or Woman's Almanach* als Aufgabe 396 (siehe **Satz 8.3**). AUGUSTE MIQUEL (1816–1851) präsentierte das Resultat in der oben beschriebenen Form 1838 im *Journal de Mathématiques Pures et Appliquées*.

Simson-Gerade: Die *Simson-Gerade* ist nach ROBERT SIMSON (1687–1768) benannt. Tatsächlich wurde sie jedoch 1797 von WILLIAM WALLACE (1768–1843) entdeckt.

Gergonne-Gerade: Gergonne-Gerade und Gergonne-Punkt (siehe **Satz 4.12**) sind nach dem französischen Mathematiker JOSEPH DIAZ GERGONNE (1771–1859) benannt. 1810 gründete er mit den *Annales de mathématiques pures et appliquées*, genannt *Annales de Gergonne*, die erste große, periodisch erscheinende Mathematikzeitschrift. Darin veröffentlichten alle wichtigen Mathematiker ihrer Zeit ihre Arbeiten, unter anderem PONCELET, CHASLES, STEINER, PLÜCKER und GALOIS.

Nobbs-Punkte: Die Nobbs-Punkte wurden vom britischen Mathematiker ADRIAN OLDKNOW nach dessen Mathematiklehrer CYRIL GORDON NOBBS benannt. Nobbs unterrichtete an einer Sekundarschule in London und beeindruckte OLDKNOW derart, dass sich dieser entschloss, Mathematik zu studieren. Nobbs veröffentlichte um die Mitte des 20. Jahrhunderts mehrere Bücher über Elementarmathematik.

2 Sehnen, Sekanten und Chordalen

2.1 Sehnen- und Sekantensatz

In Kap. 1 haben wir gesehen, dass alle Peripheriewinkel über einer festgehaltenen Sehne gleich groß sind. Im folgenden Satz halten wir nun nicht eine Sehne fest, sondern einen Punkt im Kreis, und betrachten die Sehnen, welche sich in diesem Punkt schneiden.

Sehnensatz 2.1
Schneiden sich zwei Sehnen $\overline{A_1 A_2}$ und $\overline{B_1 B_2}$ eines Kreises k im Punkt P, so gilt:

$$\overrightarrow{PA_1} \cdot \overrightarrow{PA_2} = \overrightarrow{PB_1} \cdot \overrightarrow{PB_2}\,.$$

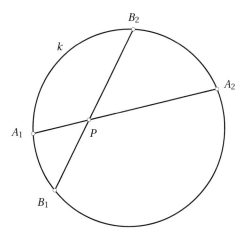

Gilt umgekehrt $\overrightarrow{PA_1} \cdot \overrightarrow{PA_2} = \overrightarrow{PB_1} \cdot \overrightarrow{PB_2}$ für zwei sich in P schneidende Strecken $\overline{A_1 A_2}$ und $\overline{B_1 B_2}$, so liegen die vier Streckenendpunkte A_1, A_2, B_1, B_2 auf einem Kreis.

© Springer-Verlag GmbH Deutschland, ein Teil von Springer Nature 2021
L. Halbeisen et al., *Mit harmonischen Verhältnissen zu Kegelschnitten*,
https://doi.org/10.1007/978-3-662-63330-4_2

Beweis: Wir zeigen zunächst, dass $\overrightarrow{PA_1} \cdot \overrightarrow{PA_2} = \overrightarrow{PB_1} \cdot \overrightarrow{PB_2}$ gilt, falls die Punkte A_1, A_2, B_1, B_2 auf einem Kreis liegen: Die Winkel $\sphericalangle B_1 A_1 A_2$ und $\sphericalangle B_1 B_2 A_2$ sind nach dem **Peripheriewinkelsatz 1.2** als Peripheriewinkel über dem Kreisbogen $B_1 A_2$ gleich groß. Die Dreiecke $\triangle A_1 B_1 P$ und $\triangle A_2 B_2 P$ sind somit ähnlich, da auch die Scheitelwinkel $\sphericalangle A_1 P B_1$ und $\sphericalangle A_2 P B_2$ gleich groß sind. Nach dem **Satz über ähnliche Dreiecke A.5** gilt $\overrightarrow{PA_1} : \overrightarrow{PB_1} = \overrightarrow{PB_2} : \overrightarrow{PA_2}$, und daraus folgt die Behauptung.

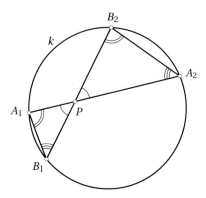

Gilt umgekehrt $\overrightarrow{PA_1} \cdot \overrightarrow{PA_2} = \overrightarrow{PB_1} \cdot \overrightarrow{PB_2}$, so müssen wir zeigen, dass die vier Punkte A_1, A_2, B_1, B_2 auf einem Kreis liegen. Gilt $\overrightarrow{PA_1} < \overrightarrow{PA_2}$ (was wir ohne Einschränkung der Allgemeinheit annehmen dürfen), so wird das Dreieck $\triangle A_1 B_1 P$ wie folgt ins Dreieck $\triangle A_2 B_2 P$ gelegt: A_1' erhält man, indem man von P aus die Länge $\overrightarrow{PA_1}$ auf dem Strahl PB_2 abträgt. Um B_1' zu erhalten, trägt man von P aus die Länge $\overrightarrow{PB_1}$ auf dem Strahl PA_2 ab.

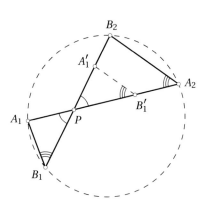

Aus der Voraussetzung folgt

$$\overrightarrow{PA_1'} : \overrightarrow{PB_2} = \overrightarrow{PB_1'} : \overrightarrow{PA_2}.$$

Mit der Umkehrung des **1. Strahlensatzes** erhalten wir, dass $A_1' B_1'$ und $A_2 B_2$ parallel sind, und weil Stufenwinkel an Parallelen gleich groß sind, sind die entsprechend markierten Winkel gleich groß. Schließlich folgt aus dem **Peripheriewinkelsatz 1.2**, dass B_1 auf dem Umkreis des Dreiecks $\triangle A_1 B_2 A_2$ liegt, und somit liegen alle vier Punkte auf demselben Kreis. **q.e.d.**

Sekanten-Tangenten-Satz 2.2
Von einem Punkt P außerhalb eines Kreises k zeichnen wir eine Tangente an k und eine Sekante durch k. Die Tangente berühre k im Punkt B, und die Sekante schneide k in A_1 und A_2. Dann gilt

$$\overrightarrow{PB}^2 = \overrightarrow{PA_1} \cdot \overrightarrow{PA_2}.$$

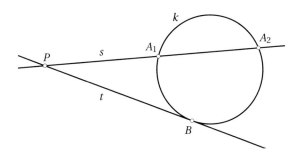

Gehen umgekehrt von einem Punkt P zwei Strahlen s und t aus (die nicht in einer Geraden liegen) und gilt $\overrightarrow{PB}^2 = \overrightarrow{PA_1} \cdot \overrightarrow{PA_2}$, wobei A_1 und A_2 auf s liegen und B auf t liegt, so ist t eine Tangente an den Kreis durch die Punkte A_1, A_2 und B.

Beweis: Der Sehnentangentenwinkel $\sphericalangle A_1 B P$ ist nach dem **Peripheriewinkelsatz 1.2** gleich groß wie der Peripheriewinkel $\sphericalangle A_1 A_2 B$ über dem Kreisbogen $B A_1$.

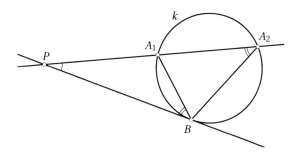

Mit dem gemeinsamen Winkel $\sphericalangle B P A_1$ sind folglich die Dreiecke $\triangle A_1 P B$ und $\triangle B P A_2$ ähnlich. Nach dem **Satz über ähnliche Dreiecke A.5** gilt $\overrightarrow{PA_1} : \overrightarrow{PB} = \overrightarrow{PB} : \overrightarrow{PA_2}$, d.h.

$$\overrightarrow{PB}^2 = \overrightarrow{PA_1} \cdot \overrightarrow{PA_2}.$$

Um die Umkehrung zu zeigen, nehmen wir an, dass A_1 und A_2 auf einem Strahl s liegen und B auf einem Strahl t liegt, wobei die beiden Strahlen nicht in einer Geraden liegen und sich in P schneiden. Sei k der Kreis durch die Punkte B, A_1 und A_2. Ferner sei t' eine Tangente von P an den Kreis k, welche k im Punkt B' berührt. Dann ist s eine Sekante durch k, und es gilt $\overrightarrow{PB'}^2 = \overrightarrow{PA_1} \cdot \overrightarrow{PA_2}$. Gilt nun auch $\overrightarrow{PB}^2 = \overrightarrow{PA_1} \cdot \overrightarrow{PA_2}$, so ist $\overrightarrow{PB} = \overrightarrow{PB'}$, und damit ist t eine Tangente an k.   **q.e.d.**

Als wichtige Folgerung des **Sekanten-Tangenten-Satzes 2.2** erhalten wir:

Satz 2.3
*Sei k ein Kreis mit Mittelpunkt M und Radius r. Weiter sei P ein Punkt außerhalb von k, von
dem aus eine Tangente an k gezeichnet ist, welche den Kreis im Punkt T berührt. Dann gilt*

$$\overline{PT}^2 = \overline{PM}^2 - r^2.$$

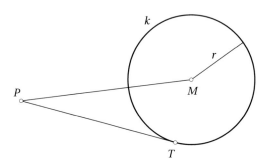

Beweis: Seien A_1 und A_2 die Schnittpunkte der Zentrale mit dem Kreis k.

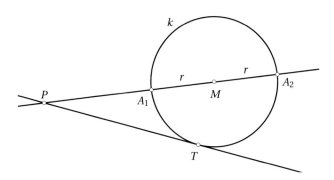

Dann ist $\overline{PA_1} = \overline{PM} - r$ und $\overline{PA_2} = \overline{PM} + r$, und somit ist

$$\overline{PA_1} \cdot \overline{PA_2} = \overline{PM}^2 - r^2.$$

Mit dem **Sekanten-Tangenten-Satz 2.2** gilt nun $\overline{PT}^2 = \overline{PA_1} \cdot \overline{PA_2}$, d.h.

$$\overline{PT}^2 = \overline{PM}^2 - r^2.$$

q.e.d.

Bemerkung: Da $\sphericalangle MTP$ ein rechter Winkel ist, folgt **Satz 2.3** unmittelbar aus dem **Satz von
Pythagoras A.7**; anders ausgedrückt, der **Satz von Pythagoras A.7** ist eine unmittelbare Folgerung aus **Satz 2.3**.

Als weitere Folgerung aus dem **Sekanten-Tangenten-Satz 2.2** erhalten wir:

Sekantensatz 2.4
Betrachte zwei Sekanten durch den Kreis k, welche sich außerhalb des Kreises im Punkt P schneiden. Wenn die eine den Kreis k in A_1 und in A_2, die andere in B_1 und in B_2 schneidet, so gilt

$$\overrightarrow{PA_1} \cdot \overrightarrow{PA_2} = \overrightarrow{PB_1} \cdot \overrightarrow{PB_2}.$$

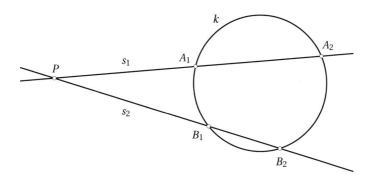

Liegen umgekehrt die Punkte A_1 und A_2 auf einem Strahl s_1 und die Punkte B_1 und B_2 auf einem Strahl s_2, wobei die beiden Strahlen nicht in einer Geraden liegen und sich in P schneiden, so folgt aus $\overrightarrow{PA_1} \cdot \overrightarrow{PA_2} = \overrightarrow{PB_1} \cdot \overrightarrow{PB_2}$, dass die vier Punkte A_1, A_2, B_1, B_2 auf einem Kreis liegen.

Beweis: Wir legen von P eine Tangente an den Kreis k, welche k im Punkt T berührt. Mit dem **Sekanten-Tangenten-Satz 2.2** gilt nun

$$\overrightarrow{PA_1} \cdot \overrightarrow{PA_2} = \overrightarrow{PT}^2 \qquad \text{und} \qquad \overrightarrow{PB_1} \cdot \overrightarrow{PB_2} = \overrightarrow{PT}^2,$$

und somit ist

$$\overrightarrow{PA_1} \cdot \overrightarrow{PA_2} = \overrightarrow{PB_1} \cdot \overrightarrow{PB_2}.$$

Um die Umkehrung zu zeigen, legen wir einen Kreis k durch die drei Punkte A_1, A_2, B_1 und von P eine Tangente t an k, welche k im Punkt T berührt. Weil s_1 eine Sekante durch k und t eine Tangente an k ist, erhalten wir mit dem **Sekanten-Tangenten-Satz 2.2** die Gleichung $\overrightarrow{PT}^2 = \overrightarrow{PA_1} \cdot \overrightarrow{PA_2}$. Gilt nun auch $\overrightarrow{PA_1} \cdot \overrightarrow{PA_2} = \overrightarrow{PB_1} \cdot \overrightarrow{PB_2}$, so ist $\overrightarrow{PT}^2 = \overrightarrow{PB_1} \cdot \overrightarrow{PB_2}$, und somit liegt auch B_2 auf k.   **q.e.d.**

Bemerkung: Der **Sekantensatz 2.4** ist eng verwandt mit dem **Sehnensatz 2.1**, denn während sich beim **Sehnensatz 2.1** die beiden Sehnen innerhalb des Kreises schneiden, schneiden sich beim **Sekantensatz 2.4** die Verlängerungen der Sehnen außerhalb des Kreises; die Sehnenabschnitte werden aber in beiden Sätzen auf dieselbe Weise gebildet.

2.2   Chordalen

In diesem Abschnitt betrachten wir Tangenten an zwei Kreise. Insbesondere untersuchen wir Punkte, von denen aus die Tangentenabschnitte an die zwei Kreise gleich lang sind. Dass es solche Punkte gibt, zeigen die folgenden beiden Sätze:

Satz 2.5
Gegeben seien zwei Kreise k_1 und k_2, welche sich in S_1 und S_2 schneiden. Alle Punkte P auf der Geraden $S_1 S_2$, von denen aus Tangenten an die beiden Kreise gezeichnet werden kön-nen, haben die Eigenschaft, dass die Längen t_1 und t_2 der Tangentenabschnitte an die beiden Kreise gleich sind.

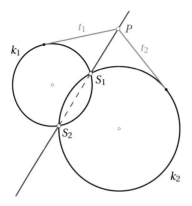

Beweis: Nach dem **Sekanten-Tangenten-Satz 2.2** gilt einerseits $t_1^2 = \overrightarrow{PS_1} \cdot \overrightarrow{PS_2}$ für den Kreis k_1 und andererseits $t_2^2 = \overrightarrow{PS_1} \cdot \overrightarrow{PS_2}$ für den Kreis k_2. Somit ist $t_1^2 = t_2^2$, und da Streckenlängen positiv sind, folgt daraus $t_1 = t_2$.   **q.e.d.**

Satz 2.6
Gegeben seien zwei Kreise k_1 und k_2 mit verschiedenen Mittelpunkten. Weiter sei k_0 ein drit-ter Kreis, welcher die beiden Kreise in A_1 und A_2 bzw. in B_1 und B_2 schneidet, und zwar so, dass sich die Geraden $A_1 A_2$ und $B_1 B_2$ in einem Punkt P außerhalb der Kreise k_1 und k_2 schneiden. Zeichnen wir nun von P aus Tangenten an die beiden Kreise, so sind die Längen t_1 und t_2 der Tangentenabschnitte an die beiden Kreise gleich.

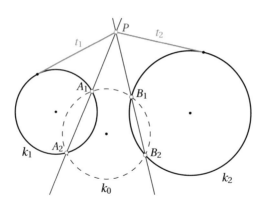

Beweis: Nach dem **Sekanten-Tangenten-Satz 2.2** gilt einerseits $t_1^2 = \overline{PA_1} \cdot \overline{PA_2}$ für den Kreis k_1 und andererseits $t_2^2 = \overline{PB_1} \cdot \overline{PB_2}$ für den Kreis k_2. Da für den Kreis k_0 mit dem **Sekantensatz 2.4** $\overline{PA_1} \cdot \overline{PA_2} = \overline{PB_1} \cdot \overline{PB_2}$ gilt, folgt wieder $t_1^2 = t_2^2$ und somit $t_1 = t_2$. **q.e.d.**

Bemerkung: Man überzeugt sich leicht, dass es zu zwei beliebigen, nichtkonzentrischen Kreisen k_1 und k_2 immer einen dritten Kreis k_0 gibt mit den im **Satz 2.6** geforderten Eigenschaften.

Es stellt sich nun die Frage, ob es noch weitere solche Punkte P gibt, sodass die Tangentenabschnitte von P an zwei Kreise gleich lang sind. Folgender Satz gibt uns eine erste Antwort.

Satz 2.7
Gegeben seien zwei nichtkonzentrische Kreise mit den Mittelpunkten M_1 und M_2 und den Radien r_1 und r_2, und sei P ein Punkt außerhalb der beiden Kreise. Weiter seien t_1 und t_2 die Längen der beiden Tangentenabschnitte von P an die beiden Kreise. Dann gilt

$$\overline{PM_1}^2 - \overline{PM_2}^2 = r_1^2 - r_2^2 \quad \Longleftrightarrow \quad t_1 = t_2,$$

wie die folgende Figur zeigt:

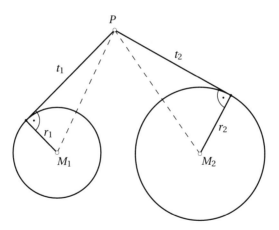

Beweis: Mit **Satz 2.3** (bzw. dem **Satz von Pythagoras A.7**) haben wir $\overline{PM_1}^2 - r_1^2 = t_1^2$ und entsprechend auch $\overline{PM_2}^2 - r_2^2 = t_2^2$. Somit gilt $t_1^2 = t_2^2$ genau dann, wenn auch die Gleichung $\overline{PM_1}^2 - r_1^2 = \overline{PM_2}^2 - r_2^2$ gilt, was aber äquivalent ist zur Gleichung $\overline{PM_1}^2 - \overline{PM_2}^2 = r_1^2 - r_2^2$. Weil nun die Streckenlängen t_1 und t_2 positiv sind, gilt $t_1^2 = t_2^2$ genau dann, wenn $t_1 = t_2$ ist, woraus unmittelbar die Behauptung folgt. **q.e.d.**

Dieser Satz führt uns zur folgenden Definition:

Chordale. Für zwei nichtkonzentrische Kreise mit den Mittelpunkten M_1 und M_2 und den Radien r_1 und r_2 definieren wir die *Chordale* der beiden Kreise als Menge aller Punkte P, für die gilt:

$$\overline{PM_1}^2 - \overline{PM_2}^2 = r_1^2 - r_2^2$$

Bemerkungen:

- Aus **Satz 2.7** folgt unmittelbar, dass jeder Punkt P, von dem aus die Tangentenabschnitte an zwei gegebene Kreise gleich lang sind, auf der Chordalen der beiden Kreise liegt und umgekehrt.

- Ist P ein Punkt, von dem aus die Tangentenabschnitte an zwei gegebene Kreise gleich lang sind, so können wir einen Kreis k_0 mit Mittelpunkt P zeichnen, der durch die Berührungspunkte der Tangenten von P an die gegebenen Kreise geht. Der Kreis k_0 schneidet dann die beiden gegebenen Kreise senkrecht.

- Ist umgekehrt k_0 ein Kreis, der zwei gegebene Kreise senkrecht schneidet, so liegt der Mittelpunkt von k_0 auf der Chordalen der gegebenen Kreise. Sich senkrecht schneidende Kreise werden wir ausführlich in Kap. 4 behandeln.

Der nächste Satz zeigt, dass die Chordale zweier Kreise immer eine Gerade ist.

Satz 2.8
Gegeben seien zwei nichtkonzentrische Kreise mit den Mittelpunkten M_1 und M_2, und sei P ein Punkt auf der Chordalen der beiden Kreise. Dann ist die Chordale die Gerade durch P, welche senkrecht zur Zentralen $M_1 M_2$ steht, wie die folgende Figur zeigt:

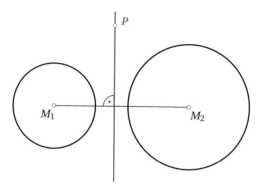

Beweis: Es genügt zu zeigen, dass ein von P verschiedener Punkt Q genau dann auf der Chordalen der beiden Kreise liegt, wenn sich die Geraden PQ und $M_1 M_2$ rechtwinklig schneiden.

Sei P ein Punkt auf der Chordalen und sei c die Gerade durch P, welche die Zentrale $M_1 M_2$ rechtwinklig schneidet. Weiter sei F der Schnittpunkt der Geraden c mit $M_1 M_2$ und sei Q ein von P verschiedener Punkt auf c. Schließlich sei $u = \overline{M_1 F}$ und $v = \overline{M_2 F}$.

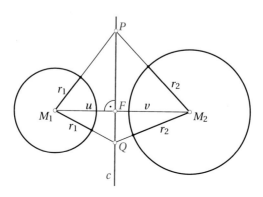

Da P auf der Chordalen liegt, gilt nach Definition

$$\overrightarrow{PM_1}^2 - \overrightarrow{PM_2}^2 = r_1^2 - r_2^2 \,, \tag{1}$$

wobei r_1 und r_2 die Radien der beiden Kreise bezeichnen. Mit dem **Satz von Pythagoras A.7** gilt nun auch $\overrightarrow{PM_1}^2 = u^2 + \overrightarrow{PF}^2$ und $\overrightarrow{PM_2}^2 = v^2 + \overrightarrow{PF}^2$. Damit gilt

$$\overrightarrow{PM_1}^2 - \overrightarrow{PM_2}^2 = u^2 - v^2 \,,$$

und mit Gleichung (1) erhalten wir

$$u^2 - v^2 = r_1^2 - r_2^2 \,. \tag{2}$$

Mit dem **Satz von Pythagoras A.7** gilt auch für den Punkt Q die Gleichung

$$\overrightarrow{QM_1}^2 - \overrightarrow{QM_2}^2 = u^2 - v^2 \,,$$

und mit Gleichung (2) gilt

$$\overrightarrow{QM_1}^2 - \overrightarrow{QM_2}^2 = r_1^2 - r_2^2 \,.$$

Somit liegt Q auf der Chordalen der beiden Kreise.

Liegt umgekehrt ein Punkt Q' auf der Chordalen, gilt also $\overrightarrow{Q'M_1}^2 - \overrightarrow{Q'M_2}^2 = r_1^2 - r_2^2$, so gilt mit Gleichung (2) auch $\overrightarrow{Q'M_1}^2 - \overrightarrow{Q'M_2}^2 = u^2 - v^2$, und somit liegt nach dem **Satz von Pythagoras A.7** der Punkt Q' auf c.   **q.e.d.**

Bemerkungen zur Konstruktion einer Chordalen:

- **Satz 2.8** gilt für alle Paare nichtkonzentrischer Kreise: Die Konstruktion der Chordalen geschieht meist dadurch, dass zuerst ein Punkt P der Chordalen wie im **Satz 2.6** und dann von P auf die Zentrale der beiden Kreise die Lotgerade konstruiert wird.
- In Spezialfällen lässt sich die Chordale zweier Kreise etwas einfacher konstruieren: Falls sich die beiden Kreise schneiden, ist nach **Satz 2.5** die Chordale die Gerade durch die beiden Schnittpunkte. Falls die beiden Kreise gemeinsame Tangenten haben, so erhalten wir die Chordale c, indem wir eine Gerade durch die Mittelpunkte zwischen entsprechenden Tangentenberührungspunkten zeichnen.

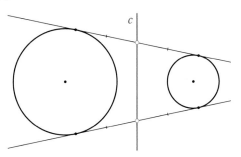

■ In den unten stehenden Figuren sind jeweils zwei Kreise in verschiedenen gegenseitigen Lagen mit der zugehörigen Chordalen c gezeichnet:

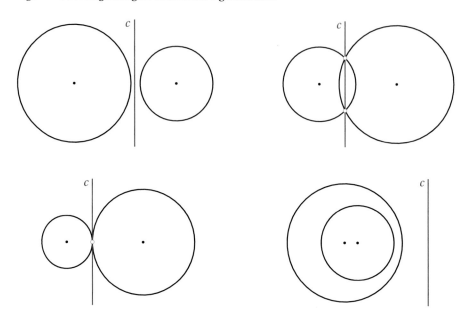

Wir wollen die Chordale noch auf eine weitere, äquivalente Weise charakterisieren. Dazu betrachten wir einen Kreis k und eine Sekante s durch einen festen Punkt P. Die Schnittpunkte seien X und Y.

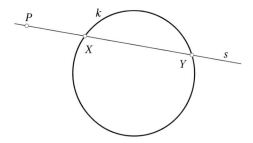

Liegt P außerhalb von k, so ist der Wert $\overrightarrow{PX} \cdot \overrightarrow{PY}$ wegen des **Sekanten-Tangenten-Satzes 2.2** unabhängig von der Sekante s. Liegt P innerhalb von k, so ist $\overrightarrow{PX} \cdot \overrightarrow{PY}$ wegen des **Sehnensatzes 2.1** unabhängig von der Sekante. Diese Überlegung führt auf die folgende Definition:

Potenz eines Punktes. Ist P ein Punkt, k ein Kreis und s eine Sekante durch P mit den Schnittpunkten X und Y. Dann heißt das Produkt der Sekantenabschnitte $\overrightarrow{PX} \cdot \overrightarrow{PY}$ die *Potenz* des Punktes P in Bezug auf k.

Sei P nun ein Punkt auf der Chordalen zweier Kreise k_1 und k_2. Zwei Sekanten durch P schneiden k_i in den Punkten X_i und Y_i (siehe Figur). Liegt P außerhalb der beiden Kreise, so sind die Tangentenabschnitte an k_1 und k_2 gleich lang, und somit ist $\overline{PX_1} \cdot \overline{PY_1} = \overline{PX_2} \cdot \overline{PY_2}$ wegen des **Sekanten-Tangenten-Satzes 2.2**. Liegt P auf der gemeinsamen Sehne von k_1 und k_2, so gilt wegen des **Sehnensatzes 2.1** ebenfalls $\overline{PX_1} \cdot \overline{PY_1} = \overline{PX_3} \cdot \overline{PY_3} = \overline{PX_2} \cdot \overline{PY_2}$.

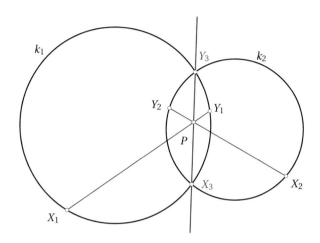

Damit haben wir folgende Eigenschaft der Chordalen erfasst:

Satz 2.9
Die Chordale von k_1 und k_2 ist der geometrische Ort aller Punkte, welche gleiche Potenz bezüglich der beiden Kreise haben.

Sind drei Kreise gegeben, deren Mittelpunkte nicht auf einer Geraden liegen, so können wir zu je zwei Kreisen die Chordale konstruieren, und wegen **Satz 2.9** schneiden sich diese drei Chordalen in einem Punkt. Die letzte Bemerkung führt uns zu folgender Definition:

Chordalpunkt.   Der Schnittpunkt der drei Chordalen von drei Kreisen, deren Mittelpunkte nicht auf einer Geraden liegen, heißt *Chordalpunkt* der drei Kreise.

Zum Schluss dieses Kapitels beweisen wir einen Satz, mit dem zu zwei gegebenen Kreisen ein Kreis konstruiert werden kann, welcher die gegebenen Kreise in zwei speziellen Punkten berührt. Dieser Satz (zusammen mit dem Chordalpunkt) wird in Kap. 5 – in dem wir einen Kreis konstruieren, der drei gegebene Kreise berührt – eine wichtige Rolle spielen.

Satz 2.10
Gibt es einen Kreis, welcher zwei gegebene Kreise k_1 und k_2 in den Punkten P_1 bzw. P_2 rechtwinklig schneidet, so gibt es auch einen Kreis, welcher k_1 und k_2 in den Punkten P_1 bzw. P_2 berührt.
   Umgekehrt: Gibt es einen Kreis, welcher k_1 und k_2 in den Punkten P_1 bzw. P_2 berührt, wobei sich die zugehörigen Tangenten schneiden, so gibt es auch einen Kreis, der k_1 und k_2 in den Punkten P_1 bzw. P_2 rechtwinklig schneidet.

Beweis: Sei k ein Kreis mit Mittelpunkt S, welcher zwei gegebene Kreise k_1 und k_2 in den Punkten P_1 bzw. P_2 rechtwinklig schneidet. Weiter sei c die Chordale von k_1 und k_2, und t_1 und t_2 seien die Tangenten an k_1 bzw. k_2 in den Punkten P_1 bzw. P_2.

Weil S auf der Chordalen von k_1 und k_2 liegt, ist $\overrightarrow{SP_1} = \overrightarrow{SP_2}$. Damit gibt es einen Kreis k' durch P_1 und P_2, sodass die Geraden SP_1 und SP_2 Tangenten an k' sind. Weil nun diese Geraden auch Tangenten an k_1 bzw. k_2 sind, berührt k' die beiden Kreise in den Punkten P_1 und P_2.

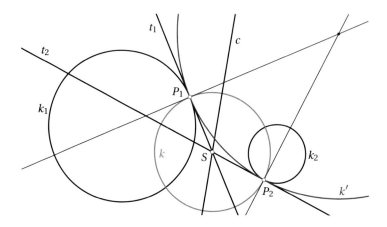

Für die Umkehrung nehmen wir an, dass k ein Kreis ist, welcher k_1 und k_2 in den Punkten P_1 bzw. P_2 berührt. Weiter seien t_1 und t_2 die Tangenten an k in den Punkten P_1 bzw. P_2, und S sei der Schnittpunkt dieser beiden Tangenten.

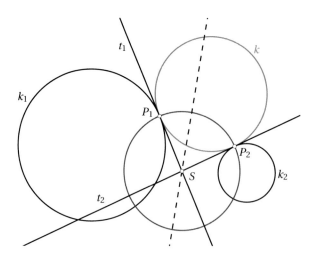

Da die beiden Strecken $\overline{SP_1}$ und $\overline{SP_2}$ als Tangentenabschnitte an k gleich lang und t_1 und t_2 auch Tangenten an k_1 bzw. k_2 sind, schneidet der Kreis mit Mittelpunkt S und Radius $\overline{SP_1}$ die beiden Kreise k_1 und k_2 in den Punkten P_1 bzw. P_2 rechtwinklig. Insbesondere liegt S auf der Chordalen von k_1 und k_2.   **q.e.d.**

Weitere Resultate und Aufgaben

Satz 2.11 (Schnittpunkt gemeinsamer Sehnen)
Schneiden sich drei Kreise gegenseitig und zeichnet man zu je zwei Kreisen ihre gemeinsame Sehne, so schneiden sich diese drei Sehnen in einem Punkt.

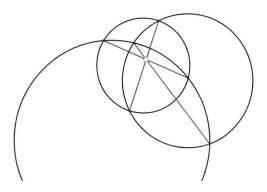

Beweis: Da eine gemeinsame Sehne zweier Kreise auf der Chordalen der beiden Kreise liegt, ist der Schnittpunkt der drei Sehnen der Chordalpunkt der drei Kreise.   **q.e.d.**

Satz 2.12 (Chordalpunkt von Ceva-Kreisen)
Sei $\triangle ABC$ ein Dreieck mit Punkten A' auf der Seite a, B' auf der Seite b und C' auf der Seite c. Dann ist der Höhenschnittpunkt in $\triangle ABC$ der Chordalpunkt der Thaleskreise k_a, k_b, k_c über $\overline{AA'}$, $\overline{BB'}$ und $\overline{CC'}$.

Beweis: Die Dreiecke $\triangle AH_aC$ und $\triangle BH_bC$ sind ähnlich. Daher sind auch $\triangle AH_bH$ und $\triangle BH_aH$ ähnlich. Also ist $\overrightarrow{HA} \cdot \overrightarrow{HH_a} = \overrightarrow{HB} \cdot \overrightarrow{HH_b}$. Mit anderen Worten, die Potenz von H bezüglich k_a und k_b ist gleich. Also liegt H auf der (gestrichelten) Chordalen von k_a und k_b. Analoges gilt für k_a und k_c.

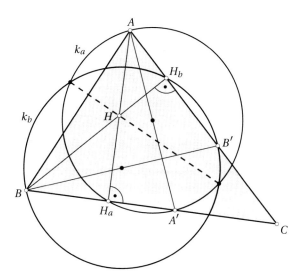

q.e.d.

Satz 2.13 (Satz von Carnot)

Schneidet ein Kreis ein Dreieck $\triangle ABC$ wie in der unten stehenden Figur in den Punkten $X_1, Y_1, X_2, Y_2, X_3, Y_3$, so gilt

$$\frac{\overrightarrow{AX_3}}{\overrightarrow{BX_3}} \cdot \frac{\overrightarrow{AY_3}}{\overrightarrow{BY_3}} \cdot \frac{\overrightarrow{BX_1}}{\overrightarrow{CX_1}} \cdot \frac{\overrightarrow{BY_1}}{\overrightarrow{CY_1}} \cdot \frac{\overrightarrow{CX_2}}{\overrightarrow{AX_2}} \cdot \frac{\overrightarrow{CY_2}}{\overrightarrow{AY_2}} = 1$$

oder, anders ausgedrückt,

$$\overrightarrow{AX_3} \cdot \overrightarrow{AY_3} \cdot \overrightarrow{BX_1} \cdot \overrightarrow{BY_1} \cdot \overrightarrow{CX_2} \cdot \overrightarrow{CY_2} = \overrightarrow{BX_3} \cdot \overrightarrow{BY_3} \cdot \overrightarrow{CX_1} \cdot \overrightarrow{CY_1} \cdot \overrightarrow{AX_2} \cdot \overrightarrow{AY_2} .$$

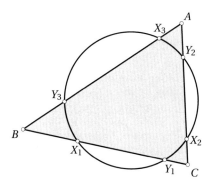

Beweis: Mit dem **Sekantensatz 2.4** gilt

$$\overrightarrow{AX_3} \cdot \overrightarrow{AY_3} = \overrightarrow{AY_2} \cdot \overrightarrow{AX_2} ,$$

$$\overrightarrow{BX_1} \cdot \overrightarrow{BY_1} = \overrightarrow{BY_3} \cdot \overrightarrow{BX_3} ,$$

$$\overrightarrow{CX_2} \cdot \overrightarrow{CY_2} = \overrightarrow{CY_1} \cdot \overrightarrow{CX_1} ,$$

woraus direkt die obige Beziehung folgt.   **q.e.d.**

Aufgaben

2.1. Zeige, dass in der folgenden Figur $\overrightarrow{AE} \cdot \overrightarrow{EG} = \overrightarrow{BE} \cdot \overrightarrow{ED}$ gilt.

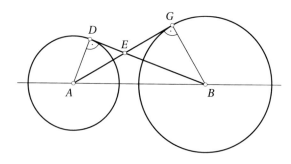

Bemerkung: Dieser Satz ist aus Archimedes [6, S. 41].

2.2. Zeige, dass der **Satz von Carnot** auch dann gilt, wenn die Schnittpunkte des Dreiecks mit dem Kreis außerhalb des Dreiecks liegen.

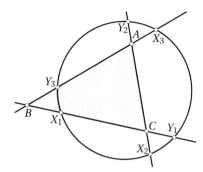

2.3. Gegeben seien zwei Kreise und ein zugehöriges Ähnlichkeitszentrum S. Zudem schneiden zwei Geraden durch S die beiden Kreise in A, B, A', B' bzw. in C, D, C', D':

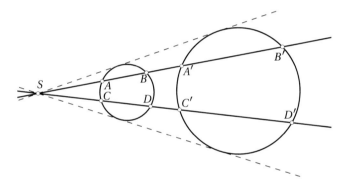

Zeige, dass die Schnittpunkte der Geraden AC und $B'D'$, BD und $A'C'$, AD und $B'C'$, BC und $A'D'$ alle auf der Chordalen der beiden Kreise liegen.

Bemerkung: Dieser Satz ist aus Adams [2, LXXV, S. 258].

2.4. Gegeben seien drei Kreise, die sich gegenseitig schneiden. Beweise: Es gibt einen Kreis k, sodass die gemeinsamen Sehnen mit den drei Kreisen Durchmesser von k sind (siehe Figur).

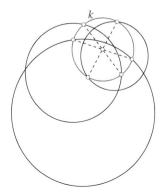

2.5. **(a)** Gegeben seien zwei Punkte P und Q sowie ein Kreis k. Konstruiere einen Kreis durch P, Q, der k in einem Durchmesser von k schneidet.

(b) Gegeben seien eine Gerade g und ein Punkt P auf g sowie ein Kreis k. Konstruiere einen Kreis, der in P tangential an g ist und der k in einem Durchmesser von k schneidet.

Anmerkungen

Die folgenden Anmerkungen sind im Wesentlichen eine Zusammenfassung der Darstellung von Tropfke [51, Kapitel 7].

Den **Sehnensatz 2.1** sowie den **Sekanten-Tangenten-Satz 2.2** samt Umkehrung findet man schon bei EUKLID in Buch III (L. 29–31). Den **Sehnensatz 2.1** (ohne dessen Umkehrung) beweist EUKLID mithilfe eines algebraisch-geometrischen Satzes (Buch II, L. 5), und er dürfte uns damit die altertümliche Form aufbewahrt haben, in der spätestens ARCHYTAS VON TARENT (ca. 420– ca. 350 v. Chr.) ihn schon kannte. Den **Sekantensatz 2.4** beweist EUKLID wohl deshalb nicht, weil der **Sekantensatz 2.4** im **Sekanten-Tangenten-Satz 2.2** enthalten ist, welchen er samt Umkehrung beweist (ebenfalls mithilfe eines algebraisch-geometrischen Satzes aus Buch II). Beweise für die Sehnen- und Sekantensätze mithilfe der Strahlensätze bzw. der Ähnlichkeit von Dreiecken waren vielleicht schon im Altertum bekannt, treten aber in der Literatur des Altertums nirgends auf. Erst im 16. Jahrhundert sind solche Beweise zum Beispiel beim Engländer WILLIAM OUGHTRED (1574–1660) nachweisbar.

Für den Wert des Produktes der Sehnen- bzw. Sekantenabschnitte führte JAKOB STEINER (1796–1863, im 19. Jahrhundert war die Schreibweise JACOB mit „C" gebräuchlich) den Kunstausdruck *Potenz des Punktes in Bezug auf den Kreis* ein. Bei der Einführung der Chordalen, insbesondere beim vorbereitenden **Satz 2.3**, haben wir uns von STEINERS *Theorie der Kegelschnitte* leiten lassen [44, §1]. Allerdings nennt STEINER diese Gerade *Potenzlinie*, weil sie der geometrische Ort der Punkte ist, für die die Potenz in Bezug auf zwei Kreise immer dieselbe Größe besitzt. Der etwas klingendere Begriff *Chordale zweier Kreise* wurde von JULIUS PLÜCKER (1801–1868) eingeführt. PLÜCKER entschied sich bei seinem neuen Substantiv für die adjektivische Deklination, also im Genitiv Singular und im Dativ Singular „der Chordalen". Wir übernehmen in unserem Text diese Konvention, obwohl spätere Autoren auch die Deklination „der Chordale" verwenden. Für die Worte „Gerade", „Parallele" und „Polare" wählen wir ebenfalls die adjektivische Deklination. Hingegen deklinieren wir „Tangente", „Sehne" und „Sekante" wie es der Duden vorschlägt, also z.B. „die Gleichung der Tangente".

Satz von Carnot: Der **Satz von Carnot 2.13** ist nach LAZARE NICOLAS MARGUERITE CARNOT (1753–1823) benannt. Der Satz ist auch dann gültig, wenn die Schnittpunkte außerhalb des Dreiecks liegen (siehe **Aufgabe 2.2**). Da der **Satz von Carnot** nicht nur für Kreise, sondern allgemein auch für beliebige Kegelschnitte gilt (siehe **Satz 8.15**), spielt dieser Satz auch in der projektiven Geometrie eine wichtige Rolle.

3 Harmonische Geradenbüschel

Übersicht

In diesem Kapitel betrachten wir Verhältnisse von Strecken auf Geraden. Insbesondere untersuchen wir innere und äußere Teilungspunkte einer Strecke sowie Geradenbüschel, welche durch die Streckenendpunkte und die Teilungspunkte gehen. Diese sogenannten *harmonischen Geradenbüschel* werden in den folgenden Kapiteln eine wichtige Rolle spielen.

3.1 Harmonische Teilung einer Strecke

Innerer und äußerer Teilungspunkt. Gegeben seien zwei Punkte P und Q. Ein Punkt T auf der Geraden PQ teilt die Strecke $\overline{PQ}$ im Verhältnis $m : n$, falls gilt:

$$\overrightarrow{PT} : \overrightarrow{QT} = m : n$$

Zu jedem Verhältnis $m : n$ – wobei m und n durch die Längen zweier Strecken gegeben sind – gibt es einen *inneren Teilungspunkt* T_i, welcher auf der Strecke $\overline{PQ}$ liegt. Falls $m \neq n$ und $m \neq 0$, so gibt es immer auch einen *äußeren Teilungspunkt* T_a, welcher außerhalb von $\overline{PQ}$ liegt.

Ist T_i der innere und T_a der äußere Teilungspunkt einer Strecke $\overline{PQ}$, so gilt

$$\overrightarrow{PT_i} : \overrightarrow{QT_i} = m : n = \overrightarrow{PT_a} : \overrightarrow{QT_a} .$$

Harmonische Teilung einer Strecke. Ist $m \neq n$, so sagen wir, dass die Strecke $\overline{PQ}$ durch die Punkte T_i und T_a *harmonisch* im Verhältnis $m : n$ geteilt wird.

© Springer-Verlag GmbH Deutschland, ein Teil von Springer Nature 2021
L. Halbeisen et al., *Mit harmonischen Verhältnissen zu Kegelschnitten*,
https://doi.org/10.1007/978-3-662-63330-4_3

In der folgenden Figur wird die Strecke $\overline{PQ}$ harmonisch im Verhältnis $3:2$ geteilt:

Bemerkungen:

- Für $m = n$ und damit $m : n = 1$ existiert nur der innere Teilungspunkt, der zugleich Mittelpunkt der Strecke $\overline{PQ}$ ist. Der äußere Teilungspunkt liegt im Unendlichen.
- Strebt $m : n$ gegen 0, so streben sowohl T_i als auch T_a gegen den Punkt P, d.h., im Grenzfall $m : n = 0$ ist $T_i = T_a = P$.
- Strebt $m : n$ gegen unendlich, so streben sowohl T_i als auch T_a gegen den Punkt Q, d.h., im Grenzfall $m : n = \infty$ ist $T_i = T_a = Q$.

Konstruktion der harmonischen Teilung von $\overline{PQ}$ im Verhältnis $m : n$

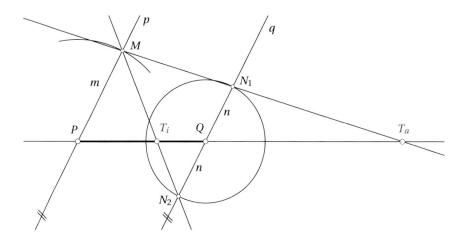

1. m und n seien durch die Längen zweier Strecken gegeben.
2. Von P aus wird nun die Strecke der Länge m auf einer Hilfsgeraden p durch P abgetragen; damit erhalten wir M.
3. Durch Q wird eine Parallele q zu p gezeichnet.
4. Von Q aus wird die Strecke der Länge n beidseitig auf q abgetragen; damit erhalten wir N_1 und N_2.
5. Die Schnittpunkte der Geraden PQ mit MN_1 und MN_2 sind T_a bzw. T_i.

Aus dem **2. Strahlensatz** mit Streckungszentrum T_i bzw. T_a folgt

$$\overrightarrow{PT_i} : \overrightarrow{QT_i} = m : n = \overrightarrow{PT_a} : \overrightarrow{QT_a} .$$

3.2 Harmonische Punkte und Geraden

Harmonische Punkte. Vier Punkte $AB'A'B$ auf einer Geraden liegen *harmonisch*, wenn die Strecke $\overline{AA'}$ durch die Punkte B' und B harmonisch geteilt wird. Etwas formaler ausgedrückt bedeutet dies

$$\overrightarrow{AB'} : \overrightarrow{A'B'} = \overrightarrow{AB} : \overrightarrow{A'B}.$$

Sind $AB'A'B$ harmonische Punkte, so nennen wir A und A' bzw. B' und B *zugeordnete Punkte*.

Aus der Definition harmonischer Punkte folgt unmittelbar:

Satz 3.1
Teilen die Punkte B' und B die Strecke $\overline{AA'}$ harmonisch, so teilen umgekehrt die Punkte A und A' die Strecke $\overline{B'B}$ harmonisch.

Beweis: Weil $AB'A'B$ harmonisch liegen, gilt $\overrightarrow{AB'} : \overrightarrow{A'B'} = \overrightarrow{AB} : \overrightarrow{A'B}$. Durch Vertauschen der Innenglieder erhalten wir daraus $\overrightarrow{AB'} : \overrightarrow{AB} = \overrightarrow{A'B'} : \overrightarrow{A'B}$, was besagt, dass A und A' die Strecke $\overrightarrow{B'B}$ harmonisch teilen. **q.e.d.**

Bemerkungen:

- Sind $AB'A'B$ harmonische Punkte, so ist A' ein innerer und A ein äußerer Teilungspunkt der Strecke $\overline{B'B}$, und entsprechend ist B' ein innerer und B ein äußerer Teilungspunkt der Strecke $\overline{AA'}$.
- Sind von vier harmonischen Punkten $AB'A'B$ drei Punkte gegeben, so lässt sich der vierte harmonische Punkt konstruieren: Die Konstruktionen wiederholen im Wesentlichen die obige Grundkonstruktion der harmonischen Teilung.

Harmonisches Geradenbüschel. Seien $AB'A'B$ harmonische Punkte auf einer Geraden g. Verbindet man einen Punkt O außerhalb von g mit jedem dieser vier Punkte, so erhält man ein Geradenbüschel $a = OA$, $a' = OA'$, $b' = OB'$, $b = OB$. Diese vier Geraden $ab'a'b$ nennen wir *harmonisches Geradenbüschel*, und die Geraden a und a' bzw. b' und b nennen wir *zugeordnete Geraden*. Ist $ab'a'b$ ein harmonisches Geradenbüschel, so existiert eine Gerade g, welche das Geradenbüschel in vier Punkten schneidet, sodass die vier Schnittpunkte harmonisch liegen. Die Frage stellt sich nun, ob auch die Schnittpunkte einer anderen Geraden h mit dem harmonischen Geradenbüschel harmonisch liegen. Falls die Gerade h parallel zu g ist, so liegen nach dem **3. Strahlensatz** die Schnittpunkte von h mit dem Geradenbüschel ebenfalls harmonisch. Der folgende Satz zeigt nun, dass die Schnittpunkte beliebiger Geraden mit dem harmonischen Geradenbüschel immer harmonisch liegen.

Satz 3.2

Schneidet eine beliebige Gerade h ein harmonisches Geradenbüschel $ab'a'b$ durch die harmonischen Punkte $AB'A'B$ in den vier Punkten C, D', C', D, so liegen diese Schnittpunkte harmonisch.

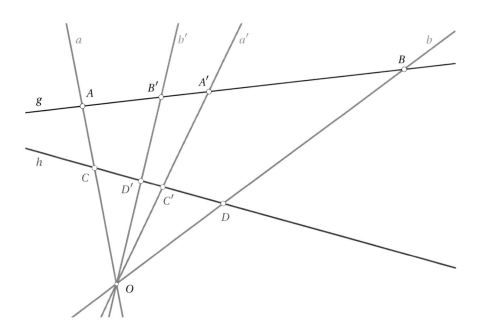

Beweis: Wir müssen zeigen, dass $\overrightarrow{CD'} : \overrightarrow{C'D'} = \overrightarrow{CD} : \overrightarrow{C'D}$ gilt. Aus dem **3. Strahlensatz** folgt, dass sich diese Verhältnisse nicht ändern, wenn wir die Gerade h parallel verschieben. Somit genügt es, den Satz zu beweisen für den Fall, dass h durch den Punkt A' geht. Wir zeichnen nun eine Parallele zur Geraden a durch A', welche die Geraden b' und b in E und F schneidet.

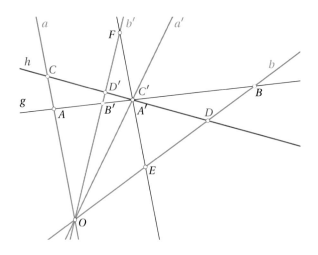

Wir zeigen zuerst, dass die Strecken $\overline{A'E}$ und $\overline{A'F}$ gleich lang sind: Mit dem **2. Strahlensatz** [Streckungszentrum B] gilt einerseits

$$\frac{\overrightarrow{A'E}}{\overrightarrow{AO}} = \frac{\overrightarrow{BA'}}{\overrightarrow{BA}},$$

andererseits gilt ebenfalls mit dem **2. Strahlensatz** [Streckungszentrum B']

$$\frac{\overrightarrow{A'F}}{\overrightarrow{AO}} = \frac{\overrightarrow{B'A'}}{\overrightarrow{B'A}}.$$

Da die Punkte $AB'A'B$ harmonisch liegen, sind die rechten Seiten dieser beiden Gleichungen gleich groß und folglich auch die linken Seiten. Das heißt wir haben

$$\overrightarrow{A'E} = \overrightarrow{A'F}.$$

Wie oben erhalten wir mit dem **2. Strahlensatz** die beiden Gleichungen

$$\frac{\overrightarrow{C'E}}{\overrightarrow{CO}} = \frac{\overrightarrow{DC'}}{\overrightarrow{DC}} \quad \text{und} \quad \frac{\overrightarrow{C'F}}{\overrightarrow{CO}} = \frac{\overrightarrow{D'C'}}{\overrightarrow{D'C}},$$

und weil $\overrightarrow{C'E} = \overrightarrow{C'F}$, folgt somit $\overrightarrow{DC'} : \overrightarrow{DC} = \overrightarrow{D'C'} : \overrightarrow{D'C}$ bzw.

$$\overrightarrow{CD'} : \overrightarrow{C'D'} = \overrightarrow{CD} : \overrightarrow{C'D}.$$

Für andere Lagen der Geraden h muss der Beweis der Situation angepasst werden, die Beweisideen bleiben aber dieselben.   **q.e.d.**

Satz 3.3
Vier Geraden, welche sich in einem Punkt schneiden, bilden genau dann ein harmonisches Geradenbüschel, wenn jeweils drei Geraden aus einer Parallelen zur vierten Geraden (welche nicht mit dieser zusammenfällt) zwei gleich lange Streckenabschnitte ausschneiden.

Beweis: Falls das Geradenbüschel harmonisch ist, so zeigt man analog zum obigen Beweis mithilfe der Strahlensätze, dass aus einer Parallelen zu einer der vier Geraden durch die anderen drei zwei gleich lange Streckenabschnitte ausgeschnitten werden.

Gilt umgekehrt in der Figur vom obigen Beweis $\overrightarrow{C'F} = \overrightarrow{C'E}$, so wird gemäß der Grundkonstruktion der harmonischen Teilung die Gerade h durch das Geradenbüschel harmonisch geteilt.   **q.e.d.**

3.3 Harmonische Verhältnisse am Dreieck

In diesem Abschnitt betrachten wir harmonische Verhältnisse, welche im Zusammenhang mit Winkelhalbierenden auftreten.

Satz 3.4
In einem Dreieck $\triangle ABC$ sei w_{γ_1} die Winkelhalbierende des Winkels γ und w_{γ_2} die Winkelhalbierende des Ergänzungswinkels von γ. Sind T_i und T_a die Schnittpunkte von w_{γ_1} und w_{γ_2} mit AB, dann sind T_i und T_a die Teilungspunkte der Strecke $\overline{AB}$ im Verhältnis $b : a$, wobei $b = \overrightarrow{AC}$ und $a = \overrightarrow{BC}$.

Anders ausgedrückt: In einem Dreieck teilen die Winkelhalbierenden die gegenüberliegende Seite harmonisch im Verhältnis der anliegenden Seiten (falls diese ungleich lang sind).

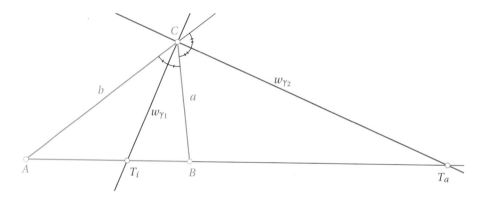

Beweis: Zuerst zeichnen wir durch B eine Parallele zu AC, welche die beiden Winkelhalbierenden in den Punkten E und F schneidet.

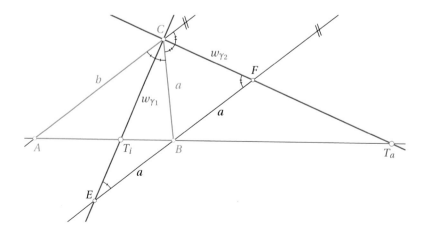

Da die Wechselwinkel an Parallelen gleich groß sind, sind die beiden Dreiecke $\triangle CBE$ und $\triangle CBF$ gleichschenklig, und mit $a = \overrightarrow{BE} = \overrightarrow{BC} = \overrightarrow{BF}$ folgt aus den Strahlensätzen die Behauptung.   **q.e.d.**

Aus dem obigen Satz folgt unmittelbar:

Satz 3.5
Die beiden Winkelhalbierenden zweier sich schneidender Geraden bilden mit diesen zusammen ein harmonisches Geradenbüschel.

Da die zwei Winkelhalbierenden eines Winkels und dessen Ergänzungswinkel immer senkrecht aufeinander stehen, erhalten wir folgende Umkehrung von **Satz 3.5**:

Satz 3.6
Falls in einem harmonischen Geradenbüschel zwei zugeordnete Geraden aufeinander senkrecht stehen, halbieren diese die von den zwei anderen Geraden eingeschlossenen Winkel.

Beweis: Gegeben sei ein harmonisches Geradenbüschel, welches sich im Punkt O schneidet, bei dem zwei zugeordnete Geraden aufeinander senkrecht stehen. Wir wählen eine Parallele zu einer Geraden des harmonischen Geradenbüschels, welche die beiden senkrecht aufeinander stehenden Geraden in E und F schneidet; der Schnittpunkt mit der anderen Geraden sei B. Weiter zeichnen wir den Thaleskreis über $\overline{EF}$, der nach dem **Satz von Thales 1.1** durch den Punkt O geht.

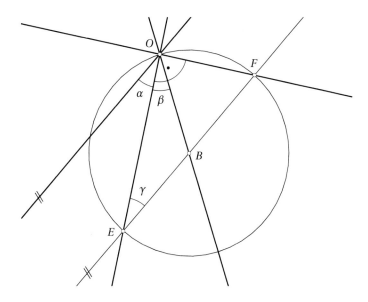

Weil das Dreieck $\triangle EBO$ gleichschenklig ist, gilt $\gamma = \beta$, und da Wechselwinkel an Parallelen gleich groß sind, gilt auch $\gamma = \alpha$. Somit ist $\alpha = \beta$, und die Gerade OE halbiert den von den beiden anderen zugeordneten Geraden eingeschlossenen Winkel. **q.e.d.**

3.4   Harmonische Verhältnisse am Viereck

Vollständiges Vierseit.   Schneiden sich in einem Viereck $ABCD$ die gegenüberliegenden Seiten AB und CD in E sowie BC und DA in F, so entsteht ein *vollständiges Vierseit* mit den Ecken $ABCDEF$. Dieses vollständige Vierseit hat die drei *Diagonalen* AC, BD, EF, auf denen jeweils zwei Eckpunkte und zwei Schnittpunkte mit den anderen Diagonalen liegen.

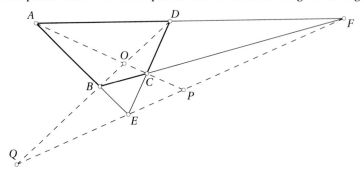

Auf jeder der drei Diagonalen liegen also vier Punkte, welche nach dem folgenden Satz harmonisch liegen:

Satz 3.7
Im vollständigen Vierseit liegen die vier Punkte auf den Diagonalen jeweils harmonisch, und zwar sind jeweils die Eckpunkte und die Diagonalenschnittpunkte zugeordnet.

Beweis: Zuerst wählen wir den Punkt S_1 auf der Geraden AC so, dass die Strecke $\overline{AC}$ durch S_1 und P harmonisch geteilt wird. Weiter seien S_2 und S_3 die Schnittpunkte von BD mit ES_1 bzw. mit FS_1.

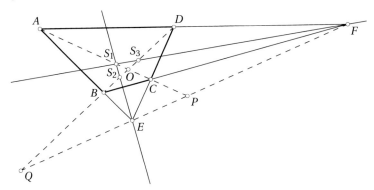

Weil AS_1CP harmonisch liegen, bilden die vier Geraden EA, ES_1, ED, EF ein harmonisches Geradenbüschel, und nach **Satz 3.2** teilen folglich S_2 und Q die Strecke $\overline{BD}$ harmonisch.

Weil auch die vier Geraden FA, FS_1, FB, FE ein harmonisches Geradenbüschel bilden, folgt wiederum mit **Satz 3.2**, dass S_3 und Q die Strecke $\overline{BD}$ ebenfalls harmonisch teilen.

Da nun der innere Teilungspunkt der Strecke $\overline{BD}$ bei gegebenem äußeren Teilungspunkt Q eindeutig bestimmt ist (vergleiche mit der zweiten Konstruktion des vierten harmonischen Punktes), gilt $S_2 = S_3$, und nach Konstruktion der Punkte S_2 und S_3 erhalten wir $O = S_1 = S_2 = S_3$. Somit liegen sowohl $AOCP$ als auch $QBOD$ harmonisch.

Weil nun die vier Geraden AQ, AB, AO, AD ein harmonisches Geradenbüschel bilden, welches von der Geraden EF geschnitten wird, liegen auch die vier Schnittpunkte $QEPF$ harmonisch.   **q.e.d.**

Der vorhergehende Satz erlaubt uns eine Konstruktion der harmonischen Teilung mit dem Lineal allein: Als Beispiel zeigen wir, wie aus drei gegebenen Punkten $AB'A'$ der vierte harmonische Punkt B konstruiert werden kann.

Konstruktion eines vierten harmonischen Punktes mit dem Lineal allein

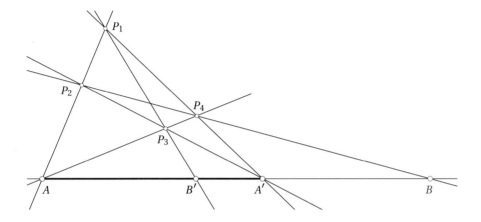

1. Wähle einen beliebigen Punkt P_1 außerhalb der Geraden AA' und auf der Strecke $\overline{AP_1}$ einen Punkt P_2.
2. Sei P_3 der Schnittpunkt von $B'P_1$ mit $A'P_2$ und P_4 der Schnittpunkt von AP_3 mit $A'P_1$.
3. Schließlich sei B der Schnittpunkt von P_2P_4 mit AA'.

Betrachten wir nun das vollständige Vierseit $P_1P_2P_3P_4AA'$, so liegen nach **Satz 3.7** die Punkte $AB'A'B$ harmonisch.

Spezialfall: Falls wir in der obigen Konstruktion den Punkt P_1 im Unendlichen wählen, sind AP_1, $B'P_1$, $A'P_1$ parallel, und wir erhalten folgende Situation:

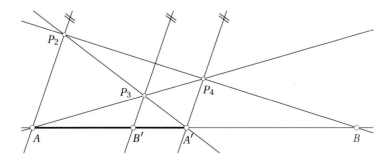

Bemerkung: Dieser Spezialfall, der sich auch direkt mithilfe der Strahlensätze begründen lässt, gibt uns eine weitere Konstruktion eines vierten harmonischen Punktes.

Als weitere Anwendung von **Satz 3.7** zeigen wir nun einen Spezialfall des **Satzes von Desargues 7.3**, welcher in Kap. 7 dann allgemein bewiesen wird.

Satz 3.8
Gegeben seien drei verschieden lange parallele Strecken $\overline{A_1 A_2}$, $\overline{B_1 B_2}$, $\overline{C_1 C_2}$. Schneidet man jeweils von zwei dieser Strecken die Verbindungsgeraden der Streckenendpunkte, so entstehen je ein innerer und ein äußerer Schnittpunkt. Es gilt nun:

(a) *Die drei äußeren Schnittpunkte Q_a, R_a, S_a liegen auf einer Geraden.*

(b) *Ein äußerer Schnittpunkt liegt mit jeweils zwei inneren Schnittpunkten auf einer Geraden; zum Beispiel liegen Q_i, R_a, S_i auf einer Geraden.*

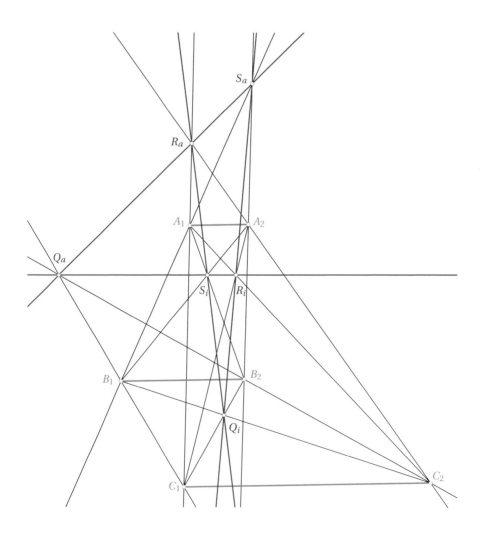

Beweis: Wir beweisen nur Teil (a) des Satzes und überlassen den Beweis von Teil (b) dem Leser. Um zu zeigen, dass die drei äußeren Teilungspunkte Q_a, R_a, S_a auf einer Geraden liegen, legen wir eine Gerade g durch Q_a und S_a, und zeigen, dass R_a auf g liegt. Dazu nehmen wir an, dass das vollständige Vierseit $B_1 B_3 B_2 B_4 Q_a S_a$ existiert (andernfalls kann ähnlich vorgegangen werden).

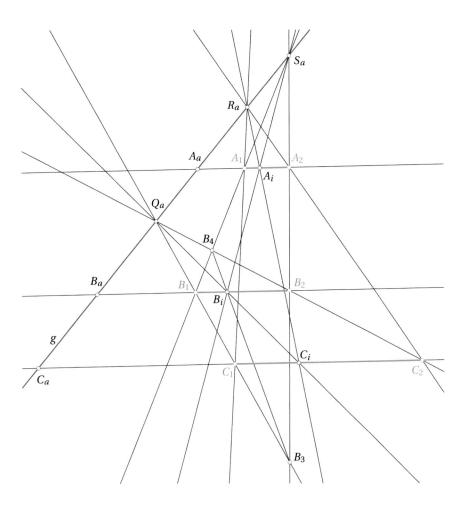

In diesem vollständigen Vierseit sind B_i und B_a zwei Diagonalenschnittpunkte, welche nach **Satz 3.7** die Strecke $\overline{B_1 B_2}$ harmonisch teilen.

Nach dem **3. Strahlensatz**, mit den Streckungszentren S_a bzw. Q_a, teilen sowohl A_i und A_a die Strecke $\overline{A_1 A_2}$ als auch C_i und C_a die Strecke $\overline{C_1 C_2}$ harmonisch, und zwar im selben Verhältnis, wie B_i und B_a die Strecke $\overline{B_1 B_2}$ harmonisch teilen. Insbesondere gilt $\overrightarrow{A_1 A_i} : \overrightarrow{A_i A_2} = \overrightarrow{C_1 C_i} : \overrightarrow{C_i C_2}$, und somit muss, nach **Satz A.4**, die Gerade $A_i C_i$ durch den Punkt R_a gehen.

Da die harmonischen Geradenbüschel $R_a A_1$, $R_a A_i$, $R_a A_2$, $R_a A_a$ und $R_a C_1$, $R_a C_i$, $R_a C_2$, $R_a C_a$ bis auf $R_a A_a$ und $R_a C_a$ übereinstimmen, muss auch diese letzte Gerade identisch sein. Da A_a und C_a auf g liegen, muss folglich auch R_a auf g liegen.   **q.e.d.**

3.5   Sätze von Ceva und Menelaos

Zum Schluss dieses Kapitels möchten wir zwei klassische Sätze beweisen und mithilfe von
vollständigen Vierseiten den Zusammenhang dieser beiden Sätze aufzeigen. Wir beginnen
mit dem **Satz von Ceva 3.9**, welcher uns eine Bedingung liefert, wann sich drei Geraden in
einem Punkt schneiden.

Satz von Ceva 3.9

*Gegeben seien ein Dreieck $\triangle ABC$ und drei Geraden durch die Eckpunkte des Dreiecks, wel-
che die (verlängerten) Dreiecksseiten a, b, c in den drei Punkten D, E, F schneiden. Schneiden
sich die drei Geraden AD, BE, CF in einem Punkt P, so gilt die Gleichung*

$$\frac{\overrightarrow{AF}}{\overrightarrow{BF}} \cdot \frac{\overrightarrow{BD}}{\overrightarrow{CD}} \cdot \frac{\overrightarrow{CE}}{\overrightarrow{AE}} = 1 \qquad bzw. \qquad \overrightarrow{AF} \cdot \overrightarrow{BD} \cdot \overrightarrow{CE} = \overrightarrow{BF} \cdot \overrightarrow{CD} \cdot \overrightarrow{AE} \,.$$

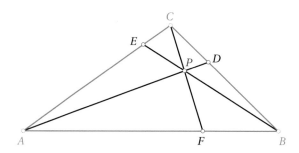

P liegt innerhalb des Dreiecks.

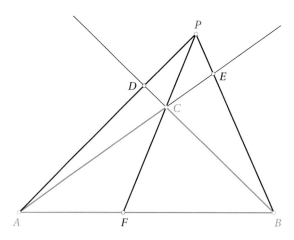

P liegt außerhalb des Dreiecks.

*Umgekehrt: Gilt die obige Gleichung und liegen alle oder genau einer der Punkte D, E, F auf
den Seiten a, b, c des Dreiecks, so schneiden sich die drei Geraden AD, BE, CF in einem Punkt.*

Beweis: Zuerst nehmen wir an, dass sich die drei Geraden AD, BE, CF im Punkt P schneiden, und zeichnen in beiden Figuren eine Parallele zu AB durch C. Die Schnittpunkte dieser Parallelen mit den Geraden AD und BE seien G und H.

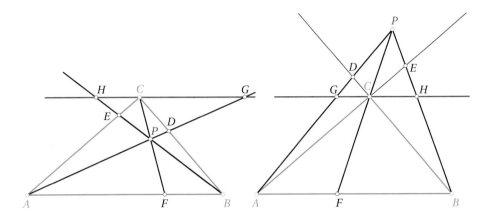

Mit dem **3. Strahlensatz** [Streckungszentrum P] erhalten wir die Gleichung

$$\frac{\overrightarrow{CH}}{\overrightarrow{CG}} = \frac{\overrightarrow{BF}}{\overrightarrow{AF}}, \tag{P}$$

und mit dem **2. Strahlensatz** [Streckungszentren D und E] erhalten wir

$$\frac{\overrightarrow{BD}}{\overrightarrow{CD}} = \frac{\overrightarrow{AB}}{\overrightarrow{CG}}, \tag{D}$$

$$\frac{\overrightarrow{CE}}{\overrightarrow{AE}} = \frac{\overrightarrow{CH}}{\overrightarrow{AB}}. \tag{E}$$

Aus Gleichung (D) und (E) folgt

$$\frac{\overrightarrow{BD}}{\overrightarrow{CD}} \cdot \frac{\overrightarrow{CE}}{\overrightarrow{AE}} = \frac{\overrightarrow{AB}}{\overrightarrow{CG}} \cdot \frac{\overrightarrow{CH}}{\overrightarrow{AB}} = \frac{\overrightarrow{CH}}{\overrightarrow{CG}},$$

und mit Gleichung (P) folgt

$$\frac{\overrightarrow{BD}}{\overrightarrow{CD}} \cdot \frac{\overrightarrow{CE}}{\overrightarrow{AE}} = \frac{\overrightarrow{BF}}{\overrightarrow{AF}}.$$

Somit haben wir

$$\frac{\overrightarrow{AF}}{\overrightarrow{BF}} \cdot \frac{\overrightarrow{BD}}{\overrightarrow{CD}} \cdot \frac{\overrightarrow{CE}}{\overrightarrow{AE}} = 1.$$

Ist umgekehrt P der Schnittpunkt von AD und BE, so gelten immer Gleichung (D) und (E), aber Gleichung (P) gilt nur, wenn auch die Gerade CF durch P geht. Somit gilt die Gleichung

$$\frac{\overrightarrow{AF}}{\overrightarrow{BF}} \cdot \frac{\overrightarrow{BD}}{\overrightarrow{CD}} \cdot \frac{\overrightarrow{CE}}{\overrightarrow{AE}} = 1$$

nur dann, wenn sich die drei Geraden in einem Punkt schneiden.   **q.e.d.**

Mithilfe von vollständigen Vierseiten lässt sich der **Satz von Ceva 3.9** auf eine auf den ersten Blick völlig andere Situation übertragen:

Satz von Menelaos 3.10

Gegeben seien ein Dreieck $\triangle ABC$ sowie drei Punkte D, E, F, welche auf den (verlängerten) Dreiecksseiten a, b, c liegen. Liegen die drei Punkte D, E, F auf einer Geraden, so gilt die Gleichung

$$\frac{\overline{AF}}{\overline{BF}} \cdot \frac{\overline{BD}}{\overline{CD}} \cdot \frac{\overline{CE}}{\overline{AE}} = 1 \qquad bzw. \qquad \overline{AF} \cdot \overline{BD} \cdot \overline{CE} = \overline{BF} \cdot \overline{CD} \cdot \overline{AE} \,.$$

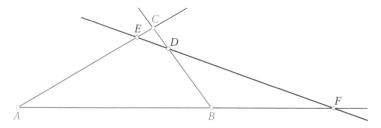

Das $\triangle ABC$ wird von der Geraden geschnitten.

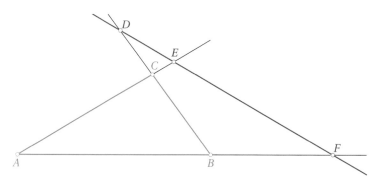

Die Gerade schneidet das Dreieck $\triangle ABC$ nicht.

Umgekehrt: Gilt die obige Gleichung und liegen keiner oder genau zwei der Punkte D, E, F auf den Seiten a, b, c des Dreiecks, so liegen die drei Punkte D, E, F auf einer Geraden.

Beweis: Von den drei Punkten D, E, F betrachten wir zunächst nur die beiden Punkte D und E, und wir nehmen an, der Schnittpunkt F^* der Geraden DE und AB existiere. Weiter sei P der Schnittpunkt der Geraden AD und BE, und F' sei der Schnittpunkt der Geraden CP und AB.

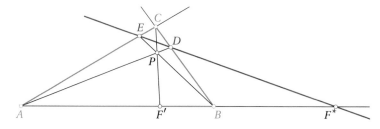

Das $\triangle ABC$ wird von der Geraden DE geschnitten.

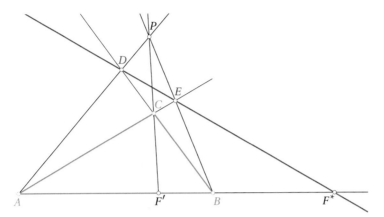

Die Gerade DE schneidet das Dreieck $\triangle ABC$ nicht.

Da $CEPDAB$ ein vollständiges Vierseit ist, liegen $AF'BF^*$ harmonisch, und es gilt

$$\frac{\overrightarrow{AF'}}{\overrightarrow{BF'}} = \frac{\overrightarrow{AF^*}}{\overrightarrow{BF^*}}. \tag{1}$$

Weil sich nach Konstruktion die drei Geraden AD, BE, CF' in P schneiden, gilt mit dem **Satz von Ceva 3.9**

$$\frac{\overrightarrow{AF'}}{\overrightarrow{BF'}} \cdot \frac{\overrightarrow{BD}}{\overrightarrow{CD}} \cdot \frac{\overrightarrow{CE}}{\overrightarrow{AE}} = 1, \tag{2}$$

und mit Gleichung (1) erhalten wir

$$\frac{\overrightarrow{AF^*}}{\overrightarrow{BF^*}} \cdot \frac{\overrightarrow{BD}}{\overrightarrow{CD}} \cdot \frac{\overrightarrow{CE}}{\overrightarrow{AE}} = 1. \tag{3}$$

Liegen nun D, E, F auf einer Geraden, so ist $F = F^*$, und mit Gleichung (3) gilt

$$\frac{\overrightarrow{AF}}{\overrightarrow{BF}} \cdot \frac{\overrightarrow{BD}}{\overrightarrow{CD}} \cdot \frac{\overrightarrow{CE}}{\overrightarrow{AE}} = 1. \tag{4}$$

Umgekehrt: Gilt Gleichung (4), so erhalten wir mit Gleichung (2) die Beziehung

$$\frac{\overrightarrow{AF}}{\overrightarrow{BF}} = \frac{\overrightarrow{AF'}}{\overrightarrow{BF'}}.$$

Somit liegen $AF'BF$ harmonisch, und weil auch $AF'BF^*$ harmonisch liegen, erhalten wir wieder $F = F^*$; d.h., D, E, F liegen auf einer Geraden.   **q.e.d.**

Bemerkung: Der Beweis des **Satzes von Menelaos** zeigt, dass sich die Sätze von Ceva und Menelaos nur dadurch unterscheiden, ob eine gerade oder eine ungerade Anzahl von Punkten aus D, E, F außerhalb des Dreiecks $\triangle ABC$ liegt: Falls kein Punkt oder zwei Punkte außerhalb des Dreiecks $\triangle ABC$ liegen, erhalten wir den **Satz von Ceva**, andernfalls den **Satz von Menelaos**.

Als unmittelbare Folgerung erhalten wir einen weiteren Spezialfall des **Satzes von Desargues 7.3**, welcher in Kap. 7 allgemein bewiesen wird.

Satz 3.11
In einem Dreieck $\triangle ABC$ seien D, E, F beliebige innere Teilungspunkte der Seiten a, b, c, und D', E', F' seien die entsprechenden äußeren Teilungspunkte. Dann schneiden sich die Geraden AD, BE, CF genau dann in einem Punkt, wenn die Punkte D', E', F' auf einer Geraden liegen.

Weiter gilt: Wenn sich die Geraden AD, BE, FC in einem Punkt schneiden, so schneiden sich auch die Geraden AD', BE', CF in einem Punkt, und die Punkte D, E, F' liegen auf einer Geraden.

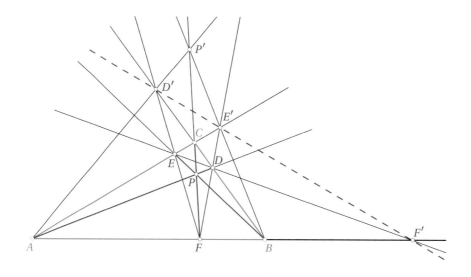

Bemerkung: Um den Zusammenhang mit dem **Satz von Desargues 7.3** zu sehen, betrachten wir die beiden Dreiecke $\triangle ABC$ und $\triangle DEF$. Der **Satz von Desargues** besagt nun, wenn sich die Geraden AD, BE, FC durch entsprechende Ecken der Dreiecke in einem Punkt schneiden, so liegen die Schnittpunkte D', E', F' der entsprechenden Dreiecksseiten auf einer Geraden, was mit **Satz 3.11** tatsächlich der Fall ist. Da die Ecken des Dreiecks $\triangle DEF$ auf den Seiten des Dreiecks $\triangle ABC$ liegen, erhalten wir mit **Satz 3.11** bloß einen Spezialfall des **Satzes von Desargues**.

Weitere Resultate und Aufgaben

Satz 3.12 (Satz von Pappos)
Sei $P_1P_2P_3P_4P_5P_6$ ein Sechseck so, dass die Punkte P_1, P_3, P_5 auf einer Geraden und P_2, P_4, P_6 auf einer anderen Geraden liegen. Dann liegen die Schnittpunkte der Gegenseiten, so sie existieren, also die Punkte $X_1 = P_1P_2 \cap P_4P_5$, $X_2 = P_2P_3 \cap P_5P_6$, $X_3 = P_3P_4 \cap P_6P_1$, auf einer Geraden, der sogenannten Pappos-Geraden.

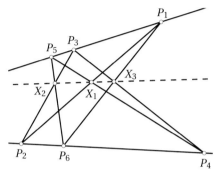

Beweis: Der Beweis beruht auf mehrfacher Anwendung des **Satzes von Menelaos 3.10**: Dazu betrachten wir das Dreieck $\triangle Y_1Y_2Y_3$, das von den Transversalen $X_1P_5P_4$, $P_1P_6X_3$, $P_2X_2P_3$, $P_1P_5P_3$ und $P_2P_6P_4$ geschnitten wird.

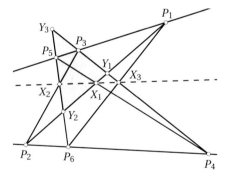

Wir erhalten nacheinander

$$\frac{\overrightarrow{Y_1X_1}}{\overrightarrow{Y_2X_1}} \cdot \frac{\overrightarrow{Y_2P_5}}{\overrightarrow{Y_3P_5}} \cdot \frac{\overrightarrow{Y_3P_4}}{\overrightarrow{Y_1P_4}} = 1, \quad \frac{\overrightarrow{Y_1P_1}}{\overrightarrow{Y_2P_1}} \cdot \frac{\overrightarrow{Y_2P_6}}{\overrightarrow{Y_3P_6}} \cdot \frac{\overrightarrow{Y_3X_3}}{\overrightarrow{Y_1X_3}} = 1, \quad \frac{\overrightarrow{Y_1P_2}}{\overrightarrow{Y_2P_2}} \cdot \frac{\overrightarrow{Y_2X_2}}{\overrightarrow{Y_3X_2}} \cdot \frac{\overrightarrow{Y_3P_3}}{\overrightarrow{Y_1P_3}} = 1,$$

$$\frac{\overrightarrow{Y_1P_1}}{\overrightarrow{Y_2P_1}} \cdot \frac{\overrightarrow{Y_2P_5}}{\overrightarrow{Y_3P_5}} \cdot \frac{\overrightarrow{Y_3P_3}}{\overrightarrow{Y_1P_3}} = 1, \quad \frac{\overrightarrow{Y_1P_2}}{\overrightarrow{Y_2P_2}} \cdot \frac{\overrightarrow{Y_2P_6}}{\overrightarrow{Y_3P_6}} \cdot \frac{\overrightarrow{Y_3P_4}}{\overrightarrow{Y_1P_4}} = 1.$$

Dividiert man das Produkt der ersten drei Gleichungen durch das Produkt der letzten beiden, so ergibt sich nach erbaulichem Kürzen

$$\frac{\overrightarrow{Y_1X_1}}{\overrightarrow{Y_2X_1}} \cdot \frac{\overrightarrow{Y_2X_2}}{\overrightarrow{Y_3X_2}} \cdot \frac{\overrightarrow{Y_3X_3}}{\overrightarrow{Y_1X_3}} = 1.$$

Dies bedeutet nach dem Satz des Menelaos, dass die Punkte X_1, X_2, X_3 kollinear sind.
q.e.d.

Bemerkung: Wenn man die zwei Trägergeraden des Sechsecks als entarteten Kegelschnitt betrachtet, so kann man den **Satz von Pappos** als entartete Version des **Satzes von Pascal 7.11** auffassen. Auch hier lassen sich wieder Spezialfälle formulieren, wenn Gegenseiten des Sechsecks parallel sind.

Satz 3.13 (Satz von de Lacombe)

Gegeben ist ein beliebiger Punkt P auf der Höhe eines spitzwinkligen Dreiecks $\triangle ABC$. Die Eckpunkte des Dreiecks, welche nicht auf dieser Höhe liegen, werden mit P verbunden. Dann bilden die Schnittpunkte dieser beiden Geraden mit je der gegenüberliegenden Dreiecksseite im Höhenfußpunkt dieselben Winkel mit der Höhe.

Beweis: Da $CB'PA'AB$ ein vollständiges Vierseit bilden, liegen nach **Satz 3.7** die Punkte $C'B'HA'$ harmonisch. Also ist H_cC', H_cB', H_cH, H_cA' ein harmonisches Geradenbüschel. Da H_cC' und H_cH senkrecht stehen, folgt die Behauptung aus **Satz 3.6**.

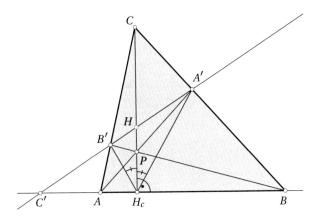

q.e.d.

Satz 3.14 (Satz von Schwarz)

Das Höhenfußpunktdreieck in einem spitzwinkligen Dreieck $\triangle ABC$ ist eine geschlossene Billardbahn in $\triangle ABC$.

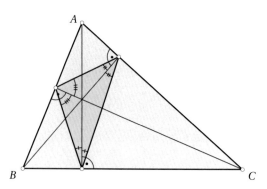

In diesem Satz betrachtet man das Dreieck $\triangle ABC$ als Billardtisch und nimmt für eine Billardkugel das *Reflexionsgesetz Einfallswinkel = Ausfallswinkel* an.

Beweis: Der Satz von Schwarz folgt sofort aus dem Satz von de Lacombe, wenn man für P den Höhenschnittpunkt einsetzt. **q.e.d.**

Bemerkung: Statt einer Billardkugel kann man auch einen Lichtstrahl im Dreieck spiegeln. Im Englischen heißt deshalb das Höhenfußpunktdreieck suggestiverweise *orthoptic triangle*.

Satz 3.15 (Satz von Bodenmiller-Steiner)
Die Thaleskreise über den drei Diagonalen eines vollständigen Vierseits haben eine gemeinsame Chordale c. Die Höhenschnittpunkte der vier Dreiecke, welche aus jeweils drei der vier Seiten des vollständigen Vierseits gebildet werden können, liegen alle auf c.

Beweis: Die Ecken des vollständigen Vierseits seien mit A, B, C, D, U, V bezeichnet (siehe Figur). Die Diagonalen sind $\overline{AC}$, $\overline{BD}$ und $\overline{UV}$. Jeweils drei Seiten des vollständigen Vierseits bilden ein Dreieck mit den drei Diagonalen als Transversalen durch je eine Ecke, nämlich $\triangle ABU$, $\triangle ADV$, $\triangle BCV$, $\triangle CDU$. Gemäß **Satz 2.12** gilt: In jedem dieser vier Dreiecke ist der Höhenschnittpunkt der Chordalpunkt der drei Thaleskreise über den Diagonalen $\overline{AC}$, $\overline{BD}$ und $\overline{UV}$. Das ist aber nur möglich, wenn die Chordalen der drei Kreise zusammenfallen und die vier Höhenschnittpunkte auf dieser gemeinsamen Chordalen liegen.

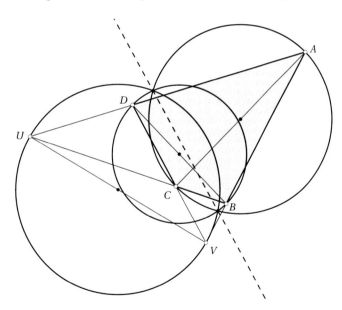

q.e.d.

Satz 3.16 (Satz von Gauß-Newton)
Die Mittelpunkte der drei Diagonalen eines vollständigen Vierseits liegen auf einer Geraden.

Beweis: Dies ist ein einfaches Korollar aus dem **Satz von Bodenmiller-Steiner 3.15**: Diese drei Mittelpunkte sind ja gerade die Zentren der drei Thaleskreise über den Diagonalen des vollständigen Vierseits. **q.e.d.**

Aufgaben

3.1. **(a)** Zeige, dass in einem rechtwinkligen Dreieck die Höhe auf die Hypotenuse diese im Verhältnis der Kathetenquadrate teilt.

(b) Beweise daraus den folgenden Satz:

Gegeben sei ein harmonisches Geradenbüschel $ab'a'b$ mit einem gemeinsamen Schnittpunkt O, bei dem sich a und a' rechtwinklig schneiden. Schneidet b' eine weitere Gerade rechtwinklig, welche ihrerseits das Geradenbüschel in den Punkten A, B', A', B schneidet, so gilt

$$\overrightarrow{AB'} : \overrightarrow{A'B'} = \overrightarrow{OA}^2 : \overrightarrow{OA'}^2 = \overrightarrow{AB} : \overrightarrow{A'B}.$$

(c) Gegeben seien zwei Strecken der Längen b und a, wobei $b > a$. Eine beliebige Strecke $\overline{AB}$ soll harmonisch im Verhältnis $b^2 : a^2$ geteilt werden.

Zur Konstruktion der Teilungspunkte

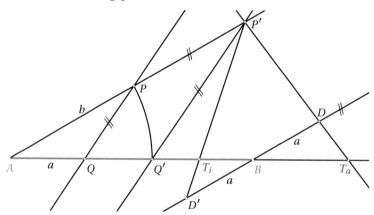

1. Von A aus zeichnen wir zum Strahl AB einen weiteren Strahl und tragen von A aus auf jedem Strahl eine Strecke der Länge b ab. Die Endpunkte dieser Strecken seien Q' (auf dem Strahl AB) und P.
2. Auf dem Strahl AB tragen wir von A aus eine Strecke der Länge a ab. Der Endpunkt dieser Strecke sei Q.
3. Wir zeichnen die Gerade durch P und Q.
4. Durch den Punkt Q' zeichnen wir eine Parallele zur Geraden PQ. Der Schnittpunkt dieser Parallelen mit dem Strahl AP sei P'.
5. Durch den Punkt B zeichnen wir eine Parallele zum Strahl AP und tragen auf dieser Parallelen von B aus in beide Richtungen eine Strecke der Länge a ab. Die Endpunkte dieser Strecken seien D und D'.
6. Wir zeichnen die Gerade durch P' und D. Der Schnittpunkt dieser Geraden mit dem Strahl AB sei T_a.
7. Der Schnittpunkt der Strecke $\overline{P'D'}$ mit dem Strahl AB sei T_i.

Zeige, dass in der obigen Figur gilt:

$$\overrightarrow{AT_a} : \overrightarrow{BT_a} = b^2 : a^2$$

3.2. Beweise den **Satz von Pascal für Kreise 1.4** mithilfe des **Satzes von Carnot 2.13** und des **Satzes von Menelaos 3.10**.

3.3. **(a)** Es seien vier Punkte A, X', A', X gegeben, von denen keine drei auf einer Geraden liegen. Gesucht ist ein harmonisches Geradenbüschel, sodass auf jeder Geraden dieses Büschels genau einer dieser vier Punkte liegt.

(b) Es seien vier sich paarweise schneidende Geraden a, x', a', x gegeben, von denen keine drei sich in einem Punkt schneiden. Gesucht ist eine Gerade, sodass die vier Schnittpunkte mit den gegebenen Geraden harmonisch liegen.

Bemerkung: Die beiden Aufgaben stammen aus Thomae [49, $30^{a,b}$].

Anmerkungen

Begriff der harmonischen Verhältnisse (aus Adams [2, S. 1 f.]): Laut Adams definiert PHILIPPE DE LA HIRE (1640–1718) in [34] die harmonische Teilung wie folgt: *Eine Strecke heißt harmonisch geteilt, wenn die ganze Strecke zu einem äußeren Abschnitt sich verhält wie der andere äußere Abschnitt zum mittleren.* Diese Proportion heißt deshalb *harmonisch* (und wurde schon im Altertum so genannt), weil sie die Grundlage der Harmonie bildet: Nimmt man zum Beispiel drei Saiten von gleicher Dicke und Spannung, deren Längen sich wie $3 : 4 : 6$ verhalten, so geben diese durch ihre Schwingungen die drei Haupttöne Oktave ($3 : 6$), Quinte ($4 : 6$) und Quarte ($3 : 4$). Sind andererseits vier Punkte A, B', A', B auf einer Geraden so gewählt, dass $\overrightarrow{AB'} = 3$ gilt, $\overrightarrow{AA'} = 4$, $\overrightarrow{AB} = 6$, so liegen $AB'A'B$ harmonisch.

Harmonische Geradenbüschel (aus Tropfke [51, S. 235 f.]): Die Strahlen, welche von einem Zentrum aus zu harmonischen Punkten gezogen werden, nannte PHILIPPE DE LA HIRE *Harmonikalen*. Seit CHARLES JULIEN BRIANCHON (1783–1864) heißen sie *faisceaux harmonique*, also *harmonisches Strahlenbündel*, und das deutsche Wort *Strahlenbüschel* stammt von JAKOB STEINER (1832). Da wir eigentlich keine Strahlen, sondern Geraden betrachten, haben wir, in Anlehnung an STEINER, das Wort *Geradenbüschel* gewählt. Der wichtige **Satz 3.2** ist bereits bei PAPPOS (im 4. Jahrhundert n. Chr.) unter den Zusätzen zu EUKLIDs *Porismen* zu finden. Der allgemeine Satz stand wahrscheinlich in den verloren gegangenen *Porismen* EUKLIDs. Man vermutet, dass, auf diesen Satz gestützt, HIPPARCH VON NICÄA (ca. 190–120 v. Chr.) den entsprechenden Satz für die Kugel ableitete und damit eine sphärische Trigonometrie begründete. Der **Satz 3.4** war bereits APOLLONIUS VON PERGE (ca. 262–190 v. Chr.) bekannt und wurde wahrscheinlich auch von ihm, in einem seiner leider nicht erhaltenen Bücher, bewiesen.

Die Sätze von Menelaos und Ceva: MENELAOS (ca. 45–110 v. Chr.) machte im Jahr 98 n. Chr. in Rom astronomische Beobachtungen. Er hat unter anderem ein Werk unter dem Titel *Sphairika* geschrieben, welches verschiedene Sätze über sphärische Dreiecke enthält. Das dritte Buch dieses Werks beginnt mit dem berühmten *Transversalensatz*, der seinen Namen trägt (siehe van der Waerden [52, S. 452]). Der **Satz von Menelaos 3.10** wurde 1678 von GIOVANNI CEVA (1647–1734) in seinem Werk *De lineis rectis* mithilfe von Schwerpunktsbestimmungen von Neuem bewiesen (siehe Tropfke [51, S. 230]). Der **Satz von Ceva 3.9** wurde lange Zeit JOHANN BERNOULLI I (1667–1748) zugesprochen, MICHEL CHASLES (1793–1880) hat jedoch entdeckt, dass dieser Satz bereits ein Jahrhundert früher von CEVA bewiesen worden war (siehe Ostermann und Wanner [37, S. 88]). Dieser hat den Beweis seines Satzes, wie schon den **Satz von Menelaos 3.10**, mithilfe von Schwerpunktsuntersuchungen durchgeführt (siehe Tropfke [51, S. 230]).

Vollständiges Vierseit: **Satz 3.7** über harmonische Verhältnisse am Vierseit war bereits PAP-
POS bekannt. Allerdings geriet er in Vergessenheit und tauchte erst im 17. Jahrhundert in den
Schriften von GÉRARD DESARGUES (1591–1661) wieder auf, aus denen PHILIPPE DE LA HIRE
eine Konstruktion des vierten harmonischen Punktes mit dem Lineal allein herleitete (siehe
Tropfke [51, S. 237]).

Satz von de Lacombe: Der **Satz von de Lacombe 3.13** wird in der Literatur meist als Satz
von Blanchet zitiert. Tatsächlich hat MARIE ALPHONSE BLANCHET das bekannte Lehrbuch
Eléments de géométrie von ADRIEN-MARIE LEGENDRE, das erstmals 1794 erschienen war,
im Jahr 1845 *avec additions et modifications* herausgebracht. Dieses Buch fand nicht nur in
Frankreich eine große Verbreitung. Die Aussage von **Satz 3.13** findet man in diesem Buch
zwar nicht, aber der **Satz von Schwarz 3.14** wird darin im *Appendice au livre IV* im Abschnitt *Géométrie plane* unter *Théorèmes à démontrer* als Aufgabe 6 aufgeführt. 1879 erschien
dann das Buch *Les applications de Blanchet–Théorèmes, lieux géomériques et problèmes* von
E. E. NEËL. Darin wird die besagte Aufgabe 6 auf zwei Arten gelöst. Die zweite Lösung (Fig. 9
im Buch von Neël) ist genau der **Satz 3.13**. Den Beweis hat NEËL allerdings praktisch wört-
lich und ohne Quellenangabe aus dem *Journal de mathématique élémentaire de Vuilbert*,
1e Année, le 1er Juin 1877, N? 11, abgeschrieben. Dort wird in der Aufgabe N? 130 verlangt,
ein Dreieck aus seinen Höhenfußpunkten zu rekonstruieren. Und tasächlich findet man da,
in einer Notiz von DE LACOMBE in der rechten unteren Ecke von Seite 88, den **Satz 3.13**:

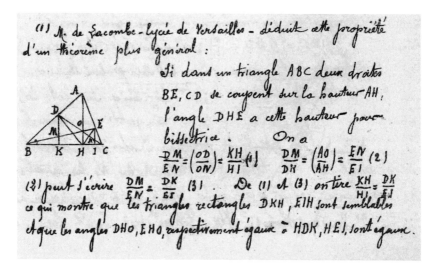

Über Monsieur DE LACOMBE ist allerdings nichts weiter bekannt, da auch das Lycée de Ver-
sailles (das heutige Lycée Hoche) keine Akten mehr über ihn hat.

Satz von Schwarz: Der klassische Beweis des **Satzes von Schwarz 3.14** von HERMANN
AMANDUS SCHWARZ (1843–1921) kommt übrigens ohne harmonische Punkte aus. Er beruht auf der wunderschönen Idee, dass eine geschlossene Billardbahn im Dreieck $\triangle ABC$
dasjenige Dreieck mit kürzestem Umfang ist, welches $\triangle ABC$ einbeschrieben werden kann
[42, Band II, S. 344]. Ergänzend sei hier noch bemerkt, dass bis heute die Frage, ob in *jedem*
Dreieck eine geschlossene Billardbahn existiert, ungelöst ist [22].

Satz von Bodenmiller-Steiner: Der erste Teil des **Satzes von Bodenmiller-Steiner 3.15** findet sich zum ersten Mal im Buch von Gudermann [20, S. 138] über Kugelgeometrie, wo zur Urheberschaft des Satzes Folgendes vermerkt ist:

> Anmerkung. Der planimetrische Satz, daß sich die drei Kreise zweimal in Einem Punkte schneiden, welche über den drei Diagonalen eines ebenen Vierecks, als Durchmessern, beschrieben werden, ist schon sehr bemerkenswerth und mir von Herrn Bodenmiller hierselbst, der ihn gefunden hat, mündlich mitgetheilt worden. Es findet sich in den mir bekannten, vom Kreise handelnden, Werken nicht.

Der zweite Teil des Satzes über die Lage der Höhenschnittpunkte im vollständigen Vierseit wurde von JAKOB STEINER zusammen mit weiteren Eigenschaften des vollständigen Vierseits in den berühmten *Annales de Gergonne* 1827/28 als Aufgabe publiziert.

Über Herrn BODENMILLER war bis vor Kurzem nichts bekannt. In ihrer Masterarbeit [10] von 2020 hat aber ANNE BLAUTH einen entscheidenden Hinweis in [40, S. 14–16] entdeckt: HERMANN PROBST, der Direktor des Gymnasiums der Stadt Kleve, verfasste 1867 eine Geschichte seiner Schule anlässlich ihres fünfzigjährigen Bestehens. Darin beschreibt er, dass 1821 ein Privatlehrer aus Bonn, JOHANN BODENMÜLLER eingestellt wurde, der allerdings dort nur für anderthalb Jahre unterrichtete. Dessen Nachfolger als Lehrer am besagten Gymnasium war dann der oben genannte CHRISTOPH GUDERMANN. Es kann also davon ausgegangen werden, dass es sich bei Herrn BODENMILLER und Herrn BODENMÜLLER um ein und dieselbe Person handelt.

Satz von Gauß-Newton: ISAAC NEWTON (1642/3–1727, nach gregorianischem Kalender wurde Newton am 4. Januar 1643 geboren; nach julianischem Kalender, der bis 1752 in England gebräuchlich war, kam Newton am Weihnachtstag des Jahres 1642 zur Welt) beweist den **Satz von Gauß-Newton 3.16** in seiner *Philosophiae naturalis principia mathematica*. Tatsächlich zeigt er sogar noch etwas mehr, nämlich dass der Mittelpunkt einer Ellipse oder einer Hyperbel, welche die Seiten eines Vierecks berührt, auf der Verbindungsgeraden der Mittelpunkte der Diagonalen des Vierecks liegt. CARL FRIEDRICH GAUSS (1777–1855) zeigte 1810, dass die Mittelpunkte aller Ellipsen, die einem vollständigen Vierseit einbeschrieben werden können, auf einer Geraden liegen. Lässt man die kurzen Achsen dieser Ellipsen gegen null schrumpfen, so degenerieren sie zu den Diagonalen des Vierseits, und man erhält auf diese Weise wieder die Aussage über die kollineare Lage von deren Mittelpunkten.

4 Harmonische Punkte am Kreis

Übersicht

In diesem Kapitel untersuchen wir harmonische Punkte in Bezug auf Kreise. Dabei werden die *Apollonischen Kreise* von zentraler Bedeutung sein.

4.1 Apollonische Kreise

In Kap. 3 haben wir aus den inneren und äußeren Teilungspunkten einer Strecke den Begriff der harmonischen Punkte abgeleitet. Bevor wir harmonische Punkte am Kreis untersuchen, kehren wir kurz zu den inneren und äußeren Teilungspunkten einer Strecke zurück.

Wir haben gesehen, dass es zu einer Strecke $\overline{AA'}$ und zu einem Verhältnis $m:n$ im Allgemeinen zwei Punkte P auf der Geraden AA' gibt, für die $\overrightarrow{AP}:\overrightarrow{A'P} = m:n$ gilt. Die Frage stellt sich nun, ob es neben diesen Punkten in der Ebene noch weitere Punkte gibt, welche dieselbe Gleichung erfüllen.

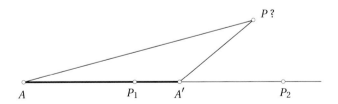

Wie APOLLONIUS gezeigt hat, ist das tatsächlich der Fall. Mehr noch, er konnte auch zeigen, dass die Punkte, welche die obige Gleichung erfüllen, einen Kreis bilden, den sogenannten Apollonischen Kreis:

© Springer-Verlag GmbH Deutschland, ein Teil von Springer Nature 2021
L. Halbeisen et al., *Mit harmonischen Verhältnissen zu Kegelschnitten*,
https://doi.org/10.1007/978-3-662-63330-4_4

Satz von Apollonius 4.1

Gegeben seien zwei Punkte A und A' sowie ein Verhältnis $m : n$, wobei $m \neq n$. Weiter seien B' und B auf der Geraden AA' so gewählt, dass sie die Strecke $\overline{AA'}$ harmonisch im Verhältnis $m : n$ teilen. Alle Punkte P, für die $\overrightarrow{AP} : \overrightarrow{A'P} = m : n$ gilt, liegen dann auf dem Thaleskreis k über $\overline{B'B}$, und umgekehrt erfüllen alle Punkte auf diesem Thaleskreis die obige Gleichung.

Von allen Punkten P auf dem Kreis k verschieden von B und B', und nur von diesen Punkten P, erscheinen die Strecken $\overline{AB'}$ und $\overline{B'A'}$ unter gleichem Winkel. Das heißt, PB' ist die innere Winkelhalbierende des Winkels $\sphericalangle APA'$, und PB ist die äußere Winkelhalbierende.

Der geometrische Ort aller Punkte P mit $\overrightarrow{AP} : \overrightarrow{A'P} = m : n$ ist der Thaleskreis über $\overline{B'B}$.

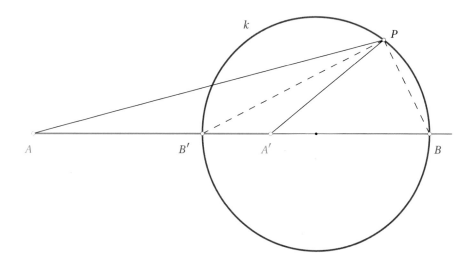

Beweis: Die Teilungspunkte B' und B sind die einzigen Punkte P auf der Geraden AA', welche $\overrightarrow{AP} : \overrightarrow{A'P} = m : n$ erfüllen.

Nun betrachten wir einen beliebigen Punkt P, welcher nicht auf der Geraden AA' liegt und welcher die Bedingung $\overrightarrow{AP} : \overrightarrow{A'P} = m : n$ erfüllt. Nach **Satz 3.4** müssen dann $B'P$ und BP die Winkelhalbierenden des Winkels $\sphericalangle APA'$ sein. Da innere und äußere Winkelhalbierende senkrecht aufeinander stehen, liegt P somit auf dem Thaleskreis k über $\overline{B'B}$.

Für die Umkehrung betrachten wir das harmonische Geradenbüschel AP, $B'P$, $A'P$, BP. Liegt P auf dem Thaleskreis k, so stehen $B'P$ und BP senkrecht aufeinander und sind nach **Satz 3.6** somit Winkelhalbierende des Winkels $\sphericalangle APA'$. Mit **Satz 3.4** folgt nun wie gewünscht $\overrightarrow{AP} : \overrightarrow{A'P} = \overrightarrow{AB'} : \overrightarrow{A'B'} = m : n.$ **q.e.d.**

Der **Satz von Apollonius** führt uns zu folgender Definition:

Kreis des Apollonius. Sind $AB'A'B$ harmonische Punkte, so heißt der Thaleskreis über $\overline{B'B}$ *Apollonischer Kreis* zu den Punkten A und A' bezüglich B und B', und entsprechend heißt der Thaleskreis über $\overline{AA'}$ *Apollonischer Kreis* zu den Punkten B' und B bezüglich A und A'. Diese beiden Apollonischen Kreise nennen wir *zugeordnete Apollonische Kreise*.

Bevor wir Apollonische Kreise weiter untersuchen, beweisen wir einen Satz von ARCHIMEDES über harmonische Punkte.

Satz von Archimedes (über harmonische Punkte) 4.2
Sei k ein Kreis mit Durchmesser $\overline{AA'}$ und sei B ein Punkt auf der Geraden AA', welcher nicht auf $\overline{AA'}$ liegt. Sei weiter T ein Berührungspunkt einer Tangente von B an den Kreis k und sei B' der Fußpunkt des Lotes von T auf AA', dann liegen $AB'A'B$ harmonisch.

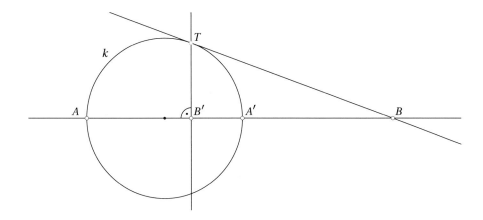

Umgekehrt: Liegen $AB'A'B$ harmonisch und ist T ein Schnittpunkt der Senkrechten durch B' zu AA' mit dem Thaleskreis k über $\overline{AA'}$, dann ist TB eine Tangente an k.

Beweis: Wir wollen zeigen, dass die Punkte $AB'A'B$ harmonisch liegen. k ist der Thaleskreis über $\overline{AA'}$. Wegen **Satz 3.4** genügt es deshalb zu verifizieren, dass TA' die Winkelhalbierende des Winkels $\sphericalangle B'TB$ ist. Da das Dreieck $\triangle TMA'$ gleichschenklig ist, sind seine Basiswinkel β gleich groß. BT ist eine Tangente an k, und somit gilt $\alpha = \sphericalangle A'TB = 90° - \beta$. Dann ist aber wegen der Winkelsumme im rechtwinkligen Dreieck $\triangle TB'A'$ auch der Winkel bei T gleich α, was zu zeigen war.

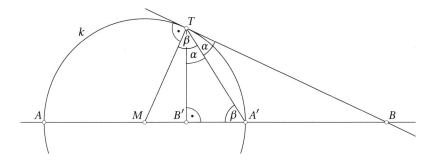

Die Umkehrung folgt unmittelbar aus der Eindeutigkeit des vierten harmonischen Punktes zu $AA'B$. **q.e.d.**

Nach dem **Satz von Archimedes 4.2** gehört zu einem fixen Kreis k und einem Punkt B ein Punkt B', und umgekehrt gehört zu B' ein B. Dies führt uns zu folgender Definition, mit welcher wir in Abschn. 4.2 die Begriffe *Pol* und *Polare* einführen werden:

Inverse Punkte.   Sei k ein Kreis mit Mittelpunkt M und sei B ein Punkt, der verschieden ist von M. Weiter seien A und A' die Schnittpunkte der Zentralen durch B mit dem Kreis k. Den zu B *inversen Punkt B' bezüglich des Kreises k* definieren wir wie folgt: Liegt B nicht auf k, so sei B' der Punkt auf AA', welcher mit B die Strecke $\overline{AA'}$ harmonisch teilt; falls B auf k liegt, sei $B' = B$.

In Kap. 2 haben wir Kreise untersucht, welche sich rechtwinklig schneiden. Nun untersuchen wir solche Kreise etwas genauer.

Satz 4.3
Seien zwei sich rechtwinklig schneidende Kreise gegeben und sei g eine Gerade durch den Mittelpunkt des einen Kreises, welche den anderen Kreis in zwei Punkten schneidet. Dann liegen die vier Schnittpunkte von g mit den beiden Kreisen harmonisch.

Liegen umgekehrt die Schnittpunkte einer Geraden g mit zwei sich schneidenden Kreisen harmonisch und geht g durch den Mittelpunkt einer dieser Kreise, so schneiden sich die beiden Kreise rechtwinklig.

Beweis: Seien k und k' zwei sich schneidende Kreise und sei g eine Gerade durch den Mittelpunkt M von k, welche k' in den Punkten H und J schneide. Die Schnittpunkte der Geraden g mit k seien A und A' und der Radius von k sei r. Weiter sei t der Tangentenabschnitt von M an den Kreis k' und sei T auf k so gewählt, dass $\sphericalangle JHT$ ein rechter Winkel ist.

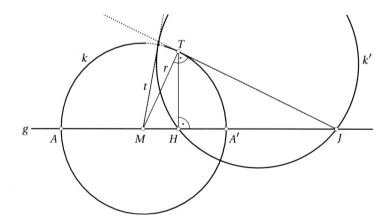

Wir zeigen, dass $AHA'J$ genau dann harmonisch liegen, wenn sich k und k' rechtwinklig schneiden: Mit dem **Satz von Archimedes 4.2** liegen $AHA'J$ genau dann harmonisch, wenn T der Berührungspunkt der Tangente von J an den Kreis k ist. Das ist aber genau dann der Fall, wenn $\sphericalangle MTJ$ ein rechter Winkel ist bzw. wenn die beiden Dreiecke $\triangle MTJ$ und $\triangle MHT$ ähnlich sind. Die beiden Dreiecke sind nun genau dann ähnlich, wenn $\overline{MH} : r = r : \overline{MJ}$ bzw. wenn $\overline{MH} \cdot \overline{MJ} = r^2$ gilt. Andererseits erhalten wir mit dem **Sekanten-Tangenten-Satz 2.2** $\overline{MH} \cdot \overline{MJ} = t^2$.

Aus den obigen beiden Gleichungen folgt also, dass $AHA'J$ genau dann harmonisch liegen, wenn $r = t$ gilt, was aber nur dann der Fall ist, wenn sich k und k' rechtwinklig schneiden.

q.e.d.

Wählt man in obigem Satz für *g* die Zentrale durch beide Kreismittelpunkte, so erhält man:

Satz 4.4
Zugeordnete Apollonische Kreise schneiden sich rechtwinklig, und umgekehrt sind zwei sich rechtwinklig schneidende Kreise immer zugeordnete Apollonische Kreise.

Als weitere Folgerung erhalten wir mit den Bemerkungen nach der Definition der Chordalen in Kap. 2:

Satz 4.5
Jeder Apollonische Kreis zu zwei fest gewählten Punkten schneidet alle Kreise, welche durch diese beiden Punkte gehen, senkrecht. Insbesondere haben alle Apollonischen Kreise zu zwei fest gewählten Punkten dieselbe Chordale, nämlich die Mittelsenkrechte dieser beiden Punkte.

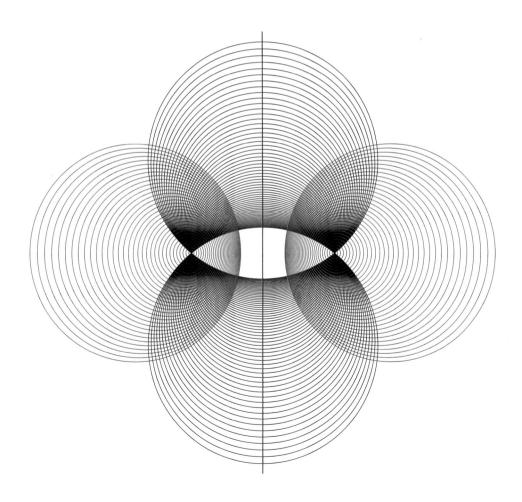

4.2   Pol und Polare

In diesem Abschnitt führen wir die Begriffe *Pol* und *Polare* ein, welche sich auf Punkte und Geraden in Bezug auf einen gegebenen Kreis beziehen. In Abschn. 4.3 werden wir dann sehen, dass Pol und Polare eng mit harmonischen Verhältnissen am Kreise verknüpft sind.

Pol und Polare.   Gegeben seien ein Kreis k mit Mittelpunkt M sowie ein von M verschiedener Punkt P. Weiter sei P' der zu P inverse Punkt bezüglich des Kreises k. Dann ist die zu PM senkrecht stehende Gerade durch P' die *Polare* des Punktes P in Bezug auf den Kreis k und der Punkt P deren *Pol*.

Konstruktion der Polare aus dem Pol

Die Konstruktion der Polare p aus dem Pol P (in Bezug auf einen Kreis k) folgt im Wesentlichen aus dem **Satz von Archimedes 4.2**, wobei wir drei Fälle unterscheiden müssen:

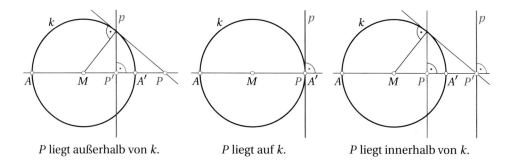

| P liegt außerhalb von k. | P liegt auf k. | P liegt innerhalb von k. |

Bemerkungen:

- Liegt der Pol P außerhalb des Kreises k, so schneidet seine Polare p den Kreis in zwei Punkten, welche die Berührungspunkte der Tangenten von P an k sind.

- Sind umgekehrt die Punkte T_1 und T_2 die Berührungspunkte der zwei Tangenten von einem Punkt P an den Kreis k, so ist die Gerade $T_1 T_2$ die Polare des Pols P.

- Liegt der Pol P auf dem Kreis k, so ist seine Polare die Tangente an k, welche k im Punkt P berührt.

- Liegt der Pol innerhalb des Kreises, so verläuft die Polare gänzlich außerhalb des Kreises.

Den folgenden Satz von Philippe de La Hire werden wir mithilfe von Sätzen über rechtwinklig schneidende Kreise aus Abschn. 4.1 beweisen. Wir möchten an dieser Stelle jedoch bemerken, dass der Satz auch direkt mit den Strahlensätzen bzw. der Ähnlichkeitstheorie bewiesen werden kann.

Hauptsatz der Polarentheorie 4.6

Seien p die Polare zum Punkt P und q die Polare zum Punkt Q bezüglich desselben Kreises k, dann gilt:

Q liegt genau dann auf p, wenn P auf q liegt.

Anders ausgedrückt heißt das: Liegt Q auf der Polaren von P, so liegt P auf der Polaren von Q. Man nennt P und Q respektive p und q konjugiert bezüglich k.

Beweis: Bezüglich der Lage von P und Q sind die folgenden drei Fälle möglich:

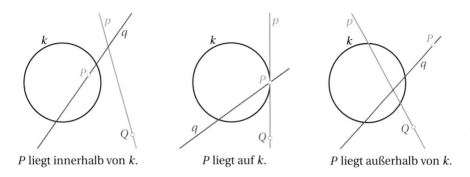

P liegt innerhalb von k.   P liegt auf k.   P liegt außerhalb von k.

Wenn P auf dem Kreis liegt, so ist die Polare von P eine Tangente an den Kreis durch P. Ist nun Q ein Punkt auf der Tangente, so geht nach Konstruktion die Polare von Q durch die Berührungspunkte der beiden Tangenten von Q an den Kreis, und somit liegt P auf der Polaren von Q.

In den anderen beiden Fälle gehen wir wie folgt vor: Es sei M der Mittelpunkt von k und P' der Schnittpunkt der Geraden PM mit der Polaren p (d.h., P' ist der zu P inverse Punkt bezüglich k). Weiter seien A und A' die Schnittpunkte von PM mit dem Kreis k. Schließlich sei k' der Kreis durch die Punkte P, P' und Q. Falls P außerhalb von k liegt, erhalten wir folgende Figur (falls P innerhalb von k liegt, müssen wir in der Figur die beiden Punkte P und P' vertauschen und p parallel verschieben):

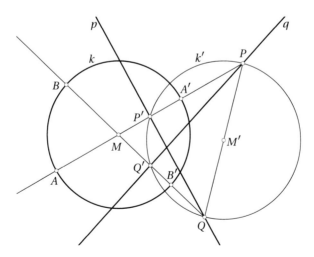

Nach Definition der Polaren liegen die Punkte $AP'A'P$ harmonisch, und somit schneiden sich mit **Satz 4.3** die Kreise k und k' rechtwinklig. Da PM und QP' senkrecht stehen, liegt wegen des **Satzes von Thales 1.1** der Mittelpunkt M' von k' auf der Geraden QP. Weil sich k und k' rechtwinklig schneiden, liegen mit **Satz 4.3** die Punkte $BQ'B'Q$ harmonisch, wobei diese vier Punkte die Schnittpunkte von QM mit den beiden Kreisen k und k' sind. Damit liegt Q' auf der Polaren q des Pols Q, und nach Definition der Polaren steht diese senkrecht zur Geraden QM. Da nun aus dem **Satz von Thales 1.1** folgt, dass $\sphericalangle QQ'P$ ein rechter Winkel ist, liegt P auf q, womit der Satz bewiesen ist.   **q.e.d.**

Lassen wir den Pol Q und seine zugehörige Polare q fest und verschieben P auf q, so folgt:

Satz 4.7
Ist k ein Kreis mit Mittelpunkt M und q eine Gerade, welche den Punkt M nicht trifft, dann schneiden sich alle Polaren p_i von Punkten P_i auf q in einem Punkt Q, nämlich dem Pol der Polaren q. Ist umgekehrt ein von M verschiedener Punkt Q gegeben, dann liegen die Pole zu allen Geraden durch Q auf einer Geraden q, nämlich der Polaren des Pols Q.

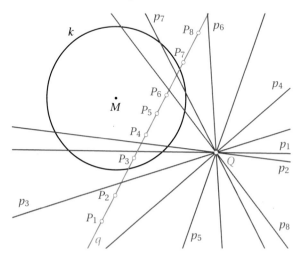

4.3   Harmonische Punkte und Polaren

In diesem Abschnitt werden wir sehen, dass Pol und Polare eng verknüpft sind mit harmonischen Punkten. Als Erstes betrachten wir den Schnittpunkt eines harmonischen Geradenbüschels als Pol und die Geraden des Geradenbüschels als Polaren:

Satz 4.8
Die Pole der Geraden eines harmonischen Geradenbüschels liegen harmonisch, und umgekehrt bilden die Polaren harmonischer Punkte ein harmonisches Geradenbüschel.

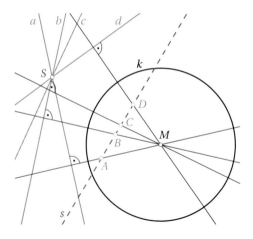

Beweis: Das Geradenbüschel MA, MB, MC und MD schließt dieselben Winkel ein wie das Polarenbüschel a, b, c, d. Es wird dabei alles um $90°$ gedreht. Wenn das eine Geradenbüschel harmonisch ist, so muss auch das andere harmonisch sein; womit der Satz bewiesen ist.

q.e.d.

Der folgende Satz wird in Kap. 7 eine wichtige Rolle spielen, denn er gilt nicht nur für Sekanten durch Kreise, sondern auch für Sekanten durch allgemeine Kegelschnitte.

Satz 4.9
Gegeben sei ein Kreis k, ein Pol P (der nicht auf k liegt) sowie dessen Polare p. Weiter sei eine Gerade durch P gegeben, welche die Polare p im Punkt Q und den Kreis k in den zwei Punkten A und A' schneidet. Dann teilen die Punkte P und Q die Strecke $\overline{AA'}$ harmonisch.

Umgekehrt: Ist g eine Gerade durch P, welche den Kreis k in den zwei Punkten A und A' schneidet, und ist Q ein Punkt auf g, sodass P und Q die Strecke $\overline{AA'}$ harmonisch teilen, dann liegt Q auf der Polaren p.

Beweis: Wir behandeln die beiden Fälle *P liegt im Kreis* und *P liegt außerhalb des Kreises* gemeinsam und zeigen, dass in beiden Fällen P und Q die Strecke $\overline{AA'}$ harmonisch teilen.

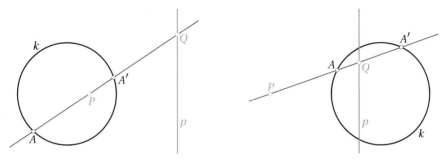

Seien P', B und B' die Schnittpunkte der Zentralen durch P mit der Polaren p bzw. mit dem Kreis k. Weiter sei k' der Thaleskreis über $\overline{PQ}$.

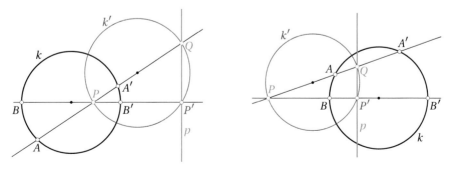

Aus der Definition der Polaren folgt, dass $\sphericalangle QP'P$ ein rechter Winkel ist, und somit liegt P' auf dem Thaleskreis k'. Weiter folgt aus der Definition der inversen Punkte, dass P und P' die Strecke $\overline{BB'}$ harmonisch teilen, und aus **Satz 4.3** folgt, dass sich die Kreise k und k' rechtwinklig schneiden. Weil nun die Gerade PQ durch den Mittelpunkt von k' geht, teilen mit **Satz 4.3** die Punkte P und Q die Strecke $\overline{AA'}$ harmonisch.   **q.e.d.**

Im folgenden Satz betrachten wir ein vollständiges Vierseit, bei welchem die Ecken des Vierecks auf einem Kreis liegen. Dabei werden wir Resultate über das vollständige Vierseit aus Kap. 3 mit dem soeben bewiesenen Satz verbinden.

Satz 4.10
Es seien P_1, P_2, P_3, P_4 vier Punkte auf einem Kreis k. Weiter seien die Punkte P, Q, U die Schnittpunkte der Verbindungsgeraden dieser vier Kreispunkte, wobei P und Q außerhalb von k liegen und U innerhalb von k liegt. Dann ist QU die Polare von P und PU die Polare von Q. Zudem werden die Polarenabschnitte $\overline{PU}$ respektive $\overline{QU}$ sowohl von den Vierecksseiten als auch vom Kreis k harmonisch geteilt. Falls entweder P oder Q nicht existiert, so sind die entsprechenden Geraden parallel und die Parallelen durch U die entsprechenden Polaren. In diesem Fall wird der existierende Polarenabschnitt $\overline{QU}$ respektive $\overline{PU}$ sowohl von den Vierecksseiten als auch vom Kreis k harmonisch geteilt.

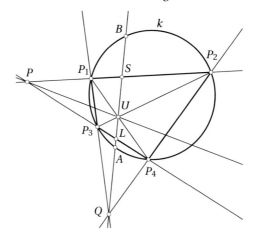

Beweis: Wir nehmen zunächst an, dass die beiden Schnittpunkte P und Q existieren: Wir betrachten das Viereck $P_3 Q P_4 U$ und dessen Ergänzung zum vollständigen Vierseit $P_3 Q P_4 U P_1 P_2$. Mit **Satz 3.7** wissen wir, dass sowohl $P P_1 S P_2$ als auch $P P_3 L P_4$ harmonisch liegen. Aus **Satz 4.9** folgt nun, dass die Punkte S und L auf der Polaren von P liegen, und somit ist QU die Polare von P. Ebenso zeigt man, dass PU die Polare von Q ist, woraus mit **Satz 4.9** folgt, dass $QAUB$ harmonisch liegen. Betrachten wir wieder das Vierseit, so folgt aus **Satz 3.7**, dass auch $QLUS$ harmonisch liegen, womit der Satz unter Annahme der Existenz von P und Q bewiesen ist.

Nun nehmen wir an, dass P nicht existiert. Somit sind die Geraden $P_1 P_2$ und $P_3 P_4$ parallel.

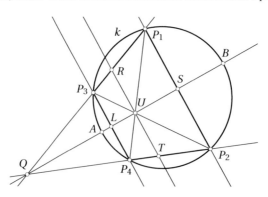

Beachte, dass in diesem Fall QU eine Symmetrieachse ist. Sei q die Parallele zu P_1P_2 durch U und seien R und T die Schnittpunkte mit P_1P_3 bzw. P_2P_4. Nach der Grundkonstruktion der harmonischen Teilung liegen offenbar $QLUS$ harmonisch, und nach dem **1. Strahlensatz** liegen dann auch QP_3RP_1 und QP_4TP_2 harmonisch. Aus **Satz 4.9** folgt nun, dass sowohl R als auch T auf der Polaren von Q liegt. Somit ist q die Polare von Q, und mit **Satz 4.9** liegen $QAUB$ harmonisch. **q.e.d.**

In Kap. 3 haben wir aus dem Satz über harmonische Verhältnisse am Vierseit eine Konstruktion für den vierten harmonischen Punkt abgeleitet, welche mit dem Lineal allein (ohne Zirkel) ausgeführt werden kann. In ähnlicher Weise leiten wir nun aus **Satz 4.10** eine Tangentenkonstruktion ab, welche ebenfalls ohne Zirkel auskommt.

Konstruktion der Tangenten an einen Kreis mit dem Lineal allein

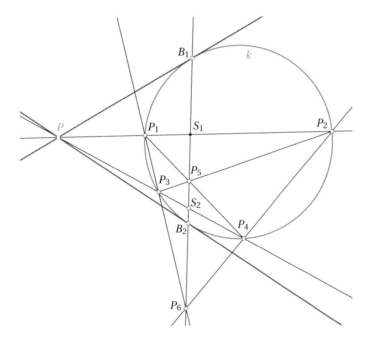

1. P_1 und P_2 respektive P_3 und P_4 sind die Schnittpunkte des Kreises k mit zwei beliebigen Sekanten durch P.
2. P_5 ist der Schnittpunkt von P_1P_4 und P_2P_3.
3. P_6 ist der Schnittpunkt von P_1P_3 und P_2P_4. (Liegen P_1P_3 und P_2P_4 parallel, so kann man eine der Sekanten neu wählen.)
4. Nach **Satz 4.10** ist P_5P_6 die Polare von P. Ihre Schnittpunkte B_1 und B_2 mit k sind daher die Berührungspunkte der Tangenten von P an den Kreis.

Bemerkung: Mit der obigen Konstruktion wird zum Pol P außerhalb des Kreises k die Polare B_1B_2 konstruiert. Kehren wir die Konstruktion um und beginnen mit dem Punkt P_5 innerhalb von k, so lässt sich, mit dem Lineal allein, mithilfe von zwei Sehnen durch P_5 die zu P_5 gehörige Polare PP_6 konstruieren. Für weitere Linealkonstruktionen siehe **Aufgabe 4.7** sowie Abschn. 8.1.

Zum Schluss dieses Abschnitts möchten wir noch eine weitere Konstruktion angeben, welche aus **Satz 4.10** folgt und uns erlaubt, Punkte zu finden, die gleichzeitig zwei verschiedene Strecken harmonisch teilen.

Konstruktion gemeinsamer harmonischer Teilungspunkte zweier Strecken

Gegeben seien zwei Punkte S und L auf einer Strecke $\overline{AB}$, wobei die Streckenlängen $\overrightarrow{AS}$ und $\overrightarrow{BL}$ verschieden sind. Gesucht sind die Punkte U und W, welche sowohl die Strecke $\overline{AB}$ als auch die Strecke $\overline{SL}$ harmonisch teilen.

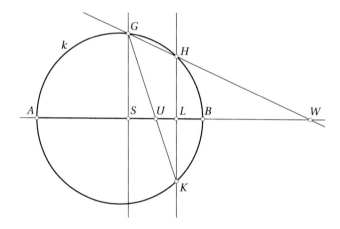

1. Wir zeichnen zuerst den Kreis k mit Durchmesser $\overline{AB}$.

2. Die Senkrechten zu AB durch L bzw. S schneiden k in K und H bzw. in G, wobei G in derselben von AB begrenzten Halbebene liegt wie H.

3. Die Gerade AB schneide GK bzw. GH in den Punkten U bzw. W, welche die gewünschten Eigenschaften haben.

Bemerkungen:

- Da nach Voraussetzung die beiden Strecken $\overline{AS}$ und $\overline{BL}$ ungleich lang sind, existiert der Schnittpunkt W.

- Die Polaren zum Punkt W bezüglich der Kreise mit den Durchmessern $\overline{AB}$ und $\overline{SL}$ sind identisch, denn sie verlaufen beide durch U.

4.4   Satz von Brianchon für Kreise

Zum Schluss dieses Kapitels beweisen wir mithilfe der Polarentheorie und des **Satzes von Pascal für Kreise 1.4** einen Satz von Brianchon.

Satz von Brianchon für Kreise 4.11
Berühren alle sechs Seiten eines Sechsecks einen Kreis, dann schneiden sich die drei Diagonalen gegenüberliegender Punkte in einem Punkt (oder sie sind parallel).

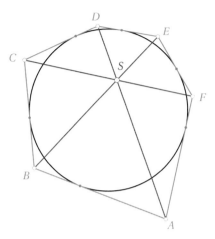

Beweis: Im Folgenden betrachten wir nur den allgemeinen Fall und lassen die Spezialfälle weg (diese können aber analog bewiesen werden):

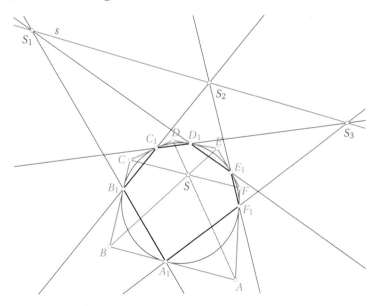

Die Kreisberührungspunkte bilden ein Sechseck $A_1B_1C_1D_1E_1F_1$, dessen gegenüberliegende Seiten sich in S_1, S_2 bzw. S_3 schneiden. Nach dem **Satz von Pascal für Kreise 1.4** liegen S_1, S_2, S_3 auf einer Geraden s. Da BA_1 und BB_1 Tangenten an den Kreis sind, ist die Gerade A_1B_1 die Polare zum Pol B. Ebenso ist B_1C_1 die Polare zum Pol C, C_1D_1 die Polare zum Pol D etc. Da S_1 sowohl auf der Polaren zu B als auch auf der Polaren zu E liegt, muss die Diagonale BE Polare des Pols S_1 sein (**Satz 4.7**). Ebenso ist die Diagonale CF Polare des Pols S_2, und die Diagonale AD ist Polare des Pols S_3. Sei nun S der Pol der Polaren s. Weil die drei Punkte S_1, S_2, S_3 auf s liegen, folgt mit **Satz 4.7**, dass S auf allen drei Diagonalen (bzw. Polaren) liegen muss. Somit schneiden sich die drei Diagonalen im Punkt S. **q.e.d.**

Bemerkung: Wie wir später in Kap. 7 sehen werden, gilt dieser Satz nicht nur für Kreise, sondern allgemein für Kegelschnitte.

Weitere Resultate und Aufgaben

Satz 4.12 (Gergonne-Punkt)
In einem Dreieck $\triangle ABC$ seien die Berührungspunkte des Inkreises I_a, I_b, I_c. Dann schneiden sich die Geraden AI_a, BI_b,CI_c in einem Punkt G, dem sogenannten Gergonne-Punkt. Der Gergonne-Punkt ist der Pol der Gergonne-Gerade g bezüglich des Inkreises.

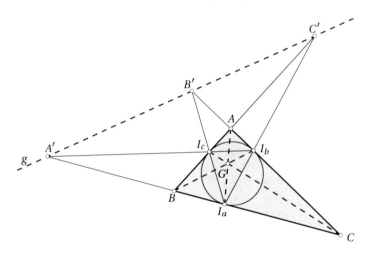

Beweis: Fasst man $AI_cBI_aCI_b$ als Tangentensechseck auf, folgt aus dem **Satz von Brianchon für Kreise 4.11** sofort, dass sich die Diagonalen AI_a, BI_b,CI_c in einem Punkt G schneiden. Der Gergonne-Punkt ist also einfach ein Brianchon-Punkt. Alternativ folgt die Tatsache, dass sich die Verbindungsgeraden AI_a, BI_b,CI_c in einem Punkt schneiden, auch aus dem **Satz von Ceva 3.9**: Da die Tangentenabschnitte jeweils gleich lang sind, gilt nämlich

$$\frac{\overrightarrow{AI_c}}{\overrightarrow{BI_c}} \cdot \frac{\overrightarrow{BI_a}}{\overrightarrow{CI_a}} \cdot \frac{\overrightarrow{CI_b}}{\overrightarrow{AI_b}} = 1.$$

Dies kann übrigens auch als Spezialfall des **Satzes von Carnot 2.13** aufgefasst werden, wenn dort der Kreis als Inkreis gewählt wird.

Aus dem **Satz 1.12** wissen wir sodann, dass die Nobbs-Punkte A', B', C' auf der Gergonne-Geraden g liegen.

A ist der Pol von $A'I_b$ und I_a ist der Pol von $A'I_a$. Nach **Satz 4.7** ist also A' der Pol von AI_a. Genauso ist B' der Pol von BI_b. Dann ist aber wieder nach **Satz 4.7** $A'B'$ die Polare des Schnittpunkts G von AI_a und BI_b.   **q.e.d.**

Bemerkungen:

- Der **Satz 8.23** über die trilineare Polarität wird den Zusammenhang zwischen der Gergonne-Geraden und dem Gergonne-Punkt nochmals in einem allgemeineren Licht zeigen.
- Die Seiten des Dreiecks $\triangle ABC$ sind die Polaren der Ecken des Dreiecks $\triangle I_aI_bI_c$ und umgekehrt. Die Lage ist allerdings hier speziell, indem die Pole I_a, I_b, I_c auf den Polaren liegen. Der **Satz 8.26** von Chasles zeigt den allgemeinen Fall.

Aufgaben

4.1. Beweise: Besitzen zwei Kreise gemeinsame innere und äußere Tangenten, so liegen die Mittelpunkte der Kreise mit dem inneren und äußeren Tangentenschnittpunkt harmonisch.

4.2. Eine Strecke $\overline{AA'}$ werde durch B' und B harmonisch im Verhältnis $m : n$ geteilt. Seien weiter k_1 und k_2 die Apollonischen Kreise zu den Punkten B' und B bzw. A und A' und sei M_2 der Mittelpunkt von k_2 und F der Schnittpunkt der Zentralen mit der Geraden durch die Schnittpunkte der beiden Kreise.

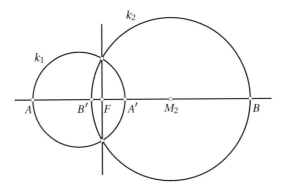

Zeige, dass die Strecke $\overline{AA'}$ durch F und M_2 harmonisch im Verhältnis $m^2 : n^2$ geteilt wird.

4.3. Gegeben seien zwei sich rechtwinklig schneidende Kreise mit den Schnittpunkten S_1 und S_2. Im Mittelpunkt des einen Kreises errichtet man das Lot auf die Zentrale der beiden Kreise. Einer der Schnittpunkte dieses Lotes mit dem Kreis sei L. Die Zentrale schneidet den anderen Kreis in den Punkten A und B.

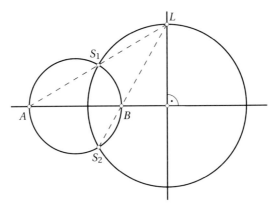

Zeige, dass S_1 auf AL bzw. S_2 auf BL liegt.

4.4. Seien k_1 und k_2 zwei sich rechtwinklig schneidende Kreise mit den Schnittpunkten S_1 und S_2, und sei A ein Punkt auf k_1. Beweise: Verbinden wir A mit S_1 und S_2 und schneiden diese Geraden mit k_2, so geht die Verbindungsstrecke dieser zwei Schnittpunkte durch den Mittelpunkt von k_2.

4.5. Der Mittelpunkt M eines Kreises liege auf der Kreisperipherie eines zweiten Kreises. Zeige: Jeder Durchmesser durch M, welcher die gemeinsame Kreissehne schneidet, wird durch diesen Schnittpunkt und den entsprechenden Schnittpunkt mit dem zweiten Kreis harmonisch geteilt.
Bemerkung: Liegt der Durchmesser auf der Zentralen der beiden Kreise, so entspricht die Aussage dem **Satz von Archimedes (über harmonische Punkte) 4.2**. Diese Aufgabe stammt aus Adams [2, S. 243].

4.6. Konstruiere einen Kreis, welcher einen gegebenen Kreis rechtwinklig schneidet und eine gegebene Gerade in einem gegebenen Punkt berührt, wobei die Gerade mit dem gegebenen Kreis keine gemeinsamen Punkte besitzt.

4.7. **(a)** Konstruiere die Polare eines Punktes P zu einem Kreis k mit dem Lineal allein. Dabei sind verschiedene Fälle zu betrachten: P im Inneren von k, P auf k, P außerhalb von k.

(b) Konstruiere den Pol einer Geraden p zu einem Kreis k mit dem Lineal allein. Dabei sind verschiedene Fälle zu betrachten: p schneidet k, p berührt k, p meidet k.

4.8. Gegeben sind zwei Streckenlängen $a = \overrightarrow{AP}$ und $b = \overrightarrow{BP}$. Finde in der Figur das arithmetische Mittel $\frac{1}{2}(a+b)$, das geometrische Mittel $\sqrt{ab}$, das harmonische Mittel $\frac{2ab}{a+b}$ und das quadratische Mittel $\sqrt{\frac{a^2+b^2}{2}}$. Welche Ungleichungen gelten demnach zwischen diesen Mitteln?

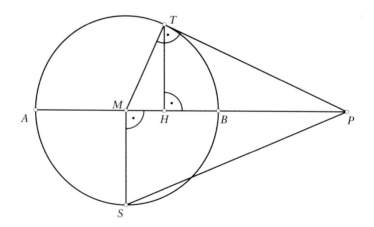

Bemerkung: Für eine ausführliche historische Behandlung der verschiedenen Mittel siehe Tropfke [50, S. 5 ff.].

4.9. Begründe, warum die nachfolgend abgebildete Konstruktion zu einem Punkt P außerhalb eines Kreises k den bezüglich k inversen Punkt P' liefert. Es handelt sich um eine Mohr-Mascheroni-Konstruktion, da sie ohne Lineal auskommt (siehe Abschn. 8.1).

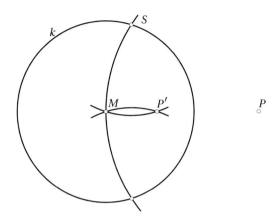

4.10. Gegeben sind zwei Kreise. Konstruiere Punkte U und W, sodass diese inverse Punkte bezüglich beider Kreise sind. In welchen Fällen gibt es keine Lösung?

4.11. Gegeben sind zwei Punkte P und Q sowie ein Kreis k.

    (a) Konstruiere einen Kreis, welcher durch P und Q geht und k senkrecht schneidet.

    (b) Konstruiere einen Kreis, der k berührt und alle Kreise durch P und Q senkrecht schneidet.

Anmerkungen

Satz von Apollonius: APOLLONIUS hat den nach ihm benannten Satz etwas anders formuliert und ihn auch anders bewiesen, als wir dies getan haben. Im Folgenden geben wir seinen Beweis (bzw. die Rekonstruktion seines Beweises) und beginnen wie er mit einem Hilfssatz (siehe Apollonius [3, 2. Lehnsaz, S. 211]):

Hilfssatz. *Gegeben sei ein Dreieck* $\triangle ABC$ *mit* $b \neq a$, *wobei* $a = \overrightarrow{BC}$ *und* $b = \overrightarrow{AC}$. *Weiter sei* D *der äußere Teilungspunkt der Strecke* $\overline{AB}$ *im Verhältnis* $b^2 : a^2$. *Dann gilt*

$$\overrightarrow{AD} \cdot \overrightarrow{BD} = \overrightarrow{CD}^2.$$

Umgekehrt: Liegt D *auf der Verlängerung der Dreiecksseite* $\overline{AB}$ *und gilt die Gleichung* $\overrightarrow{AD} \cdot \overrightarrow{BD} = \overrightarrow{CD}^2$, *so ist*

$$\overrightarrow{AD} : \overrightarrow{BD} = b^2 : a^2.$$

Beweis: Zuerst zeichnen wir eine Parallele zur Seite b durch den Punkt B, welche CD in E schneidet.

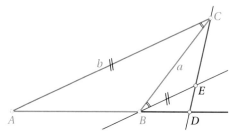

Nach Voraussetzung gilt $\overrightarrow{AD} : \overrightarrow{BD} = b^2 : a^2$, mit dem **2. Strahlensatz** [Streckungszentrum D] gilt $\overrightarrow{AD} : \overrightarrow{BD} = b : \overrightarrow{BE}$, und damit erhalten wir $b^2 : a^2 = b : \overrightarrow{BE}$ oder, anders ausgedrückt,

$$b : a = a : \overrightarrow{BE}.$$

Da die Wechselwinkel an Parallelen gleich groß sind, folgt aus der obigen Beziehung, dass die Dreiecke $\triangle ACB$ und $\triangle CBE$ ähnlich sind. Somit gilt $\sphericalangle ACD = \sphericalangle BCD$, und damit sind auch die Dreiecke $\triangle ADC$ und $\triangle CDB$ ähnlich. Also gilt $\overrightarrow{BD} : \overrightarrow{CD} = \overrightarrow{CD} : \overrightarrow{AD}$ oder, anders ausgedrückt,

$$\overrightarrow{AD} \cdot \overrightarrow{BD} = \overrightarrow{CD}^2.$$

Um die Umkehrung zu zeigen, gehen wir wie folgt vor: Aus $\overrightarrow{AD} \cdot \overrightarrow{BD} = \overrightarrow{CD}^2$ folgt $\overrightarrow{BD} : \overrightarrow{CD} = \overrightarrow{CD} : \overrightarrow{AD}$, und somit sind die Dreiecke $\triangle ADC$ und $\triangle CDB$ ähnlich. Daraus folgt wie oben, dass auch die Dreiecke $\triangle ACB$ und $\triangle CBE$ ähnlich sind. Somit gilt $b : a = a : \overrightarrow{BE}$ bzw. $b^2 : a^2 = b : \overrightarrow{BE}$, und mit dem **2. Strahlensatz** folgt die Behauptung.   **q.e.d.**

Apollonius hat seinen Satz nun wie folgt formuliert und bewiesen (siehe Apollonius [3, 2. Saz, S. 211 f.]):

Satz. *Gegeben seien zwei Punkte A und B sowie ein Verhältnis $m : n$. Dann liegen alle Punkte P, für die*

$$\overrightarrow{PA} : \overrightarrow{PB} = m : n$$

gilt, auf einem Kreis oder einer Geraden.

Beweis: Ist $m = n$, so gilt $\overrightarrow{PA} : \overrightarrow{PB} = m : n$ für alle Punkte P auf der Mittelsenkrechten von $\overline{AB}$. Ist $m \neq n$, so sei D der äußere Teilungspunkt der Strecke $\overline{AB}$ im Verhältnis $m^2 : n^2$, weiter sei $r^2 = \overrightarrow{AD} \cdot \overrightarrow{BD}$, und es sei k_A der Kreis mit Mittelpunkt D und Radius r. Mit dem Hilfssatz wissen wir, dass für alle Punkte P, welche nicht auf der Geraden AB liegen, Folgendes gilt:

$$\overrightarrow{PA} : \overrightarrow{PB} = m : n \quad \Longleftrightarrow \quad \overrightarrow{PD}^2 = r^2.$$

Anders ausgedrückt heißt das:

$$\overrightarrow{PA} : \overrightarrow{PB} = m : n \quad \Longleftrightarrow \quad P \text{ liegt auf } k_A$$

                                                                                        q.e.d.

Sowohl der obige Satz als auch dessen Beweis stammen von APOLLONIUS. Leider ist aber das Buch, in dem APOLLONIUS diese Sätze bewiesen hat, verschollen, nur die Inhaltsangabe, überliefert durch PAPPOS, ist uns erhalten geblieben. Aufgrund dieser Inhaltsangabe der von APOLLONIUS bewiesenen Sätze haben verschiedene Mathematiker, unter ihnen PIERRE DE FERMAT (1607–1665) und ROBERT SIMSON (1687–1768), versucht, das Verlorengegangene zu rekonstruieren. Die Beweise der oben erwähnten Sätze haben wir SIMSONs Rekonstruktionsversuch (bzw. der deutschen Übersetzung desselben) entnommen: Der Hilfssatz ist bei PAPPOS der 19. Satz des 7. Buches und heißt dort Lehnsatz zum ersten Ort des 2. Buches (siehe Apollonius [3, 2. Lehnsaz, S. 211]), wonach anschließend der **Satz von Apollonius** bewiesen wird (siehe Apollonius [3, 2. Saz, S. 211 f.]).

Satz von Archimedes über harmonische Punkte: Diesen Satz hat ARCHIMEDES in seinem *Buch über sich berührende Kreise* bewiesen, welches uns in einer arabischen Abschrift erhalten geblieben ist. ARCHIMEDES gibt in seinem Buch zwei Beweise für diesen Satz (siehe Archimedes [6, §14, S. 51 ff.]); der hier gegebene Beweis ist etwas kürzer als die beiden Beweise von ARCHIMEDES.

Polarentheorie (aus Tropfke [51, Kapitel 7, S. 235 ff.]): Die Theorie der Polaren nimmt ihren Ursprung in der Lehre von den harmonischen Punkten und Strahlen, welche bereits im Altertum bekannt war. Die Begriffe *Pol* (der Geraden *p*) und *Polare* (des Punktes *P*) wurden 1810 von FRANÇOIS JOSEPH SERVOIS (1767–1847) bzw. 1813 von JOSEPH DIAZ GERGONNE eingeführt. Eigenschaften von Polaren wurden schon von APOLLONIUS in seinem zweiten Buch der geometrischen Örter untersucht.

Satz über die harmonische Teilung einer Sekante durch Pol, Polare und Kreis: **Satz 4.9** wurde in der allgemeinen Form für Sekanten durch Kegelschnitte von APOLLONIUS in seinem III. Buch über Kegelschnitte bewiesen (siehe [5, III. Buch]).

Tangentenkonstruktion mit Lineal allein: Nach Tropfke [51, S. 144, 238] hat bereits WOLDEGK WELAND (1614–1641) im Jahr 1640 (aufbauend auf dem oben erwähnten Satz von SERENUS) eine Tangentenkonstruktion mithilfe zweier Sekanten angegeben, welche mit dem Lineal allein ausgeführt werden kann. Allerdings muss bei seiner Konstruktion die eine Sekante durch den Mittelpunkt des Kreises gehen.

Satz von Brianchon für Kreise: Der **Satz von Brianchon für Kreise 4.11** geht aus dem **Satz von Pascal für Kreise 1.4** dadurch hervor, dass wir die Sehnen durch Tangenten ersetzen und die drei Punkte, welche auf einer Geraden liegen, durch drei Geraden, welche sich in einem Punkt schneiden. Diese Dualität legt nahe, den **Satz von Brianchon für Kreise 4.11** mithilfe der Polarentheorie aus dem **Satz von Pascal für Kreise 1.4** herzuleiten, so wie wir dies hier auch getan haben. Ein direkter Beweis für den **Satz von Brianchon für Kreise 4.11** (ohne Polarentheorie und ohne den **Satz von Pascal für Kreise 1.4** vorauszusetzen) findet sich in Stiefel [48, S. 91 f.].

CHARLES JULIEN BRIANCHON (1783–1864) selbst hat seinen Satz 1806 veröffentlicht (siehe [11, Kapitel X]), und zwar für allgemeine Kegelschnitte (siehe Kap. 7). Für den Fall zweier Geraden statt eines Kegelschnittes stellte JEAN-VICTOR PONCELET (1788–1867) einen besonderen Satz auf (siehe [39, §169, S. 90]): *Ist ABCDEF ein Sechseck und schneiden sich die Seiten AB, CD, EF und die Seiten BC, DE, FA jeweils in einem Punkt, so schneiden sich auch die Diagonalen AD, BE, CF in einem Punkt.* Mit diesem Satz beweist Poncelet [39, §170, S. 90] dann den **Satz von Pappos 3.12**), welcher seinerseits dem **Satz von Pascal** entspricht, bei dem der Kegelschnitt durch ein Geradenpaar ersetzt wird.

5 Ein Apollonisches Berührungsproblem

5.1   Berührungsprobleme von Apollonius

In diesem Kapitel wollen wir die bisher hergeleitete Theorie anwenden. Da nichts zum weiteren Aufbau der späteren Theorie der Kegelschnitte beitragen wird, kann dieses Kapitel auch übersprungen werden. Bei der folgenden Anwendung handelt es sich um ein Apollonisches Berührungsproblem: Zu drei gegebenen Kreisen soll ein vierter Kreis konstruiert werden, welcher jeden der drei gegebenen Kreise berührt.

Zuerst möchten wir erwähnen, dass es neben der hier präsentierten Konstruktion (welche wir dem *Duden, Rechnen und Mathematik* [9, S. 461 f.] entnommen haben) auch einfachere Konstruktionen gibt (siehe Anmerkungen). Andererseits ist die hier gegebene Konstruktion aber sehr elegant, und die Begründungen der Konstruktion zeigen, wie die Theorie, welche wir bis jetzt hergeleitet haben, angewendet werden kann. Da die Konstruktion selbst aber im weiteren Verlauf des Buches nicht gebraucht wird, trägt dieses Kapitel für das Verständnis der folgenden Kapitel nichts bei und dient nur der Vertiefung von früher bewiesenen Sätzen.

Bevor wir das Problem formulieren, möchten wir zuerst einige allgemeine Bemerkungen vorausschicken: Ein Kreis ist im Allgemeinen festgelegt durch drei Bestimmungsstücke, welche Punkte P, Tangenten T oder berührende Kreise K sein können – wobei festgelegt werden muss, ob die berührenden Kreise innerhalb oder außerhalb des gesuchten Kreises liegen oder auf welcher Seite einer gegebenen Geraden der gesuchte Kreis liegen soll. Zum Beispiel ist ein Kreis bestimmt durch drei Punkte PPP oder durch eine Tangente und zwei von außen berührende Kreise TKK. Insgesamt ergeben sich mit diesen drei Bestimmungsstücken die folgenden zehn *Apollonischen Berührungsprobleme*:

Suche einen Kreis, der gegeben ist durch:

1. PPP	**3.** PPK	**5.** PTK	**7.** TTT	**9.** TKK
2. PPT	**4.** PTT	**6.** PKK	**8.** TTK	**10.** KKK

© Springer-Verlag GmbH Deutschland, ein Teil von Springer Nature 2021
L. Halbeisen et al., *Mit harmonischen Verhältnissen zu Kegelschnitten*,
https://doi.org/10.1007/978-3-662-63330-4_5

Obwohl wir Sätze über sich berührende Kreise bereits in EUKLIDs *Elementen* (Buch III L. 10–13) finden, wurden die *Apollonischen Berührungsprobleme* erst von APOLLONIUS in seinem leider nicht erhaltenen Buch *peri epaphon* untersucht. Als man in neuerer Zeit den Versuch unternahm, die klassischen Lösungen wiederzufinden, war es kein Geringerer als FRANCIS-CUS VIETA, welcher eine allgemeine Lösung mit Zirkel und Lineal lieferte (siehe Tropfke [51, Kapitel 5, S. 169 f.] oder Ostermann und Wanner [37, S. 232 f.]). Eine ähnliche Lösung wie die in diesem Kapitel präsentierte (welche wie bereits erwähnt aus [9] stammt) findet sich in Hellwig [26]. Für elementare Lösungen der zehn Apollonischen Berührungsprobleme siehe Hungerbühler [29] und für Lösungen mit *Inversion am Kreis* siehe Hartshorne [24, S. 346 ff.] sowie Kap. 6.

5.2   Konstruktion eines Berührungskreises

Nun beschreiben wir eine spezielle Lösung des in der folgenden Figur dargestellten Apollonischen Berührungsproblems.

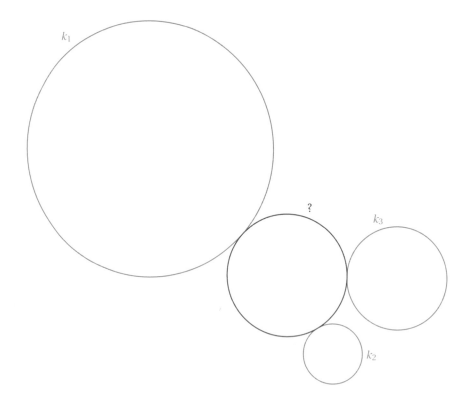

Zuerst zeigen wir, wie der gesuchte Kreis konstruiert werden kann, und in Abschn. 5.3 begründen wir die einzelnen Konstruktionsschritte.

Konstruktion eines Kreises, der drei gegebene Kreise berührt

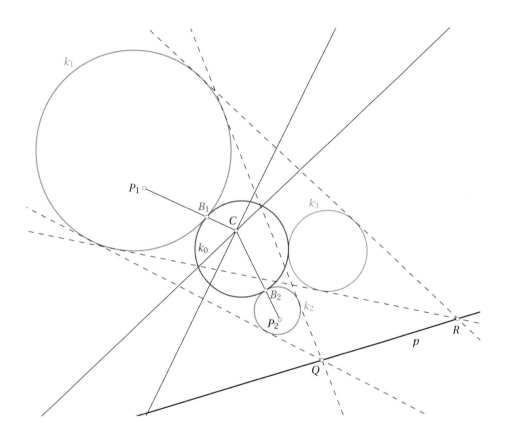

1. Konstruiere den Chordalpunkt C der drei gegebenen Kreise.

2. Konstruiere die äußeren Ähnlichkeitszentren Q und R der Kreise k_1, k_2 bzw. k_1, k_3 und lege eine Gerade p durch Q und R.

3. Konstruiere zu jedem der Kreise k_1 und k_2 den Pol P_1 bzw. P_2 zur gemeinsamen Polaren p und verbinde P_1 und P_2 jeweils mit C. B_1 und B_2 seien die Schnittpunkte von $\overline{P_1 C}$ und $\overline{P_2 C}$ mit k_1 bzw. k_2.

4. Konstruiere den Kreis k_0, welcher k_1 in B_1 und k_2 in B_2 berührt; dann ist dies der gesuchte Berührungskreis!

In Abschn. 5.3 geben wir in mehreren Schritten eine detaillierte Begründung der obigen Konstruktion.

5.3   Begründung der Konstruktion

Zum Konstruktionsschritt 1
Den Chordalpunkt C erhält man als Schnittpunkt der Chordalen zu beliebigen zwei Paaren von Kreisen.

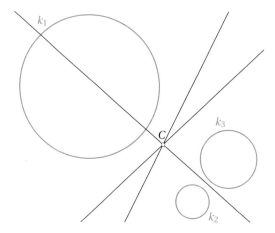

Im Konstruktionsschritt 2 haben wir die Gerade p mithilfe der äußeren Ähnlichkeitszentren der Kreispaare k_1, k_2 und k_1, k_3 konstruiert. Wir zeigen nun einen Teil des **Satzes von Monge 5.1**, der besagt, dass die Gerade p unabhängig ist von der Wahl der zwei Kreispaare.

Zum Konstruktionsschritt 2
Das äußere Ähnlichkeitszentrum S der Kreise k_2 und k_3 liegt auf der Geraden p.

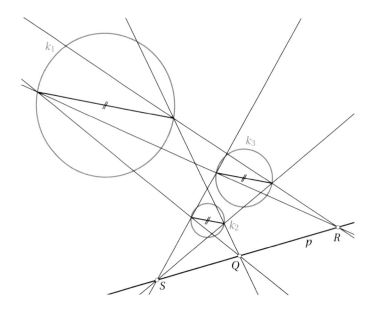

Begründung: Um die Ähnlichkeitszentren zu konstruieren, wählen wir in den drei Kreisen drei parallele Durchmesser. Nach **Satz A.11** sind die äußeren Ähnlichkeitszentren von je zwei Kreisen auch die äußeren Ähnlichkeitszentren von je zwei Durchmessern, und mit **Satz 3.8** liegen diese drei Ähnlichkeitszentren auf einer Geraden. **q.e.d.**

Im Konstruktionsschritt 3 konstruieren wir zwei Punkte B_1 und B_2, von denen wir nun zeigen wollen, dass sie mit dem äußeren Ähnlichkeitszentrum der Kreise k_1 und k_2 auf einer Geraden liegen.

Zum Konstruktionsschritt 3
Wir betrachten zwei beliebige Kreise k und k' mit äußerem Ähnlichkeitszentrum Q. Weiter sei u die Chordale der beiden Kreise, und die Geraden q und q' seien die Polaren zum Pol Q bezüglich k und k'.

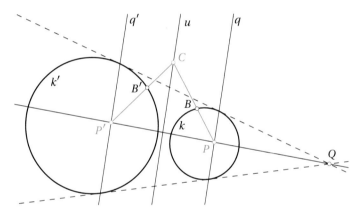

Wir zeichnen nun von Q aus eine Sekante durch die beiden Kreise, welche die Polaren q und q' in den Punkten P bzw. P' schneidet, und verbinden diese beiden Punkte mit einem beliebigen Punkt C auf u. Sei B der Schnittpunkt der Strecke $\overline{PC}$ mit dem Kreis k und B' der Schnittpunkt von $\overline{P'C}$ mit k'.

In der obigen Figur liegen die Punkte Q, B, B' auf einer Geraden.

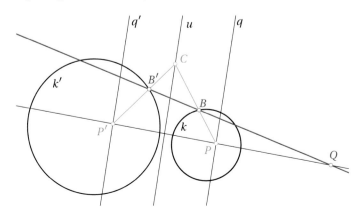

Begründung: Zuerst verlängern wir die Strecke $\overline{PC}$ und erhalten als weiteren Schnittpunkt mit dem Kreis k den Punkt A. Nun ziehen wir von Q aus Sekanten durch A und B, welche die Kreise in insgesamt acht Punkten schneiden, wobei auf jedem der beiden Kreise vier Schnittpunkte liegen. Verbinden wir in jedem Kreis jeweils die gegenüberliegenden Schnittpunkte, so erhalten wir in jedem Kreis zwei Sehnen. Weil P und P' auf den Polaren q bzw. q' liegen, bildet die zentrische Streckung mit Streckungszentrum Q, welche k in k' überführt, den Punkt P auf P' ab. Sei s_1 die Sehne $\overline{AB}$, s_2 die andere Sehne in k und seien s_1', s_2' deren Bilder unter der zentrischen Streckung. Aus dem **Hauptsatz der zentrischen Streckung A.2** folgt, dass s_1 parallel zu s_1' und s_2 parallel zu s_2' ist. Weiter folgt aus **Satz 4.10**, dass der Schnittpunkt der beiden Sehnen s_1 und s_2 auf der Polaren q liegt. Da nun s_1 durch P geht und P auf q liegt, ist P der Schnittpunkt von s_1 und s_2, und ebenso ist P' der Schnittpunkt von s_1' und s_2'.

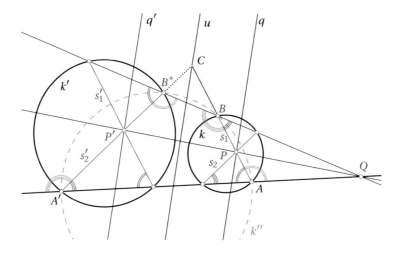

In der obigen Figur ist B^* so gewählt, dass Q, B, B^* auf einer Geraden liegen. In einem ersten Schritt zeigen wir, dass die vier Punkte A, B, B^*, A' auf einem Kreis liegen oder, anders ausgedrückt, dass das Viereck ABB^*A' ein Sehnenviereck ist. In einem zweiten Schritt zeigen wir dann, dass B^* mit B' identisch ist.

Mit dem **Satz über Sehnenvierecke 1.3** genügt es zu zeigen, dass die Summe zweier gegenüberliegender Winkel im Viereck ABB^*A' jeweils $180°$ beträgt. In der obigen Figur folgt aus dem Stufenwinkelsatz und dem **Peripheriewinkelsatz 1.2**, dass die auf die gleiche Weise bezeichneten Winkel gleich sind, und somit ergänzen sich gegenüberliegende Winkel jeweils auf $180°$.

Sei nun k'' der Kreis durch die Punkte A, B, B^*, A'. Dann ist die Gerade AB die Chordale von k, k'', welche die Chordale u von k, k' im Punkt C schneidet. Folglich ist C der Chordalpunkt der drei Kreise k, k', k'', der somit auch auf der Chordalen $A'B^*$ von k', k'' liegt. Weil nun P' auf der Sehne $\overline{A'B^*}$ liegt, sind die Geraden $A'B^*$ und $P'C$ identisch. Somit ist B^* der Schnittpunkt von $\overline{P'C}$ mit k', und B^* ist mit B' identisch. Also liegen die Punkte Q, B, B' auf einer Geraden.   **q.e.d.**

Um das obige Resultat in unserer Konstruktion anzuwenden, zeigen wir zuerst:

1. P_1 und P_2 liegen auf den Polaren von Q bezüglich der Kreise k_1 und k_2.
2. P_1 und P_2 liegen mit dem Ähnlichkeitszentrum Q auf einer Geraden.

Zu Punkt 1: Nach Konstruktion sind P_1 und P_2 die Pole der Polaren p bezüglich der Kreise k_1 und k_2. Seien nun q_1 und q_2 die Polaren zum Pol Q bezüglich der Kreise k_1 bzw. k_2.

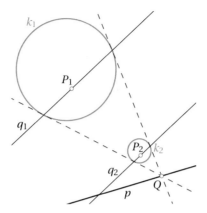

Da Q auf der Polaren p liegt, folgt aus dem **Hauptsatz der Polarentheorie 4.6**, dass der Pol P_1 auf q_1 und der Pol P_2 auf q_2 liegt.

Zu Punkt 2: Sei nun p_0 die Gerade durch Q und P_2 und sei P_0 der Pol zur Polaren p_0 bezüglich k_2. Weil P_2 auf p_0 liegt, liegt nach dem **Hauptsatz der Polarentheorie 4.6** der Pol P_0 auf der Polaren p. Da k_1 das Bild von k_2 unter einer zentrischen Streckung mit Streckungszentrum Q ist, liegt der Bildpunkt P_0' von P_0 auf der Polaren p und ist der Pol der Polaren p_0 bezüglich des Kreises k_1.

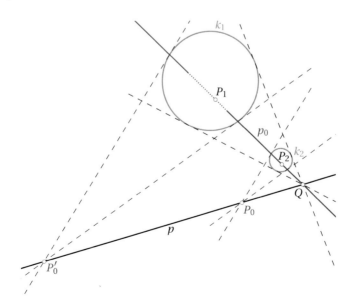

Weil nun P_0' auf p liegt, liegt nach dem **Hauptsatz der Polarentheorie 4.6** der Pol P_1 auf der Polaren p_0, und die Punkte P_1, P_2, Q liegen auf einer Geraden. **q.e.d.**

Nach dem, was wir vorhin gezeigt haben, liegen somit B_1, B_2, Q auf einer Geraden.

Im Konstruktionsschritt 4 verlangen wir, dass ein Kreis konstruiert wird, der k_1 in B_1 und k_2 in B_2 berührt. Dass dies möglich ist, liegt daran, dass die Punkte B_1 und B_2 mit dem Ähnlichkeitszentrum Q auf einer Geraden liegen, wie im Folgenden gezeigt wird:

Zum Konstruktionsschritt 4
Sind k und k' zwei Kreise mit äußerem Ähnlichkeitszentrum Q und ist s eine Sekante durch Q durch die beiden Kreise, welche diese in vier Punkten schneidet, so gibt es einen Kreis, welcher k und k' in den inneren beiden Schnittpunkten berührt.

Begründung: Seien k und k' zwei Kreise mit den Mittelpunkten M bzw. M'. Seien B, B' die beiden inneren und A, A' die beiden äußeren Schnittpunkte der Sekante s mit den Kreisen k und k'. Weiter sei S der Schnittpunkt der Geraden MB und $M'B'$.

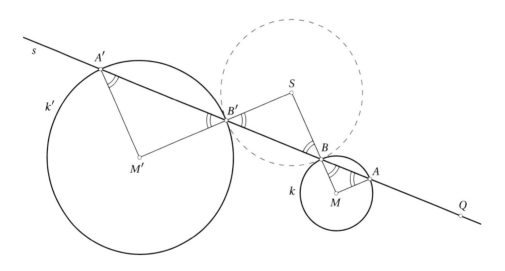

Wir zeigen, dass $\vec{SB} = \vec{SB'}$ gilt (woraus dann folgt, dass S der Mittelpunkt des gesuchten Kreises ist): Das Dreieck $\triangle BMA$ ist offensichtlich gleichschenklig, und damit sind die beiden Basiswinkel gleich groß. Da das Dreieck $\triangle A'M'B'$ durch zentrische Streckung aus dem Dreieck $\triangle BMA$ hervorgeht, sind diese beiden Dreiecke ähnlich und haben somit die gleichen Winkel. Insbesondere sind die beiden Winkel $\sphericalangle SBB'$ und $\sphericalangle BB'S$ gleich groß, und folglich ist das Dreieck $\triangle BSB'$ gleichschenklig.   **q.e.d.**

Im letzten Schritt zeigen wir nun, dass der Kreis, welcher k_1 und k_2 in den Punkten B_1 bzw. B_2 berührt, der gesuchte Kreis ist.

Konklusion
Der Kreis k_0, welcher k_1 und k_2 in den Punkten B_1 bzw. B_2 berührt, berührt auch den dritten Kreis k_3 und ist somit der gesuchte Kreis.

Begründung: Analog zu B_1 und B_2 sei B_3 der Schnittpunkt des Kreises k_3 mit der Strecke zwischen dem Chordalpunkt und dem Pol zur Polaren p bezüglich k_3. Wir zeichnen drei Tangenten t_1, t_2, t_3 an die Kreise k_1, k_2 und k_3, welche diese in den Punkten B_1, B_2 bzw. B_3 berühren. Weiter sei $C_{1,2}$ der Schnittpunkt der Tangenten t_1, t_2, $C_{1,3}$ der Schnittpunkt der Tangenten t_1, t_3 und $C_{2,3}$ der Schnittpunkt der Tangenten t_2, t_3. Da es einen Kreis k_0 gibt, welcher k_1 in B_1 und k_2 in B_2 berührt, ist t_1 die Chordale von k_0 und k_1 sowie t_2 diejenige von k_0 und k_2. Somit liegt der Schnittpunkt $C_{1,2}$ der Tangenten auf der Chordalen von k_1 und k_2. Da es auch entsprechende Berührungskreise zu den anderen Kreispaaren gibt, folgt ebenso, dass $C_{1,3}$ auf der Chordalen von k_1 und k_3, und $C_{2,3}$ auf der Chordalen von k_2 und k_3 liegt.

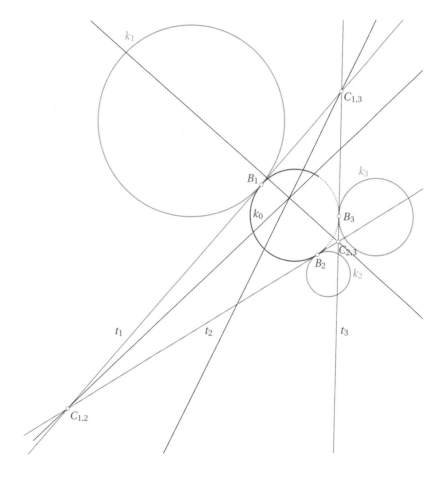

Sei nun k_0 wieder der Kreis, welcher die beiden Kreise k_1 und k_2 in den Punkten B_1 bzw. B_2 berührt. Dann ist $C_{1,3}$ der Chordalpunkt von k_0, k_1 und k_3. Weiter ist $C_{2,3}$ der Chordalpunkt von k_0, k_2 und k_3. Man beachte, dass man dazu nicht zu wissen braucht, ob k_0 den Kreis k_3 berührt. Somit liegen sowohl $C_{1,3}$ als auch $C_{2,3}$ auf der Chordale von k_0 und k_3, woraus folgt, dass t_3 die Chordale von k_0 und k_3 ist. Weil nun t_3 eine Tangente an k_3 ist, welche k_3 im Punkt B_3 berührt, berührt auch k_0 den Kreis k_3 im Punkt B_3. Somit ist k_0 der gesuchte Kreis! **q.e.d.**

Weitere Resultate und Aufgaben

Satz 5.1 (Satz von Monge)
Seien k_1, k_2, k_3 drei Kreise mit Zentren Z_1, Z_2, Z_3. Das äußere Ähnlichkeitszentrum der Kreise k_i, k_j sei mit A_{ij} bezeichnet, das innere Ähnlichkeitszentrum mit I_{ij}. Dann liegen die Punkte A_{12}, A_{23}, A_{31} auf einer Geraden, der äußeren Ähnlichkeitsachse der drei Kreise. Die Punkte I_{ij}, I_{jk}, A_{ki} liegen ebenso auf je einer von drei Geraden. Diese Geraden heißen innere Ähnlichkeitsachsen. Die Zentren Z_i, Z_j teilen die Strecken zwischen den Ähnlichkeitszentren I_{ij}, A_{ij} harmonisch.

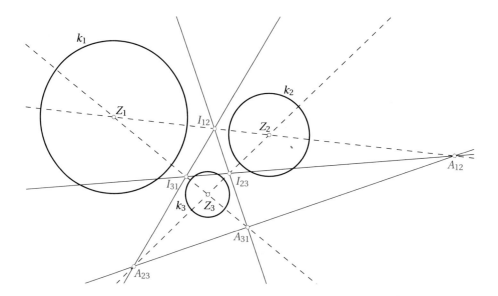

Beweis: Den Beweis für die äußeren Ähnlichkeitszentren haben wir oben im Konstruktionsschritt 2 bereits gegeben. Der Beweis für die inneren Ähnlichkeitsachsen geht genau analog und verwendet wieder **Satz 3.8**.

Die Zentren Z_i, Z_j teilen die Strecke $\overline{I_{ij} A_{ij}}$ harmonisch genau dann, wenn I_{ij}, A_{ij} die Strecke $\overline{Z_i Z_j}$ harmonisch teilt. Dies folgt aber sofort aus der Grundkonstruktion der harmonischen Teilung.   **q.e.d.**

Satz 5.2 (Orthogonalkreis dreier Kreise)
Zu drei Kreisen k_1, k_2, k_3, deren Chordalpunkt außerhalb der drei Kreise liegt, existiert ein eindeutig bestimmter Kreis k, welcher diese senkrecht schneidet.

Beweis: Der Chordalpunkt C ist der Schnittpunkt der drei Chordalen c_1, c_2, c_3 von je zwei der drei gegebenen Kreise. Legt man Tangenten vom Chordalpunkt an die drei Kreise, so sind die Tangentenabschnitte von C bis zu den Berührungspunkten somit alle gleich lang. Der Kreis um C durch diese Berührungspunkte ist also ein Orthogonalkreis. Umgekehrt: Wenn überhaupt ein Orthogonalkreis existiert, muss sein Zentrum außerhalb der drei gegebenen Kreise liegen, und die Tangentenabschnitte von seinem Zentrum zu den Berührungspunkten mit den drei Kreisen müssen gleich lang sein. Nur der Chordalpunkt hat diese Eigenschaft.

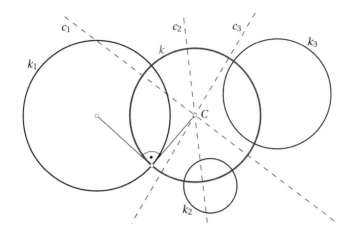

Bemerkung: Man beachte, dass diese Konstruktion des Orthogonalkreises auch funktioniert, wenn einer oder zwei der drei gegebenen Kreise Radius null haben, also Punkte sind. Sind eine Gerade g, ein Punkt P auf g und ein Kreis k gegeben, dessen Zentrum nicht auf g liegt, findet man mit denselben Überlegungen einen eindeutigen Orthogonalkreis zu k durch P mit Tangente g.

Satz 5.3 (Potenzkreis zweier Kreise)

Seien k_1, k_2 zwei disjunkte Kreise mit Zentren Z_1, Z_2 so, dass jeder Kreis außerhalb des anderen liegt, und Z bezeichne ihr äußeres Ähnlichkeitszentrum. Weiter seien X_1 und X_2 zwei sich gegenüberliegende Schnittpunkte der Zentralen mit den Kreisen k_1 bzw. k_2 (siehe Figur). Dann gilt:

- *Alle k_1 und k_2 außen oder innen berührenden Kreise haben bezüglich Z konstante Potenz $p := \overrightarrow{ZX_1} \cdot \overrightarrow{ZX_2}$.*
- *Es existiert ein eindeutig bestimmter Kreis k, welcher alle k_1 und k_2 außen oder innen berührenden Kreise senkrecht schneidet. k heißt äußerer Potenzkreis. Sein Zentrum ist Z und sein Radius $\sqrt{p}$, und er teilt die Strecke $\overline{X_1 X_2}$ harmonisch.*

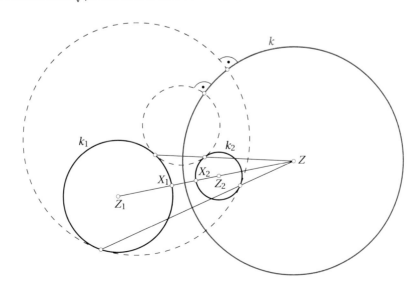

Beweis: Wir betrachten die Figur unten: Da Z_1Y_3 und Z_2Y_2 parallel sind, gilt $\sphericalangle Z_1Y_3Z =$ $\sphericalangle Z_2Y_2Z =: \alpha$. $\triangle Z_1Y_1Y_3$ ist gleichschenklig, also ist $\sphericalangle Y_3Y_1Z_1 = \alpha$. Somit haben wir auch für die Scheitelwinkel $\sphericalangle Y_2Y_1X = \alpha$, $\sphericalangle XY_2Y_1 = \alpha$. Also ist $\triangle XY_2Y_1$ gleichschenklig, und somit ist der Kreis i um X mit Radius $\overline{XY_1}$ ein Berührungskreis an k_1, k_2 in den Punkten Y_1, Y_2. Beginnt man umgekehrt mit dem Berührungskreis, so findet man, dass Z_1Y_3 und Z_2Y_2 parallel sind und somit Z auf Y_1Y_2 liegt.

Die Außenwinkelsumme im Dreieck $\triangle Z_1Z_2X$ ist $2\alpha+2\beta+2\gamma = 360°$. Also ist $\alpha+\beta+\gamma = 180°$. Man liest daher sofort ab, dass $X_1X_2Y_2Y_1$ ein Sehnenviereck ist. Aus dem **Sekantensatz 2.4** für dessen Umkreis h und dem **Sekanten-Tangenten-Satz 2.2** für den Berührungskreis i folgt $\overline{ZX_1} \cdot \overline{ZX_2} = \overline{ZY_1} \cdot \overline{ZY_2} = \overline{ZY}^2$. Somit ist der Kreis um Z durch Y der Potenzkreis. Er schneidet wegen **Satz 4.3** alle Strecken zwischen Berührungspunkten Y_1, Y_2 von berührenden Kreisen harmonisch.

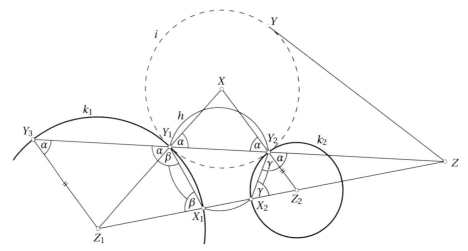

q.e.d.

Bemerkungen:

- Die Kreise k_1, k_2 besitzen zwei weitere Scharen von berührenden Kreisen: Eine Schar berührt k_1 innen und k_2 außen, bei der anderen ist es umgekehrt. Die Kreise dieser beiden Scharen haben bezüglich des inneren Ähnlichkeitszentrums von k_1, k_2 konstante Potenz. Analoge Aussagen gelten, wenn die Kreise k_1, k_2 sich schneiden, berühren oder ineinander liegen.
- Wie man leicht einsieht, gelten die Aussagen im obigen Satz genauso für alle Kreise, welche k_1 und k_2 unter gleichem Winkel schneiden, statt sie zu berühren.

Satz 5.4 (Kiefer-Konstruktion der Apollonischen Berührungsaufgabe)
Seien k_1, k_2, k_3 drei Kreise mit nichtkollinearen Zentren so, dass je zwei der Kreise außerhalb des dritten liegen. h_1, h_2, h_3 seien die drei äußeren Potenzkreise von je zwei der drei Kreise k_1, k_2, k_3. Dann gilt:

- *Falls sich zwei der Kreise h_1, h_2, h_3 in zwei Punkten X, Y schneiden, so geht auch der dritte durch X, Y.*
- *Sei h ein Kreis durch X, Y, der k_1 in Z senkrecht schneidet. Die Tangente durch Z an h schneidet die Gerade XY in P. Dann berührt der Kreis um P durch Z alle drei Kreise k_1, k_2, k_3. Er schneidet die Strecke $\overline{XY}$ harmonisch.*

Beweis: Die Zentren der Potenzkreise h_1, h_2, h_3 sind ja die äußeren Ähnlichkeitszentren der Kreise k_1, k_2, k_3 und liegen daher auf der äußeren Ähnlichkeitsachse. Seien X, Y die Schnittpunkte der Potenzkreise h_3 von k_1, k_2 und h_2 von k_1, k_3. Nach **Satz 4.5** schneiden alle Apollonischen Kreise zu den Punkten X, Y h_2 und h_3 senkrecht. Einer dieser Kreise, den wir mit k bezeichnen, berührt k_1 sagen wir außen in einem Punkt Q. Dann existiert ein Kreis k', der k_1 ebenfalls außen in Q, und k_2 in einem Punkt Q' auch außen berührt. Dann gehen k und k' beide durch Q, sind dort beide tangential an k_1, und beide stehen senkrecht zu h_3. Wegen der entsprechenden Bemerkung beim Orthogonalkreis weiter oben folgt dann $k = k'$. Das heißt, k berührt sowohl k_1 als auch k_2. Genauso schließt man, dass k auch k_3 berührt, also das Apollonische Berührungsproblem löst.

h_1 hat sein Zentrum auf der Ähnlichkeitsachse, die senkrecht auf XY steht, und schneidet k senkrecht. Nur ein Kreis mit diesem Zentrum kann dies leisten, nämlich der Kreis durch X, Y.

Sei nun der Orthogonalkreis h zu k_1 durch X, Y gemäß **Satz 5.2** konstruiert. Z sei ein Schnittpunkt von h und k_1 und P der Schnittpunkt der Tangente in Z an h und XY. Der Kreis um P durch Z schneidet h und damit, wegen **Satz 4.5**, alle Kreise durch X und Y senkrecht, ist also ein Apollonischer Kreis zu X und Y. Er berührt nach Konstruktion k_1 in Z. Also löst dieser Kreis wegen der obigen Argumente das Apollonische Berührungsproblem. Schließlich, wegen **Satz 4.1**, teilt er die Strecke $\overline{XY}$ harmonisch.

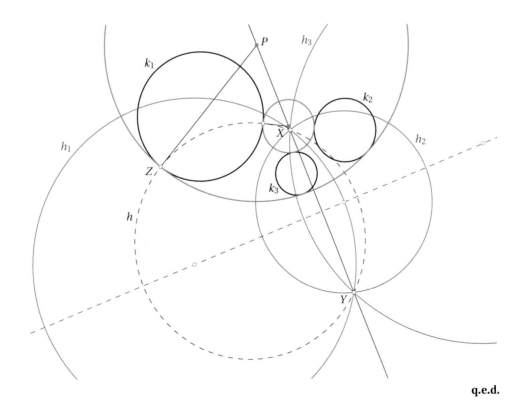

q.e.d.

Aufgaben

5.1. Betrachte das innere Ähnlichkeitszentrum Z zweier Kreise k_1, k_2 mit Zentren Z_1, Z_2. Zeige: Alle k_1 außen und k_2 innen (oder k_2 außen und k_1 innen) berührenden Kreise haben bezüglich Z dieselbe Potenz.

5.2. Seien k_1, k_2, k_3 drei Kreise mit Zentren Z_1, Z_2, Z_3 und Radien r_1, r_2, r_3. k sei ein Kreis mit Zentrum Z, der k_1, k_2, k_3 berührt. r_1 sei der kleinste der drei Radien. Zeige: Der Kreis um Z durch Z_1 berührt zwei Kreise um Z_2 mit Radius $r_2 \pm r_1$ respektive um Z_3 mit Radius $r_3 \pm r_1$. Die Vorzeichen richten sich danach, ob k die Kreise k_2 respektive k_3 innen oder außen berührt.

Auf diese Weise kann das Problem, den Berührungskreis an drei Kreise zu finden, zurückgeführt werden auf das Probem, einen Berührungskreis an zwei Kreise zu finden, der durch einen gegebenen Punkt geht.

5.3. Zeige, dass die folgende Konstruktion das Problem löst, einen Berührungskreis an die zwei Kreise k_1, k_2 zu finden, der durch den gegebenen Punkt P geht: Z sei der äußere Ähnlichkeitspunkt der Kreise k_1, k_2. h sei ein Hilfskreis durch U, V, P, der k_2 in einem weiteren Punkt W schneidet. Weiter sei Q der Schnittpunkt von VW und ZP. P' sei dann der weitere Schnittpunkt von h mit ZQ und T der Berührungspunkt einer Tangente von Q an k_2. Dann berührt der Kreis k durch $PP'T$ die Kreise k_1 und k_2.

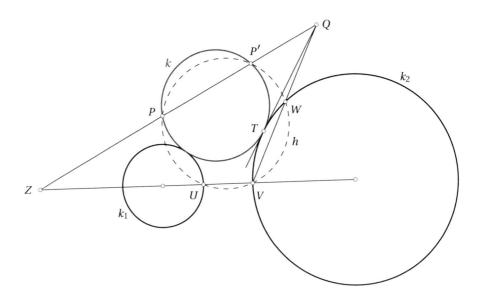

Wegen **Aufgabe 5.2** liefert diese Konstruktion auch eine Lösung des Apollonischen Berührungsproblems für drei Kreise.

5.4. Betrachte nochmals die Konstruktion in Abschn. 5.2 und zeige:

(a) Die Geraden CP_1 und CP_2 schneiden k_1 und k_2 außer in B_1 und B_2 noch in zwei weiteren Punkten B_1' und B_2'. Der Kreis, welcher k_1 in B_1' und k_2 in B_2' berührt, ist auch tangential an k_3, also ein weiterer Lösungskreis des Apollonischen Problems.

(b) Wenn man in der Konstruktion die äußere Ähnlichkeitsachse p durch jeweils eine der drei inneren Ähnlichkeitsachsen ersetzt, so erhält man die restlichen sechs Lösungskreise des Apollonischen Problems.

5.5. In einem Dreieck mit den Seiten t_1, t_2, t_3 sei k_1 ein Kreis, der t_2 im Punkt B_2 und t_3 im Punkt B_3 berührt, k_2 ein Kreis, der t_3 im Punkt B_3 und t_1 im Punkt B_1 berührt, und schließlich k_3 ein Kreis, der t_1 im Punkt B_1 und t_2 im Punkt B_2 berührt. Zeige, dass dann $k_1 = k_2 = k_3$ der Inkreis des Dreiecks ist.

Wendet man dies auf das Dreieck in der Begründung der Konklusion am Ende von Abschn. 5.3 an, so erhält man einen alternativen Beweis für die Konstruktion.

Anmerkungen

An den Apollonischen Berührungsproblemen haben sich im Laufe der Geschichte zahlreiche Mathematikerinnen und Mathematiker versucht. Immer wieder waren die dabei entstandenen Untersuchungen Ausgangspunkt von neuen Ideen und gaben Anlass zu Erweiterungen der bestehenden Theorie.

Die Originallösungen von Apollonius sind leider nicht erhalten geblieben. Die einfachsten Fälle (Umkreis dreier Punkte, In- respektive Ankreise an drei Tangenten) sind bereits bei EUKLID zu finden. Die erste bekannte vollständige Lösung stammt von FRANÇOIS VIÈTE (1540–1603; er nannte sich in latinisierter Form FRANCISCUS VIETA), welche ausschließlich auf elementargeometrischen Überlegungen basiert.

In Kap. 6 stellen wir die Lösung von JOSEPH DIAZ GERGONNE (1771–1859) vor. Bei seiner Lösung aus dem Jahre 1817 machte er Gebrauch von der Ähnlichkeits- und Potenztheorie.

Neben rein geometrischen Lösungen gibt es eine Anzahl von Lösungen, die auf analytischer Geometrie beruhen: Den Anfang machte RENÉ DESCARTES (1596–1650), der seine neue Methode an diesem Problem testete. Er lieferte sogar gleich zwei Lösungen: Eine beruht auf der Heron'schen Formel für den Flächeninhalt des Dreiecks, die andere schlicht auf dem Satz von Pythagoras. Auch von LEONHARD EULER (1707–1783) und von CARL FRIEDRICH GAUSS (1777–1855) stammen analytische Lösungen mit jeweils ganz unterschiedlichen Ansätzen: EULER verwendete bei seiner Lösung trigonometrische Überlegungen und publizierte später sogar eine Lösung der dreidimensionalen Version des Apollonischen Problems. GAUSS wiederum nahm Polarkoordinaten zur Hand und berechnete Geraden, deren Schnittpunkte Zentren der Lösungskreise sind.

Der Physiker und Mathematiker JULIUS PLÜCKER (1801–1868) fand schließlich Lösungen der Apollonischen Probleme, indem er mithilfe der von ihm entwickelten Inversion am Kreis die jeweilige Aufgabenstellung auf eine einfachere Situation zurückführte (siehe Kap. 6).

Die in **Satz 5.4** vorgestellte Lösung des Apollonischen Berührungsproblems stammt von ADOLF KIEFER [33] aus dem Jahr 1918. In seiner Arbeit beschreibt er auch, wie man die übrigen sechs berührenden Kreise findet.

Schließlich werden wir in Abschn. 8.9 mithilfe der Zyklographie eine geradezu phantastisch einfache Konstruktion sehen. Die Zyklographie ist von der Idee her verwandt mit der stereographischen Projektion und mit der Inversion am Kreis, welche im nächsten Kapitel behandelt werden.

6 Inversion am Kreis

Übersicht

In diesem Kapitel betrachten wir eine Abbildung der Ebene auf sich selbst, die sogenannte *Inversion am Kreis*, und untersuchen geometrische Eigenschaften dieser Abbildung. Insbesondere werden wir sehen, dass diese Abbildung Kreise und Geraden auf Kreise und Geraden abbildet, aber nicht unbedingt Kreise in Kreise und Geraden in Geraden.

6.1   Inversion am Kreis als Abbildung der Ebene

Die **Inversion am Kreis** wird, wie der Name sagt, mithilfe eines festen Kreises k_0, dem **Inversionskreis**, wie folgt definiert (vergleiche mit der Definition *inverser Punkte* in Kap. 4):

Inversion am Kreis.   Sei k_0 ein Kreis in der Ebene E mit Mittelpunkt Z. Ist P irgendein von Z verschiedener Punkt der Ebene E, so schneidet die Gerade ZP den Kreis k_0 in zwei Punkten Q und Q'. Liegt P nicht auf k_0, so ist der Bildpunkt P' der Punkt auf ZP, welcher mit P die Strecke $\overline{QQ'}$ harmonisch teilt; falls P auf k_0 liegt, sei $P' = P$.

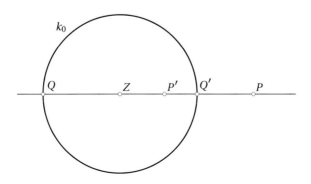

Während zum Beispiel die zentrische Streckung *jedem* Punkt P der Ebene einen Bildpunkt P' zuordnet, gilt dies für die Inversion am Kreis nur für Punkte P, welche verschieden sind vom Mittelpunkt Z des Inversionskreises. Damit wir auch den Punkt Z abbilden können, fügen wir der Ebene einen weiteren Punkt F zu. Dieser neue Punkt F, der sogenannte **Fernpunkt**, ist ein Punkt im Unendlichen, d.h., F ist von allen Punkten der Ebene unendlich weit entfernt. Weiter verlangen wir, dass alle Geraden der Ebene durch F gehen, d.h., jede Gerade der Ebene geht, wenn wir sie unendlich verlängern, durch den Fernpunkt F. Wir definieren nun, dass der Mittelpunkt Z des Inversionskreises k_0 bei der Inversion an k_0 auf den Fernpunkt F abgebildet und umgekehrt F auf Z abgebildet wird. Dass der Fernpunkt F, in dem sich alle Geraden schneiden, auf Z abgebildet wird, wird bei Bildern von Geraden eine wichtige Rolle spielen.

Im Folgenden werden wir geometrische Eigenschaften der Inversion untersuchen. Insbesondere werden wir zeigen, dass Kreise und Geraden durch Inversion immer auf Kreise und Geraden abgebildet werden. Um dies zu zeigen, führen wir in Abschn. 6.2 eine weitere Abbildung ein.

6.2   Stereografische Projektion

Die sogenannte *stereografische Projektion* ist eine Abbildung, welche die Punkte einer Kugeloberfläche auf eine Ebene abbildet und wie folgt definiert ist:

Stereografische Projektion.   Sei K_0 eine Kugel und E eine Ebene durch den Mittelpunkt Z der Kugel. Weiter seien N (Nordpol) und S (Südpol) die Schnittpunkte der Lotgeraden durch Z mit der Kugeloberfläche. Ist P^* irgendein von N verschiedener Punkt der Kugeloberfläche, so schneidet der Strahl NP^* die Ebene E in einem Punkt P, dem Bildpunkt von P^*. Der Bildpunkt des Nordpols N ist definiert als der Fernpunkt F.

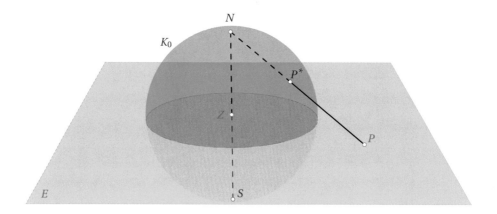

Bemerkungen:

- Der Südpol S der Kugel wird durch die stereografische Projektion auf Z abgebildet.
- Da die obige Abbildungsvorschrift den Nordpol N auf den Fernpunkt F abbildet, wird durch die Umkehrabbildung F auf N abgebildet.

Im Folgenden untersuchen wir Bilder von Kreisen auf der Kugeloberfläche von K_0.

Satz 6.1

Durch die stereografische Projektion werden Kreise auf der Kugeloberfläche von K_0, welche nicht durch den Nordpol N gehen, auf Kreise in der Ebene E abgebildet; Kreise durch N werden auf Geraden abgebildet.

Umgekehrt sind die Urbilder von Kreisen und Geraden in der Ebene E immer Kreise auf der Kugeloberfläche von K_0.

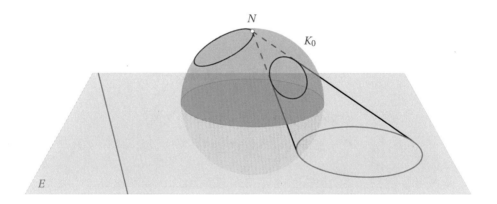

Um diesen Satz zu beweisen, betrachten wir zuerst einen Kreis k in der Ebene E und verbinden jeden Punkt des Kreises k mit dem Nordpol N der Kugel. Die Linien, die wir so erhalten, bilden die Mantelfläche eines schiefen Kreiskegels. Zuerst betrachten wir nur diesen Kreiskegel, den wir mit einer Ebene E' schneiden. Der folgende Satz von Apollonius besagt, dass wir die Ebene E' so wählen können, dass die Schnittkurve der Ebene E' mit dieser Mantelfläche ein Kreis ist, ohne dass E' parallel zu E liegt.

Satz 6.2

Sei k ein Kreis in der Ebene E und sei N ein Punkt, der nicht in E liegt und dessen Lotpunkt auf E nicht der Mittelpunkt von k ist. Verbinden wir jeden Punkt des Kreises k mit dem Punkt N, so bilden diese Verbindungslinien die Mantelfläche eines schiefen Kreiskegels mit Spitze N, dessen Grundfläche die Kreisfläche von k ist.

Dann gibt es eine zu E nichtparallele Ebene E', sodass die Schnittkurve k' der Ebene E' mit der Mantelfläche des schiefen Kreiskegels ebenfalls ein Kreis ist.

Beweis: Sei k irgendein Kreis in der Ebene E und sei N irgendein Punkt mit den verlangten Eigenschaften. Wir zeichnen zuerst die Mantelfläche des durch N und k aufgespannten Kreiskegels. Sei E'' diejenige Ebene, welche senkrecht auf E steht und durch N und den Kreismittelpunkt von k geht. Die Ebene E'' schneidet aus dem Kreis k den Durchmesser $\overline{AB}$ aus. Auf den Strecken $\overline{AN}$ und $\overline{BN}$ wählen wir jeweils einen Punkt H bzw. K so, dass die Dreiecke $\triangle NAB$ und $\triangle NKH$ ähnlich sind (ohne dass HK und AB parallel sind). Nun wählen wir die Ebene E' so, dass sie durch H und K geht und rechtwinklig zur Ebene E'' steht. Schließlich sei k' die Schnittkurve der Ebene E' mit der Mantelfläche des Kreiskegels.

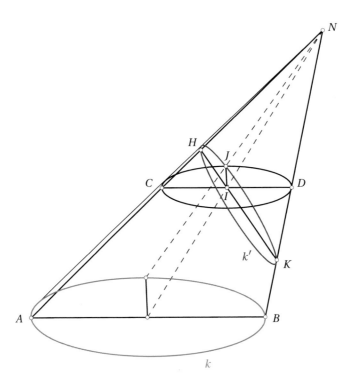

Wir zeigen nun, dass k' ein Kreis ist: Dazu wählen wir irgendeinen Punkt I auf der Strecke $\overline{HK}$ und schneiden die Ebene durch I, welche parallel zu E ist, mit dem Kreiskegel. Die Schnittkurve ist ein Kreis mit dem Durchmesser $\overline{CD}$ in der Ebene E''. Auf diesem Kreis liege der Punkt J so, dass $\overline{IJ}$ senkrecht auf $\overline{CD}$ steht. Weil die Dreiecke $\triangle NAB$ und $\triangle NKH$ ähnlich sind, sind nach Konstruktion auch die Dreiecke $\triangle ICH$ und $\triangle IKD$ ähnlich. Somit gilt

$$\frac{\overrightarrow{IC}}{\overrightarrow{IH}} = \frac{\overrightarrow{IK}}{\overrightarrow{ID}} \qquad \text{bzw.} \qquad \overrightarrow{IC} \cdot \overrightarrow{ID} = \overrightarrow{IH} \cdot \overrightarrow{IK}.$$

Weil $\overline{CD}$ ein Durchmesser eines Kreises ist und der Sehnenabschnitt $\overline{IJ}$ senkrecht auf $\overline{CD}$ steht, folgt mit dem **Sehnensatz 2.1** $\overrightarrow{IC} \cdot \overrightarrow{ID} = \overrightarrow{IJ}^2$. Somit erhalten wir

$$\overrightarrow{IH} \cdot \overrightarrow{IK} = \overrightarrow{IJ}^2,$$

und weil der Punkt I auf $\overline{HK}$ beliebig war, ist, nach dem **Sehnensatz 2.1**, k' ein Kreis.

q.e.d.

Nun können wir den obigen **Satz 6.1** beweisen:

Beweis: Wir betrachten einen Kreis der Kugeloberfläche von K_0 und die zugehörige Ebene E', in welcher dieser Kreis liegt. Liegt N auf E', so ist die Schnittgerade von E' mit E das stereografische Bild des Ausgangskreises. Umgekehrt ist das Urbild einer Geraden g in E der Schnittkreis der Ebene durch g und N mit der Kugeloberfläche von K_0. Liegt N nicht auf E', betrachten wir folgende Schnittfigur:

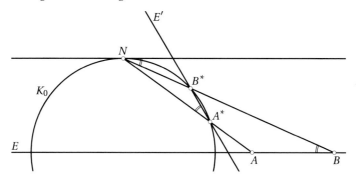

Die Gerade NB bildet mit der Parallelen zu E durch N einen gleich großen Winkel wie $\sphericalangle NBA$. Nach dem **Peripheriewinkelsatz 1.2** ist dieser auch gleich groß wie $\sphericalangle B^*A^*N$. Somit sind die Dreiecke $\triangle NBA$ und $\triangle NB^*A^*$ ähnlich, und die Ebenen E und E' haben genau die im Beweis von **Satz 6.2** geforderte spezielle Lage. Damit gehen Kreise auf K_0 in Kreise in E über; und umgekehrt sind die Urbilder von Kreisen in E solche auf K_0. **q.e.d.**

Sei nun k_0 der Schnittkreis der Kugel K_0 mit der Ebene E. Der folgende Satz kombiniert die Inversion am Kreis k_0 mit der stereografischen Projektion.

Satz 6.3
Sei P^* ein Punkt auf der Kugeloberfläche und sei P der Bildpunkt von P^* unter der stereografischen Projektion. Weiter sei $\bar{P}^*$ der Bildpunkt von P^* unter der Spiegelung an der Ebene E, d.h. der zweite Schnittpunkt der Lotgeraden zu E durch P^* mit der Kugeloberfläche. Schließlich sei P' der Bildpunkt von P unter der Inversion am Kreis k_0.

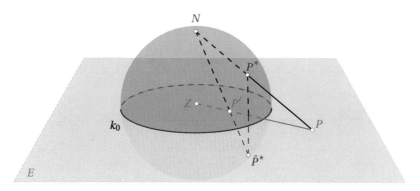

Dann ist P' der Bildpunkt von $\bar{P}^*$ unter der stereografischen Projektion.

Beweis: Wir betrachten folgende Schnittfigur:

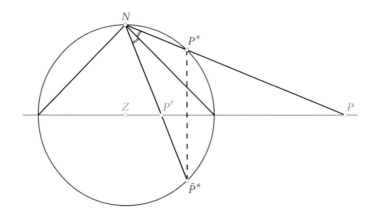

Die entsprechenden Winkel bei N sind mit dem **Peripheriewinkelsatz 1.2** gleich groß, da sie Peripheriewinkel über gleich langen Bögen sind. Bei N wird der Winkel $\sphericalangle \bar{P}^* NP$ folglich halbiert, und wir haben mit dem **Satz von Thales 1.1** und **Satz 3.5** ein von N ausgehendes harmonisches Geradenbüschel. Somit liegen die entsprechenden Schnittpunkte mit der Geraden ZP nach **Satz 3.2** harmonisch, und P' ist tatsächlich der Bildpunkt von P unter der Inversion am Kreis k_0.   **q.e.d.**

6.3 Eigenschaften der Inversion am Kreis

Aus den obigen Sätzen über die stereografische Projektion folgt unmittelbar:

Satz 6.4
Für die Inversion am Kreis k_0 mit Mittelpunkt Z gilt Folgendes:

- *Der Inversionskreis k_0 wird auf sich selbst abgebildet.*
- *Kreise, welche nicht durch Z gehen, werden auf Kreise abgebildet.*

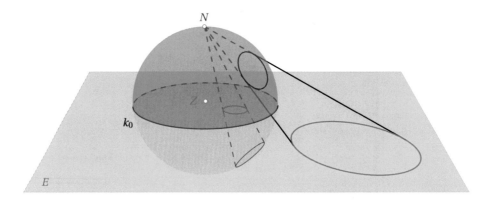

- *Kreise, welche durch Z gehen, werden auf Geraden abgebildet.*
- *Geraden, welche nicht durch Z gehen, werden auf Kreise abgebildet, welche durch Z gehen.*
- *Geraden, welche durch Z gehen, werden auf sich selbst abgebildet.*

Der folgende Satz ist eine unmittelbare Konsequenz aus dem **Satz 4.3** über sich rechtwinklig schneidende Kreise.

Satz 6.5
Schneidet ein Kreis k den Inversionskreis k_0 rechtwinklig, so wird k durch Inversion an k_0 auf sich selbst abgebildet.

Bemerkung: Mit **Satz 6.3** zur stereografischen Projektion folgt: Ist k' das Urbild auf der Kugel K_0 eines Kreises k, welcher den Inversionskreis k_0 rechtwinklig schneidet, so steht die Ebene E' durch k' rechtwinklig auf E. k' wird so bei einer Spiegelung an E auf sich selbst abgebildet.

Nun zeigen wir, dass die Inversion am Kreis winkeltreu ist; dazu müssen wir aber zuerst sagen, wie wir Winkel zwischen sich schneidenden Kurven bestimmen: Schneiden sich zwei Kurven in einem Punkt P, so definieren wir den eingeschlossenen Winkel zwischen den beiden Kurven als den Winkel, der durch die beiden Tangenten eingeschlossen wird, welche die Kurven im Punkt P berühren.

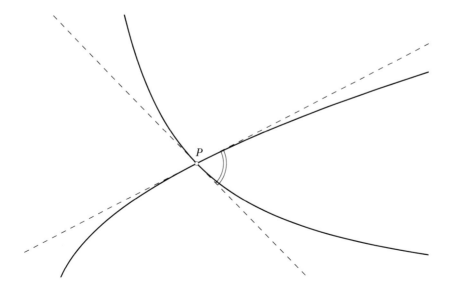

Eine Abbildung heißt nun **winkeltreu**, falls der eingeschlossene Winkel zweier sich schneidender Kurven gleich groß ist wie der eingeschlossene Winkel der Bildkurven.

Nun können wir folgenden Satz beweisen.

Satz 6.6
Die Inversion am Kreis ist winkeltreu.

Beweis: Zwei Kurven schneiden sich in S und g, h seien die Tangenten in S an die Kurven. Wir nehmen an, dass die beiden Tangenten den Winkel α einschließen; α ist nach Definition also der von den beiden Kurven eingeschlossene Winkel.

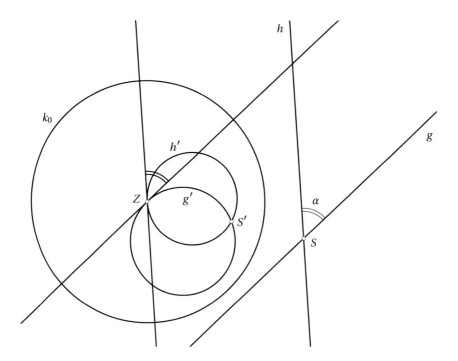

Im Folgenden betrachten wir nur den Fall, dass keine der Geraden g, h durch den Mittelpunkt Z des Inversionskreises k_0 geht. Die anderen Fälle lassen sich analog beweisen. Im betrachteten Fall sind nach **Satz 6.6** die Bilder von g und h bei Inversion an k_0 zwei Kreise g', h', welche durch den Mittelpunkt Z von k_0 gehen.

Das Bild S' von S muss der von Z verschiedene Schnittpunkt der Kreise g' und h' sein, und der Winkel zwischen den beiden sich bei S' schneidenden Bildkurven entspricht dem von den Kreisen g' und h' eingeschlossenen Winkel. Offensichtlich sind die von den Kreisen g' und h' eingeschlossenen Winkel bei S und bei Z gleich groß. Es genügt also zu zeigen, dass der von g' und h' eingeschlossene Winkel bei Z gleich groß ist wie der Winkel α.

Wir zeigen zuerst, dass die Tangente t an g' in Z parallel zu g ist: Wäre nämlich P ein Schnittpunkt der Geraden t und g, so wäre der Bildpunkt P' von P ein von Z verschiedener Punkt, der sowohl auf g' als auch auf t liegt, d.h., t würde g' in einem von Z verschiedenen Punkt schneiden und wäre somit keine Tangente an g'. Ebenso ist die Tangente in Z an h' parallel zu h. Damit ist der von den Tangenten an g' und h' eingeschlossene Winkel bei Z gleich groß wie der Winkel α, was zu zeigen war.   **q.e.d.**

6.4   Steiner-Ketten von Kreisen

Als Anwendung der Inversion am Kreis möchten wir Figuren untersuchen, die als *Steiner-Ketten von Kreisen* bezeichnet werden. Es seien zwei ineinander liegende Kreise gegeben; nennen wir diese die *Basiskreise*. Zwischen diese Basiskreise können wir eine Kette von Kreisen einschieben, sodass jeder dieser Kreise sowohl die beiden Basiskreise als auch seine beiden Nachbarkreise berührt. Im Allgemeinen wird sich die eingeschaltete Kreiskette nicht schließen.

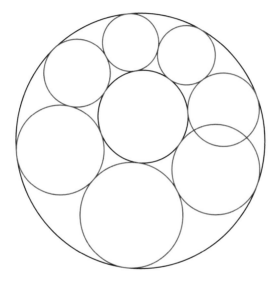

Es kann aber auch vorkommen, dass sich die Kette schließt.

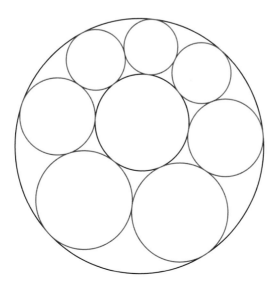

Wir seien nun einmal so glücklich, gerade ein Paar von Basiskreisen mit einer geschlossenen Kreiskette gefunden zu haben wie in der obigen Figur. Nun wird man meinen, dass bei
einer noch so geringfügigen Veränderung eines Kreises der Kette die Geschlossenheit derselben verloren gehen könnte; dies ist jedoch nicht der Fall: JAKOB STEINER zeigte, dass es keinen
Unterschied macht, wo wir die Kreiskette beginnen; denn existiert zu einem Paar von Basiskreisen *eine* geschlossene Kreiskette, dann schließt sich *jede* Kreiskette, egal wo wir beginnen.

Dieser Satz von Steiner ist sicher richtig, wenn die beiden Basiskreise konzentrisch sind,
denn dann spielt es offensichtlich keine Rolle, wo wir die Kreiskette beginnen.

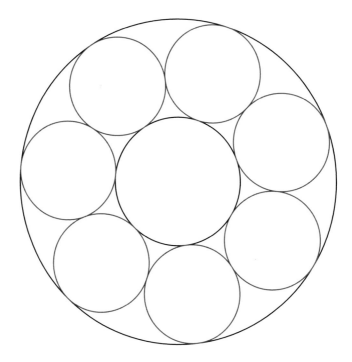

Falls die beiden Basiskreise nicht konzentrisch sind, so wenden wir den folgenden Satz an,
der besagt, dass es immer eine Inversion gibt, welche die beiden Basiskreise in konzentrische Kreise abbildet und natürlich auch die geschlossene Kreiskette in eine geschlossene
Kreiskette.

Satz 6.7
*Es ist immer möglich, zwei sich nicht schneidende Kreise in ein Paar konzentrischer Kreise zu
invertieren.*

Beweis: Gegeben seien zwei nichtkonzentrische Kreise k_1 und k_2. Aus Kap. 2 wissen wir,
dass die Chordale von k_1 und k_2 deren Zentrale rechtwinklig schneidet und dass jeder Punkt
auf der Chordalen der Mittelpunkt eines Kreises ist, welcher die beiden Kreise rechtwinklig
schneidet. Es gibt somit einen Kreis k_3, dessen Mittelpunkt der Schnittpunkt der Zentralen
mit der Chordalen der beiden Kreise k_1 und k_2 ist und der sowohl k_1 als auch k_2 rechtwinklig
schneidet.

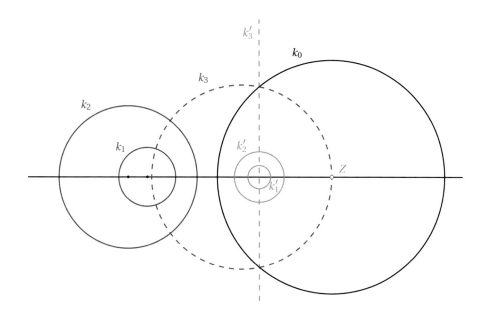

Wir wählen nun den einen Schnittpunkt von k_3 mit der Zentralen als Mittelpunkt Z eines Inversionskreises k_0. Nach **Satz 6.4** gehen die Kreise k_1 und k_2 bei Inversion an k_0 wieder in Kreise k_1' und k_2' über, das Bild des Kreises k_3 ist hingegen eine Gerade k_3'. Da die Inversion winkeltreu ist (**Satz 6.6**), schneidet die Gerade k_3' beide Kreise k_1' und k_2' rechtwinklig. Diese beiden Kreise, deren Mittelpunkte auf der Zentralen liegen, müssen somit konzentrisch sein.

q.e.d.

Wir fassen zusammen:

Satz von Steiner 6.8
Existiert zu einem Paar von Basiskreisen eine geschlossene Kreiskette, dann schließt sich jede Kreiskette, und zwar mit derselben Anzahl von Kreisen, egal wo wir beginnen.

Bemerkungen:

- Steiner'sche Kreisketten können sich auch erst nach mehreren Umläufen schließen. Die Figur zeigt eine Kette aus sieben Kreisen, die sich beim zweiten Umlauf schließt.

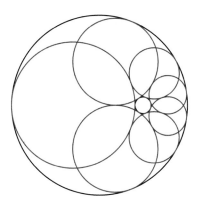

- Wir haben bisher nur die Situation dargestellt, in der ein Basiskreis innerhalb des anderen liegt. Liegt jeder der beiden Basiskreise außerhalb des anderen, existieren ebenfalls geschlossene Steiner-Ketten.

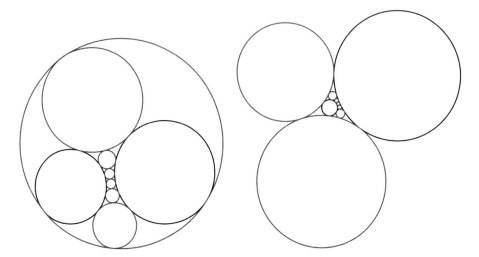

- Einer der Basiskreise kann auch eine Gerade sein.
- Einer oder gar zwei Kreise der Kreiskette können Geraden sein.
- Die Berührungspunkte benachbarter Kreise in einer Kette liegen auf einem festen Kreis, und zwar unabhängig davon, ob sich die Kette schließt oder nicht. Dies sieht man sofort, wenn man die Situation auf konzentrische Basiskreise transformiert hat.
- Die Zentren von Kreisen einer (geschlossenen oder nicht geschlossenen) Kette liegen auf einem Kegelschnitt, dessen Brennpunkte die Zentren der Basiskreise sind (siehe **Aufgabe 7.3**). Ist einer der Basiskreise eine Gerade, so ist der Kegelschnitt eine Parabel, deren Brennpunkt das Zentrum des Basiskreises und deren Leitline parallel zur Basisgeraden ist.

Weitere Resultate und Aufgaben

Satz 6.9 (Gergonne-Lösung des Apollonischen Berührungsproblems)

Seien k_1, k_2, k_3 drei disjunkte Kreise mit Zentren A_1, A_2, A_3, sodass jeder außerhalb der beiden anderen liegt. a sei die äußere Ähnlichkeitsachse von k_1, k_2, k_3, d.h., auf a liegen die äußeren Ähnlichkeitszentren der drei Kreise. k sei der Orthogonalkreis von k_1, k_2, k_3. U und V seien die Schnittpunkte von a mit den gemeinsamen Sehnen s_1 respektive s_2 von k mit den Kreisen k_1 respektive k_2. Weiter seien P, P' und Q, Q' die Berührungspunkte der Tangenten von U respektive V an k_1 respektive k_2. Schließlich seien Z_1 und Z_2 die Schnittpunkte von PA_1 mit QA_2 respektive von $P'A_1$ mit $Q'A_2$. Dann gilt:

- *Die Kreise k_1, k_2, k_3 gehen bei Inversion an k in sich über.*
- *P und Q gehen bei Inversion an k in P' respektive Q' über.*
- *Sei h_1 der Kreis um Z_1 durch P und h_2 der Kreis um Z_2 durch P'. Dann berühren h_1 und h_2 die Kreise k_1, k_2, k_3 außen oder innen. Bei der Inversion an k geht h_1 in h_2 über und umgekehrt.*

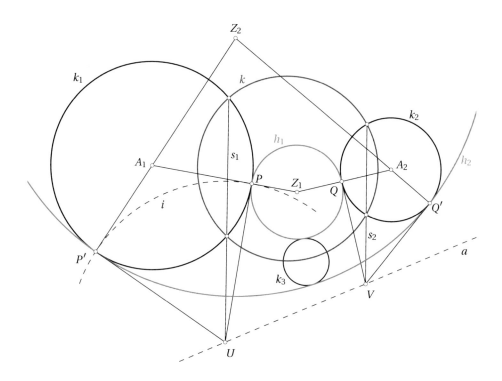

Beweis: Nach **Satz 6.5** gehen die k senkrecht schneidenden Kreise k_1, k_2, k_3 bei der Inversion an k in sich über. Ist h_1 ein Kreis, der k_1, k_2, k_3 berührt, geht dieser bei Inversion an k in einen Kreis h_2 über, der ebenfalls k_1, k_2, k_3 berührt. Die äußeren Potenzkreise von zwei der Kreise k_1, k_2, k_3 stehen senkrecht auf h_1 und h_2. Daher gehen diese Potenzkreise unter Inversion an k in sich über und schneiden somit k senkrecht. Das heißt, sowohl die beiden gesuchten Berührungskreise h_1, h_2 als auch der Orthogonalkreis k sind Apollonische Kreise bezüglich der beiden Schnittpunkte X, Y der äußeren Potenzkreise (siehe **Satz 5.4**). Die Kreise h_1, h_2 und k werden also senkrecht geschnitten von einem Kreis i durch X, Y, P, P' mit Mittelpunkt U auf a. Die Tangentenabschnitte von U an die Kreise k_1 und k sind gleich lang. Also liegt U auf der Chordalen, d.h. auf der gemeinsamen Sehne von k_1 und k.   **q.e.d.**

Bemerkung: In der obigen Konstruktion kann der Orthogonalkreis k durch einen beliebigen anderen Apollonischen Kreis k' zu den Punkten X und Y ersetzt werden. Falls dieser k_1 oder k_2 nicht schneidet, ersetzt man die gemeinsame Sehne s_1 respektive s_2 durch die entsprechende Chordale von k' und k_1 respektive k_2.

   Aufgabe 6.2 zeigt, dass man die Schnittpunkte X und Y der Potenzkreise nicht einmal zu konstruieren braucht, um einen Ersatzkreis k' zu finden.

Satz 6.10 (Pappos-Ketten)

Ein Schustermesser (Arbelos) ist gegeben durch drei sich berührende Halbkreise c_0, c_1, k_0 auf einer Geraden g (siehe Figur). Ausgehend von k_0 sei k_n ein Kreis, der c_0, c_1 und k_{n-1} berührt. Die so konstruierte unendliche Kreiskette heißt Pappos-Kette. Sei d_n der Durchmesser von k_n und h_n der Abstand des Zentrums von k_n zu g. Dann gilt

$$h_n = nd_n.$$

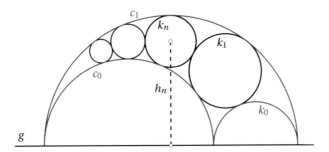

Beweis: Wir unterziehen die ganze Konfiguration einer Inversion am Kreis i um M durch P (siehe Figur). Die Bilder von c_0, c_1 sind dann zwei Halbgeraden c_0', c_1' senkrecht zu g. Die Bilder k_n' der Kreise k_n berühren c_0', c_1' und haben einen festen Durchmesser d_n'. Für den Abstand h_n' des Zentrums von k_n' zur Geraden g gilt daher trivialerweise $h_n' = nd_n'$. Andererseits ist k_n' ein von M aus gestrecktes Bild von k_n, und es gilt

$$\overrightarrow{ML_n} : \overrightarrow{ML_n'} = d_n : d_n' = h_n : h_n',$$

wobei L_n respektive L_n' die Lotpunkte der Kreiszentren auf g bezeichnen. Daraus ergibt sich sofort die Behauptung $h_n = nd_n$.

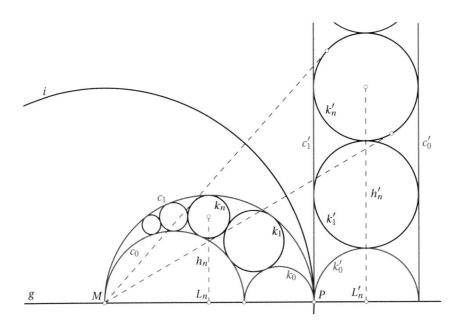

q.e.d.

Aufgaben

6.1. Löse das Apollonische Berührungsproblem, also einen Berührungskreis an drei gegebene Kreise k_1, k_2, k_3 mithilfe der Inversion zu konstruieren:

(a) Verwende dazu eine Inversion an einem Kreis um den Schnittpunkt von zwei äußeren Potenzkreisen h_1 von k_2, k_3 und h_2 von k_1, k_3.

(b) Verwende eine Inversion, welche zwei der drei gegebenen Kreise in konzentrische Kreise überführt.

(c) Wenn sich zwei der Kreise schneiden (durch Schrumpfen oder Vergrößern lässt sich diese Situation immer herstellen), verwende eine Inversion an einem Kreis, dessen Zentrum einer der beiden Schnittpunkte ist.

6.2. Zeige, dass der Orthogonalkreis k in der Gergonne-Konstruktion in **Satz 6.9** durch einen Kreis k' ersetzt werden kann, der wie folgt konstruiert wird: Wähle einen Punkt R auf k_3 und verbinde ihn mit den äußeren Ähnlichkeitszentren Z_1 respektive Z_2 der Kreise k_2, k_3 respektive k_1, k_3. S und T seien die gegenüberliegenden Schnittpunkte von $Z_1 R$ respektive $Z_2 R$ mit k_2 respektive k_1. k' ist dann der Kreis durch R, S, T. Die Figur zeigt, wie man dann die Berührungskreise c_1, c_2 an k_1, k_2, k_3 findet.
Ersetzt man die äußere Ähnlichkeitsachse a durch die drei anderen Ähnlichkeitsachsen (siehe **Satz von Monge 5.1**), erhält man die übrigen drei Paare von Berührungskreisen.

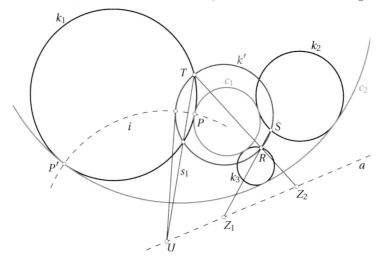

6.3. Löse das Apollonische Berührungsproblem, einen Berührungskreis an drei gegebene, sich gegenseitig schneidende Kreise k_1, k_2, k_3 mithilfe der stereografischen Projektion zu konstruieren wie folgt: Es gibt einen Kreis k, sodass die gemeinsamen Sehnen mit k_1, k_2, k_3 Durchmesser von k sind (siehe **Aufgabe 2.4**). Sei nun k der Äquator einer Kugel K. Die stereografische Projektion auf K bildet dann k_1, k_2, k_3 auf Großkreise von K ab. Diese Großkreise begrenzen acht sphärische Dreiecke. Diese besitzen je einen Kleinkreis als Inkreis. Die stereografischen Bilder dieser Inkreise sind die gesuchten acht Berührungskreise an k_1, k_2 und k_3. Betrachte einen dieser Inkreise i eines der sphärischen Dreiecke D genauer. Der Mittelpunkt von i ist der Schnittpunkt der winkelhalbierenden Großkreise in D. Die Bilder dieser Winkelhalbierenden unter der stereografischen Projektion sind nichts anderes als die Potenzkreise in der Kiefer-Konstruktion in **Satz 5.4**.

6.4. Gegeben seien ein Kreis k sowie zwei Punkte P_1 und P_2 auf k. Weiter seien k_1 und k_2 zwei sich berührende Kreise, welche k von innen in P_1 bzw. P_2 berühren. Zeige, dass der Berührungspunkt der beiden Kreise k_1 und k_2 auf einem Kreis liegt, welcher k in den Punkten P_1 und P_2 rechtwinklig schneidet.

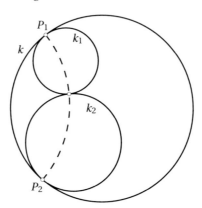

6.5. Gegeben seien drei Kreise k_1, k_2, k_3, sodass jeder außerhalb der zwei anderen liegt, sowie ein Winkel α. Konstruiere einen Kreis, der k_1, k_2, k_3 unter dem Winkel α schneidet.
Hinweis: Verwende **Aufgabe 6.1 (a)**.

6.6. Gegeben seien ein Kreis k und zwei Punkte P, Q außerhalb von k sowie ein Winkel α.

  (a) Konstruiere einen Kreis h durch P, Q, der k unter dem Winkel α schneidet.

  (b) Konstruiere einen Apollonischen Kreis h über P, Q (d.h., h hat seinen Mittelpunkt auf PQ und schneidet $\overline{PQ}$ harmonisch), der k unter dem Winkel α schneidet.

6.7. Löse nochmals **Aufgabe 6.5** analog zur Lösung des Apollonischen Berührungsproblems mit der Kiefer-Konstruktion in **Satz 5.4**. Beachte dazu die Bemerkung nach **Satz 5.3**. Verwende dann **Aufgabe 6.6.(b)**.

Anmerkungen

Inversion am Kreis: Die *Inversion* genannte Abbildung wurde in der ersten Hälfte des 19. Jahrhunderts von JULIUS PLÜCKER und LUDWIG IMMANUEL MAGNUS (1790–1861) entdeckt. In neuerer Zeit hat sich vor allem HAROLD SCOTT MACDONALD COXETER (1907–2003) damit beschäftigt (siehe zum Beispiel Coxeter [14, Kapitel 6]).

Steiner-Ketten von Kreisen: JAKOB STEINER hat zur Entdeckung seines Satzes Folgendes in sein Notizbuch geschrieben: *Gefunden Samstag den 10. Christmonat 1814, 3 + 3 + 4 Stunden daran gesucht, des Nachts um 1 Uhr gefunden.* Publiziert hat STEINER seinen Satz (zusammen mit anderen Sätzen über sich berührende Kreise) im Jahr 1826; sein Buch [47] über sich berührende und schneidende Kreise und Kugeln ist jedoch erst 1931 erschienen. STEINER hat seinen Satz mithilfe von Chordalen und Chordalpunkten bewiesen, was sehr aufwendig ist. Für STEINERS Beweisideen verweisen wir auf Ostermann und Wanner [37, S. 103 ff.], wo sich auch eine kurze Biografie STEINERS findet (siehe auch [54, S. 6 ff.]). Der obige Beweis des Satzes von STEINER ist Ogilvy [36, S. 32 f.] entnommen (siehe auch Ostermann und Wanner [37, S. 126 f.]).

7 Kegelschnitte

Übersicht

Dieses Kapitel bildet sowohl den Abschluss als auch die Krönung unserer Untersuchungen, und wir dürfen die Früchte unserer Arbeit ernten. Das Thema dieses Kapitels sind die sogenannten *Kegelschnitte* bzw. *Zentralprojektionen* von Kreisen. Insbesondere untersuchen wir, welche geometrischen Eigenschaften von Kreisen unter Zentralprojektionen erhalten bleiben. Dabei wird die Polarentheorie und deren Bezug zu harmonischen Verhältnissen, welche wir bis jetzt erst für Kreise hergeleitet haben, eine wesentliche Rolle spielen. Um die Polarentheorie auf Kegelschnitte zu übertragen, müssen wir aber zuerst wissen, was Zentralprojektionen sind und wie sich harmonische Verhältnisse unter Zentralprojektionen verhalten.

7.1 Zentralprojektion

Eine *Zentralprojektion* ist eine Abbildung, bei der von einem Projektionszentrum aus jeder Punkt des Raumes auf eine Ebene projiziert wird. Da wir im Folgenden aber nicht den ganzen Raum, sondern immer nur eine Ebene auf eine Ebene projizieren, definieren wir hier die Zentralprojektion folgendermaßen

Zentralprojektion. Gegeben seien zwei Ebenen E und E' im Raum sowie ein Punkt Z, der weder auf E noch auf E' liegt. Weiter sei V die Ebene durch Z, welche parallel zu E' ist. Dann bildet die **Zentralprojektion** mit **Projektionszentrum** Z jeden Punkt P auf E, der nicht auf V liegt, auf einen Punkt P' auf E' ab, wobei P' der Schnittpunkt der Geraden ZP mit der Ebene E' ist. V nennen wir **Verschwindungsebene**, und die Schnittgerade v (falls vorhanden) der Ebenen V und E nennen wir **Verschwindungsgerade**, da alle Punkte auf v nicht auf E' projiziert werden können.

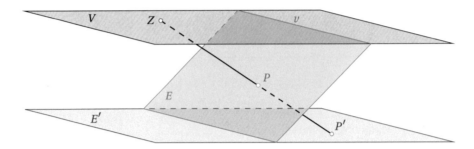

Vertauscht man die Rollen der Ebenen E und E', so wird durch eine Zentralprojektion die Ebene E' auf E abgebildet. Die Verschwindungsebene dieser Umkehrabbildung nennen wir zur besseren Unterscheidung **Fluchtebene** F und die Schnittgerade der Ebene E' mit der Fluchtebene **Fluchtgerade** f.

Bemerkungen:

- Sind die Ebenen E und E' parallel, so existiert die Verschwindungsgerade nicht, und somit werden alle Punkte von E auf E' projiziert. In diesem Fall ist die Zentralprojektion nichts anderes als eine (räumliche) zentrische Streckung.

- Schneiden sich die Ebenen E und E', so wird jeder Punkt dieser Schnittgeraden auf sich selbst abgebildet.

- Fallen die beiden Ebenen E und E' zusammen, wird die Zentralprojektion (zu irgendeinem Projektionszentrum) zur identischen Abbildung.

- In Kap. 6 haben wir die stereografische Projektion kennengelernt. Auch sie ist eine Zentralprojektion. Allerdings wird dort eine Kugel auf eine Ebene abgebildet.

7.2   Zentralprojektionen von Geraden

Das Bild einer von v verschiedenen Geraden g ist die Schnittgerade g' der Ebene E' mit der durch Z und g aufgespannten Ebene.

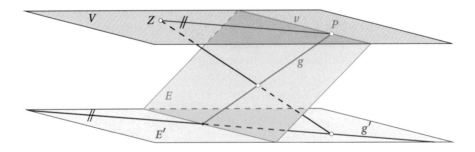

Somit ist das Bild einer von v verschiedenen Geraden wieder eine Gerade. Wir drücken dies aus, indem wir sagen, dass die Zentralprojektion *geradentreu* ist.

Schneidet eine Gerade g die Verschwindungsgerade v im Punkt P, so ist ihre Bildgerade g' parallel zu ZP. Weil dies für jede Gerade durch den Punkt P gilt, sind die Bilder der Geraden durch P eine Schar paralleler Geraden (*Parallelenschar*), und jede dieser Geraden ist parallel zu ZP. Somit bildet die Umkehrabbildung parallele Geraden auf Geraden ab, welche sich in einem Punkt auf v schneiden. Übertragen wir diese Beobachtung auf die ursprüngliche Abbildung, so erhalten wir Folgendes: Die Bildgeraden g' und h' zweier paralleler Geraden g und h schneiden sich im Allgemeinen in einem Punkt F auf der Fluchtgeraden; dieser Punkt wird deshalb auch **Fluchtpunkt** genannt. Der Punkt F ist der Schnittpunkt der Parallelen zu g (bzw. h) durch Z mit der Ebene E'. Somit schneiden sich sämtliche Bildgeraden einer Parallelenschar auf E in einem Punkt auf der Fluchtgeraden.

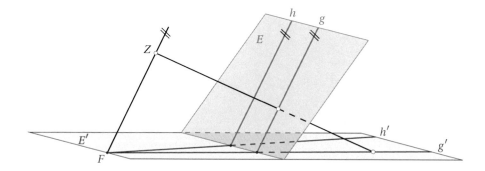

Schneiden zwei Geraden in E die Verschwindungsgerade v in verschiedenen Punkten P und Q, so sind die Bildgeraden nicht parallel, und der Winkel zwischen den beiden zugehörigen Bildgeraden ist gleich $\sphericalangle PZQ$. Dies folgt direkt aus der Parallelität von PZ mit der einen Bildgeraden und von QZ mit der anderen.

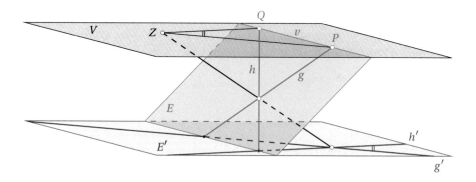

Schneiden umgekehrt zwei Geraden in E' die Fluchtgerade in verschiedenen Punkten P' und Q', so sind die Urbilder dieser Geraden nicht parallel, und der Winkel zwischen den beiden zugehörigen Urbildern der Geraden ist gleich $\sphericalangle P'ZQ'$. Die Zentralprojektion ist somit im Allgemeinen weder *parallelentreu* noch *winkeltreu*.

Nun können wir folgenden Satz über Vierseite zeigen:

Satz 7.1
Zu jedem vollständigen Vierseit findet man eine Zentralprojektion, welche dieses auf ein Quadrat abbildet.

Beweis: Wir betrachten das vollständige Vierseit $ABCDEF$ mit den Diagonalenschnittpunkten GHI:

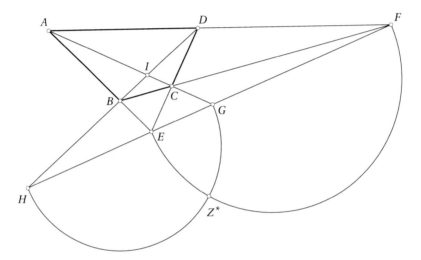

Jede Zentralprojektion mit EF als Verschwindungsgerade bildet nach den obigen Bemerkungen $ABCD$ in ein Parallelogramm $A'B'C'D'$ ab. Nun richten wir es so ein, dass zusätzlich die Seite $A'B'$ senkrecht zur Seite $B'C'$ und die Diagonale $A'C'$ senkrecht zur Diagonalen $B'D'$ zu stehen kommen. Das Parallelogramm $A'B'C'D'$ muss dann ein Quadrat sein. Dies ist nach obigen Ausführungen dann der Fall, wenn die entsprechenden Strahlen vom Projektionszentrum Z aus senkrecht aufeinander stehen. Drehen wir den Schnittpunkt Z^* der beiden Thaleskreise über $\overline{EF}$ und über $\overline{GH}$ um die Verschwindungsgerade EF aus der Vierseitebene heraus, so hat der gedrehte Punkt Z als Projektionszentrum die gewünschten Eigenschaften $\sphericalangle FZE = 90°$ und $\sphericalangle GZH = 90°$. Projiziert man von hier aus auf eine Ebene, welche parallel liegt zur durch Z und EF aufgespannten Verschwindungsebene, so wird das Vierseit auf ein Quadrat abgebildet.   **q.e.d.**

7.2.1   Harmonische Verhältnisse

Nun zeigen wir, dass bei Zentralprojektionen harmonische Verhältnisse erhalten bleiben. Dieses Resultat wird im weiteren Verlauf von zentraler Bedeutung sein.

Satz 7.2
Harmonische Punkte, von denen keiner auf der Verschwindungsgeraden liegt, werden durch eine Zentralprojektion auf harmonische Punkte abgebildet. Liegt einer der harmonischen Punkte auf der Verschwindungsgeraden, so werden die anderen drei auf äquidistante Punkte abgebildet (d.h. auf Punkte, bei denen einer der drei Punkte der Mittelpunkt der beiden anderen Punkte ist).

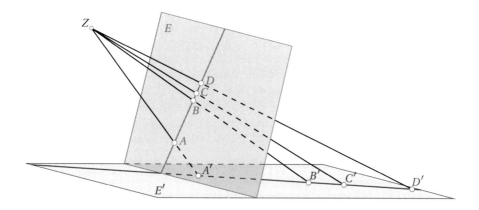

Beweis: Seien E und E' zwei Ebenen und Z das Projektionszentrum einer Zentralprojektion. Weiter seien $ABCD$ harmonische Punkte auf E, welche auf einer Geraden g liegen, und sei g' das Bild von g. Dann ist ZA,ZB,ZC,ZD ein harmonisches Geradenbüschel, und entweder liegen mit **Satz 3.2** die Schnittpunkte von g' mit dem harmonischen Geradenbüschel harmonisch, oder g' ist parallel zu einer Geraden des Geradenbüschels. Im zweiten Fall schneidet mit **Satz 3.3** das Geradenbüschel aus der Geraden g' zwei gleich lange Streckenabschnitte aus. **q.e.d.**

7.2.2 Satz von Desargues

Satz von Desargues 7.3
Gegeben seien zwei Dreiecke $\triangle A_1 B_1 C_1$ und $\triangle A_2 B_2 C_2$ in der Ebene E, sodass sich die drei Geraden $A_1 A_2$, $B_1 B_2$, $C_1 C_2$ in einem Punkt T treffen oder parallel sind. Dann liegen die Schnittpunkte Q,R,S entsprechender Dreiecksseiten auf einer Geraden.

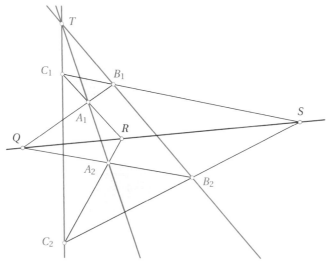

Man sagt, die beiden grauen Dreiecke befinden sich in *perspektiver Lage* in Bezug auf den Punkt T oder eben äquivalent in *axial perspektiver Lage* in Bezug auf die Gerade QS.

Beweis: Sind die drei Geraden A_1A_2, B_1B_2, C_1C_2 parallel, so entspricht dies **Satz 3.8**. Im anderen Fall zeigen wir, dass die drei Schnittpunkte Q (A_1B_1 mit A_2B_2), R (A_1C_1 mit A_2C_2), S (B_1C_1 mit B_2C_2) auf einer Geraden liegen. Für ein beliebiges Projektionszentrum Z betrachten wir eine Ebene V, welche die Gerade ZT enthält, aber keinen der anderen Punkte der Figur. Die Zentralprojektion von Z aus auf eine Parallelebene E' von V bildet nun das Geradenbüschel durch T auf die Parallelenschar $A_1'A_2'$, $B_1'B_2'$, $C_1'C_2'$ ab. Die drei Punkte Q', R', S' sind dann die drei äußeren Ähnlichkeitspunkte der parallelen Strecken $\overline{A_1'A_2'}$, $\overline{B_1'B_2'}$, $\overline{C_1'C_2'}$. Nach **Satz 3.8** liegen somit Q', R', S' auf einer Geraden, und weil Zentralprojektionen geradentreu sind, liegen folglich auch die drei Punkte Q,R,S auf einer Geraden.   **q.e.d.**

Bemerkung: Der Spezialfall des **Satzes von Desargues**, bei dem der Punkt T im Unendlichen liegt (und der **Satz 3.8** entspricht), heißt manchmal auch **Kleiner Satz von Desargues**. Einen anderen Spezialfall des **Satzes von Desargues** erhalten wir, wenn die drei Eckpunkte des Dreiecks $\triangle A_2B_2C_2$ auf den Seiten des Dreiecks $\triangle A_1B_1C_1$ liegen. In diesem Fall geht der **Satz von Desargues** in **Satz 3.11** über.

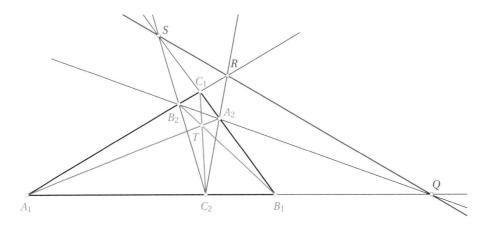

7.3   Zentralprojektionen von Kreisen

In diesem Abschnitt untersuchen wir die Bilder von Kreisen unter Zentralprojektionen. Dabei wird die Polarentheorie eine wichtige Rolle spielen. Deshalb müssen wir zuerst diese Theorie, welche wir in Kap. 4 für Kreise entwickelt haben, auf die Bilder von Kreisen übertragen.

7.3.1   Pol und Polare

Im Folgenden betrachten wir in einer Ebene E einen Kreis k sowie einen Punkt P in dieser Ebene, der außerhalb des Kreises liegt. Von P aus zeichnen wir Sekanten durch k, die beiden Tangenten an k sowie die Polare p zum Pol P bezüglich k. Zudem wählen wir auf p einen Punkt Q außerhalb von k und zeichnen die Polare q zum Pol Q bezüglich k. Aus dem **Hauptsatz der Polarentheorie 4.6** folgt, dass P auf der Polaren q liegt. Sind A und C die Schnittpunkte der Polaren q mit dem Kreis k und B der Schnittpunkt von q mit p, so liegen mit **Satz 4.9** die Punkte $PABC$ harmonisch.

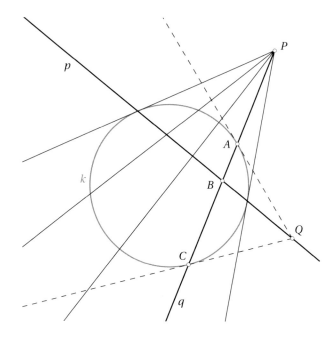

Nun wählen wir eine Ebene E' und ein Projektionszentrum Z, sodass P auf der Verschwindungsgeraden liegt und das Bild k' des Kreises k wieder ein Kreis ist, was mit **Satz 6.2** immer möglich ist. Wie wir in Abschn. 7.2 gezeigt haben, erhalten wir als Bilder der Sekanten eine Parallelenschar. Da Bilder von Tangenten wieder Tangenten sind, ist das Bild p' der Polaren p eine Zentrale von k', auf der das Bild Q' von Q liegt. Da der Punkt P auf der Verschwindungsgeraden liegt, wird P nicht auf E' abgebildet. Mit **Satz 7.2** werden somit die harmonischen Punkte $PABC$ auf die drei äquidistanten Punkte A', B', C' abgebildet. Das heißt, $\overrightarrow{A'B'} = \overrightarrow{B'C'}$, woraus wir sehen, dass k' und p' aus jeder Sekanten der Parallelenschar zwei gleich lange Streckenabschnitte ausschneiden.

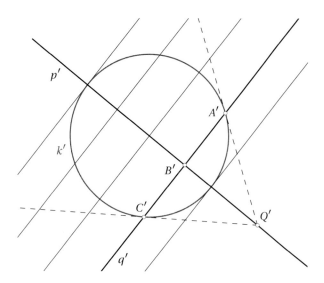

Nun übertragen wir die obigen Überlegungen auf allgemeine Zentralprojektionen von Kreisen: Mit einer Zentralprojektion werde ein Kreis k, ein Punkt P außerhalb des Kreises mit den beiden zugehörigen Tangenten sowie die zu P gehörige Polare p abgebildet. Das Bild k' von k ist dann eine Kurve, ein sogenannter *Kegelschnitt*. Die Bilder von Tangenten an k sind immer noch Geraden, welche den Kegelschnitt k' in genau einem Punkt berühren. Das heißt, die Bilder von Tangenten an den Kreis k sind *Tangenten* an den Kegelschnitt k'. Das Bild p' der Polaren p verbindet die Bilder der beiden Berührungspunkte der Tangenten an k'. Die Gerade p' nennen wir *Polare* des Pols P' (falls dieser existiert) bezüglich des Kegelschnitts k'. Falls P' nicht existiert (d.h., wenn P auf der Verschwindungsgeraden liegt), nennen wir die Gerade p' *Durchmesser* des Kegelschnitts k'.

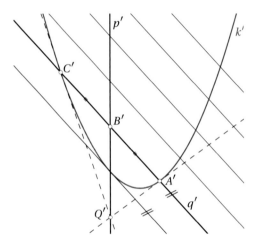

Ist p' ein Durchmesser von k', so folgt wie oben, dass k' und p' aus jeder Sekanten durch k', welche das Bild einer Sekanten von P durch k ist, zwei gleich lange Streckenabschnitte ausschneiden. Diese Eigenschaft werden wir bei der Untersuchung von Kegelschnitten öfter verwenden, ohne dies jeweils explizit zu erwähnen.

7.3.2   Die Kegelschnittarten

Sei k ein Kreis in der Ebene E. Wir wählen nun eine beliebige Ebene E' sowie einen Punkt Z, welcher weder auf E noch auf E' liegt, und betrachten das Bild von k bei der Zentralprojektion mit Zentrum Z.

Nach der Definition der Zentralprojektion ist das Bild des Kreises k die Schnittkurve k' der Ebene E' mit der Mantelfläche des durch Z und k aufgespannten Kegels. Weil k ein Kreis ist, ist dieser Kegel ein *Kreiskegel*, und wenn Z bezüglich der Ebene E nicht senkrecht über dem Mittelpunkt des Kreises liegt, so handelt es sich um einen *schiefen Kreiskegel*. Das heißt, k' ist im Allgemeinen die Schnittkurve einer Ebene mit einem schiefen Kreiskegel, also ein **Kegelschnitt**.

Je nachdem, wie die Ebene E' zur Ebene E liegt und ob der Kreis k die Verschwindungsgerade v schneidet oder berührt, erhalten wir eine der folgenden Kegelschnittarten:

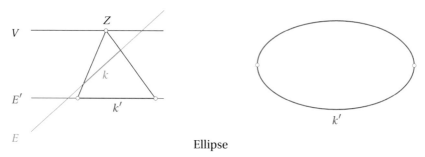

Ellipse

Falls der Kreis k die Verschwindungsgerade v nicht schneidet, ist das Bild von k immer eine **Ellipse**.

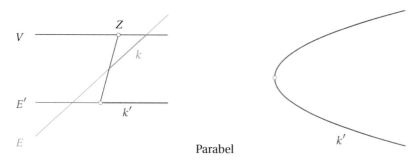

Parabel

Falls der Kreis k die Verschwindungsgerade v nur berührt, so ist das Bild von k eine **Parabel**. Da der Berührungspunkt von k mit v nicht auf die Ebene E' abgebildet wird, sind Parabeln keine geschlossenen Kurven.

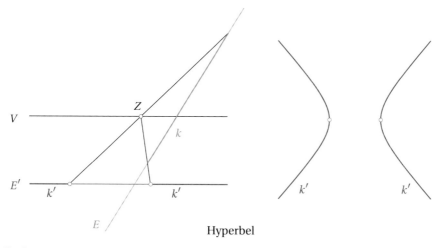

Hyperbel

Falls der Kreis k die Verschwindungsgerade v schneidet, so ist das Bild von k eine **Hyperbel**. Da die beiden Schnittpunkte von k mit v nicht auf die Ebene E' abgebildet werden, zerfällt das Bild von k in zwei Teile, von denen keiner eine geschlossene Kurve ist. Diese beiden Teile bilden die sogenannten *Äste der Hyperbel*.

Im Folgenden werden wir untersuchen, welche geometrischen Eigenschaften des Kreises auf die verschiedenen Kegelschnittarten übertragen werden. Dabei beschränken wir uns auf einige charakteristische Eigenschaften.

7.3.3 Ellipsen

Wir beginnen mit der Ellipse, da dieser Kegelschnitt am engsten verwandt ist mit dem Kreis.

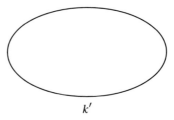

Eine Ellipse k' ist die Zentralprojektion eines Kreises k, welcher mit der Verschwindungsgeraden v keinen gemeinsamen Punkt hat.

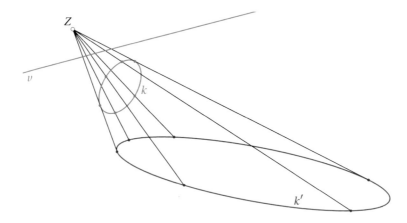

Wenn in einem Kreis zwei Durchmesser senkrecht aufeinander stehen, so sind die Tangenten an den Endpunkten des einen Durchmessers parallel zum anderen Durchmesser, und jeder Durchmesser halbiert alle Kreissehnen, welche parallel sind zum anderen Durchmesser. Im Folgenden zeigen wir, dass auch bei Ellipsen solche Paare von Durchmessern existieren, welche **konjugierte Durchmesser** der Ellipse heißen. Da Zentralprojektionen nicht winkeltreu sind, können wir nicht erwarten, dass konjugierte Durchmesser senkrecht aufeinander stehen. Trotzdem können wir zeigen, dass jede Ellipse zwei senkrecht aufeinander stehende konjugierte Durchmesser besitzt. Zuerst werden wir aber konjugierte Durchmesser charakterisieren. Dazu betrachten wir neben dem Kreis k den Pol S zur Polaren v. Da die Verschwindungsgerade v außerhalb von k verläuft, liegt S innerhalb des Kreises k.

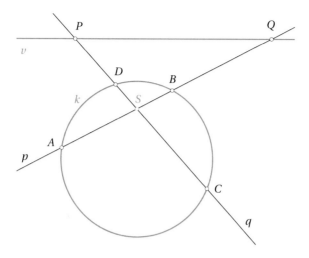

Sei p eine Gerade durch S, welche v im Punkt Q schneidet. Weiter sei P der Pol der Geraden p und sei q die Polare von Q (jeweils bezüglich k). Mit dem **Hauptsatz der Polarentheorie 4.6** liegt P sowohl auf v als auch auf q, und die Polare q geht durch S. Schließlich seien A, B und D, C die Schnittpunkte von p bzw. q mit dem Kreis k. Dann liegen nach **Satz 4.9** sowohl $PDSC$ als auch $QBSA$ harmonisch. Nun betrachten wir die Situation in der Bildebene E':

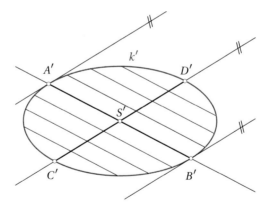

Da P und Q auf der Verschwindungsgeraden v liegen, halbiert der Bildpunkt S' sowohl die Strecke $\overline{A'B'}$ als auch die Strecke $\overline{C'D'}$. Weiter halbiert die Strecke $\overline{A'B'}$ auch alle Sehnen, welche parallel zu $\overline{C'D'}$ sind, und umgekehrt halbiert $\overline{C'D'}$ alle Sehnen, welche parallel zu $\overline{A'B'}$ sind. Schließlich sind die Tangenten an die Ellipse in den Punkten A', B' und C', D' parallel zur Strecke $\overline{C'D'}$ bzw. $\overline{A'B'}$. Damit sind die Strecken $\overline{A'B'}$ und $\overline{C'D'}$ konjugierte Durchmesser der Ellipse.

Da das Bild jeder Sehne von k, welche durch S geht, von S' halbiert wird, ist die Ellipse punktsymmetrisch mit Symmetriezentrum S'. Ellipsen sind aber nicht nur punktsymmetrisch, sondern sie besitzen auch zwei senkrecht aufeinander stehende Symmetrieachsen, wie der folgende Satz zeigt. Diese Symmetrieachsen sind gleichzeitig auch konjugierte Durchmesser und heißen **Hauptachsen** der Ellipse.

Satz 7.4

Eine Ellipse besitzt immer zwei Hauptachsen.

Beweis: Wir suchen also zwei konjugierte Durchmesser, welche senkrecht aufeinander stehen. Das bedeutet, dass für die beiden Pole P und Q auf der Verschwindungsgeraden, welche gegenseitig auf ihren Polaren liegen, zusätzlich auch noch der Winkel $\sphericalangle PZQ = 90°$ sein muss. Die beiden Punkte P und Q finden wir mit folgender Konstruktion:

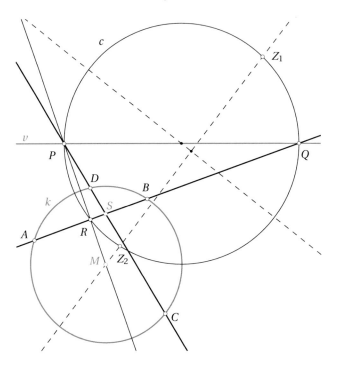

1. Zuerst drehen wir die Verschwindungsebene mit Z um die Gerade v in die Ebene E; der gedrehte Punkt Z sei Z_1. Damit erscheint der Winkel $\sphericalangle PZQ$ in der Ebene E in wahrer Größe als $\sphericalangle PZ_1Q$.

2. Sei Z_2 der bezüglich des Kreises k inverse Punkt von Z_1.

3. Die Mittelsenkrechte der Punkte Z_1 und Z_2 wird mit v geschnitten. Dieser Schnittpunkt ist der Mittelpunkt des Kreises c, welcher nun durch Z_1 gelegt wird.

4. Schließlich seien P und Q die Schnittpunkte von c und v.

Weil c der Thaleskreis über $\overline{PQ}$ ist, gilt $\sphericalangle PZ_1Q = \sphericalangle PZQ = 90°$. Damit ist diese Bedingung erfüllt.

Wir müssen also nur noch zeigen, dass Q auf der Polaren von P liegt und somit auch P auf der Polaren von Q. Dann sind nämlich die Bilder dieser zwei Polaren die gewünschten, senkrecht aufeinander stehenden, konjugierten Durchmesser.

Zunächst gilt mit **Satz 4.3**, dass, weil Z_1 und Z_2 inverse Punkte sind, die Kreise c und k senkrecht aufeinander stehen. Wieder mit **Satz 4.3** ist der Schnittpunkt R von PM und c der inverse Punkt von P bezüglich des Kreises k. Da nun R auf dem Thaleskreis c liegt, ist $\sphericalangle PRQ = 90°$. Somit ist RQ die Polare von P.   **q.e.d.**

Wir verweisen an dieser Stelle auf die klassische Konstruktion von Rytz zur Konstruktion der Hauptachsen einer Ellipse aus einem Paar konjugierter Durchmesser (siehe **Satz 7.16**).

Nun zeigen wir, wie mithilfe eines Kreises und den Hauptachsen einer Ellipse weitere Ellipsenpunkte konstruiert werden könnnen:

Konstruktion einer Ellipse aus den Hauptachsen

1. Seien A',B',C',D' die Hauptachsenpunkte einer Ellipse.
2. Wir zeichnen einen Kreis k mit Durchmesser $\overline{A'B'}$ und Mittelpunkt S' und wählen auf $\overline{A'B'}$ einen Punkt L'.
3. In L' und S' errichten wir die Lote auf $A'B'$ und schneiden diese Geraden mit dem Kreis; die Schnittpunkte seien G und H.
4. Schließlich sei W' der Schnittpunkt der Geraden GH mit $A'B'$.
5. Dann ist der Schnittpunkt E'_1 der Geraden $D'W'$ mit $L'H$ ein Ellipsenpunkt; und weil L' beliebig war, können wir so beliebig viele Ellipsenpunkte konstruieren.

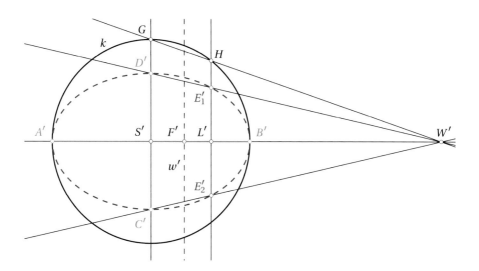

Um zu sehen, warum E'_1 und ebenso E'_2 Ellipsenpunkte sind, gehen wir wie folgt vor: Zuerst sei w' die Polare zum Pol W' bezüglich des Kreises k. Aus **Satz 4.9** folgt, dass die Punkte $A'F'B'W'$ harmonisch liegen, und weil die Punkte A', B' Ellipsenpunkte sind, ist W' auch bezüglich der Ellipse der Pol zur Polaren w'. Weil nun nach Konstruktion die Strecke $\overline{D'E'_1}$ durch die Polare w' und den Punkt W' harmonisch geteilt wird, muss, wieder mit **Satz 4.9**, E'_1 ein Ellipsenpunkt sein.

Aus diesen Überlegungen folgt sofort

Satz 7.5
Seien k ein Kreis und e eine Ellipse, deren lange Hauptachse ein Kreisdurchmesser a ist. Weiter sei p eine Senkrechte zu a in L, welche k in H und e in E schneidet (siehe Figur). Dann gilt:

- *Das Verhältnis $\overrightarrow{HL} : \overrightarrow{EL}$ ist gleich dem Verhältnis von langer zu kurzer Hauptachse der Ellipse.*
- *Die Tangenten in H respektive E schneiden sich auf a im gemeinsamen Pol P von p bezüglich k und e.*

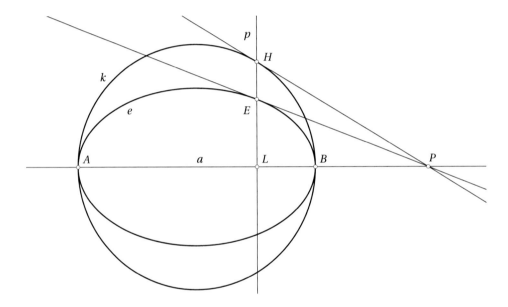

Bemerkung: Die Konstruktion oben zeigt, dass eine Ellipse das *affine Bild* eines Kreises ist. Die *perspektive Affinität* ist hier wie folgt definiert: Ist P ein Punkt und L der Fußpunkt des Lotes von P auf eine Achse a, so ist der Bildpunkt von P derjenige Punkt Q auf dem Lot, für den $\overrightarrow{LP} : \overrightarrow{LQ}$ einen festen, gegebenen Wert hat. Dabei wählt man die Bildpunkte entweder immer so, dass L zwischen Bild und Urbild liegt oder eben nicht.

Nun ergibt sich eine weitere Möglichkeit, konjugierte Durchmesser einer Ellipse zu charakterisieren:

Satz 7.6
Seien k ein Kreis und e eine Ellipse, deren lange Hauptachse ein Kreisdurchmesser a ist. Seien d und d' Durchmesser der Ellipse mit Endpunkten D und D' (siehe Figur). E und E' seien die entsprechenden Punkte auf dem Kreis k. Dann gilt: d und d' sind konjugierte Durchmesser genau dann, wenn die Kreistangenten in E und E' senkrecht stehen.

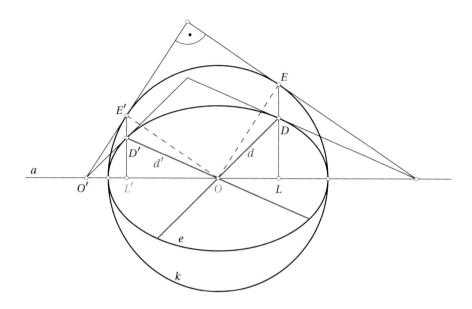

Beweis: d und d' sind genau dann konjugiert, wenn die Tangente in D' parallel zu d ist. Dies wiederum ist genau dann der Fall, wenn die Dreiecke $\triangle OLD$ und $\triangle O'L'D'$ ähnlich sind. Wegen **Satz 7.5** gilt dies wiederum genau dann, wenn die Dreiecke $\triangle OLE$ und $\triangle O'L'E'$ ähnlich sind. Und dies ist äquivalent zu dem Umstand, dass die Tangenten in E und E' orthogonal sind. **q.e.d.**

Kegelschnitte haben wir definiert als ebene Schnitte durch beliebige schiefe Kreiskegel. Tatsächlich, und das ist durchaus nicht selbstverständlich, erhält man *alle* Kegelschnitte bereits als ebene Schnitte von *geraden* Kreiskegeln. Betrachten wir diesen Sachverhalt zunächst für Ellipsen:

Satz 7.7
Sei e eine Ellipse und K ein gerader Kreiskegel. Dann existiert ein ebener Schnitt durch K, welcher kongruent zu e ist.

Beweis: Wir betrachten den Schnitt durch K mit einer Ebene durch einen Punkt P der Kegelachse, sodass die Ebene mit der Kegelachse einen Winkel α einschließt. Für $\alpha = 90°$ ist der Schnitt ein Kreis. Verringert man α, so entstehen Ellipsen, deren Hauptachsenverhältnis einen beliebigen Wert annehmen kann. Insbesondere gibt es einen Neigungswinkel, sodass die Schnittellipse e' dasselbe Hauptachsenverhältnis hat wie e. Verschiebt man die Ebene nun parallel, entstehen zu e' ähnliche Ellipsen. Da diese Ellipsen beliebig groß und beliebig klein werden können, existiert eine Lage, für welche die Schnittellipse e' dieselben Hauptachsen wie e hat. Wie wir oben gesehen haben, ist eine Ellipse durch ihre Hauptachsen vollständig bestimmt. Also sind e' und e kongruent. **q.e.d.**

7.3.4 Hyperbeln

Als Nächstes untersuchen wir die Hyperbel. Sie hat, genau wie die Ellipse, zwei aufeinander senkrecht stehende Symmetrieachsen und ist damit auch punktsymmetrisch.

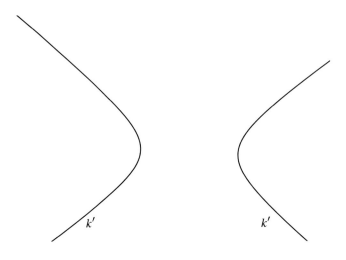

Eine Hyperbel k' ist die Zentralprojektion eines Kreises k, welcher die Verschwindungsgerade v in zwei Punkten schneidet.

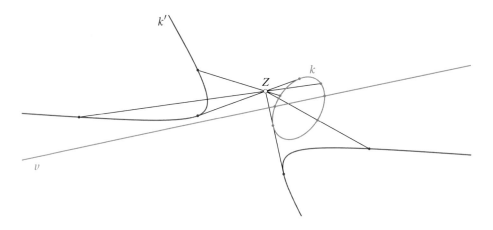

Wie die Ellipse, so hat auch die Hyperbel zwei Symmetrieachsen. Charakteristischer für die Hyperbel als ihre Symmetrieachsen sind jedoch ihre **Asymptoten**, denn die Hyperbel ist der einzige Kegelschnitt mit Asymptoten.

Im Folgenden zeigen wir zuerst, wie die Asymptoten der Hyperbel aus der Zentralprojektion gefunden werden können, und anschließend konstruieren wir eine Hyperbel aus einem ihrer Punkte und ihren Asymptoten.

Um die Asymptoten einer Hyperbel zu finden, gehen wir ähnlich vor wie bei den konjugierten Durchmessern der Ellipse:

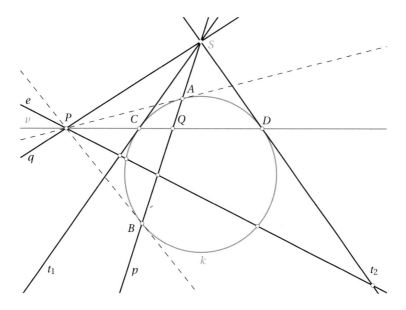

Sei zunächst S der Pol zur Polaren v bezüglich des Kreises k. Da k die Gerade v in den Punkten C und D schneidet, liegt S außerhalb des Kreises k. Weil C und D auf der Polaren von S liegen, sind diese beiden Punkte die Berührungspunkte der beiden Tangenten t_1 und t_2 von S an den Kreis k. Sei nun p eine beliebige Gerade durch S, welche den Kreis in zwei Punkten A und B und v in Q schneidet. Wegen des **Hauptsatzes der Polarentheorie 4.6** liegt der Pol P der Polaren p auf v, und die Polare q von Q geht durch die Punkte P und S. Schließlich sei e eine Gerade durch P, welche k schneidet.

Nun betrachten wir die Situation in der Bildebene E':

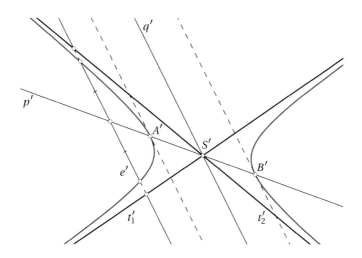

Mit ähnlichen Überlegungen wie in Abschn. 7.3.3 über Ellipsen erhalten wir Folgendes:

- Da die Berührungspunkte der Tangenten t_1 und t_2 von S an k auf der Verschwindungsgeraden v liegen, werden die Bilder t_1' und t_2' dieser Tangenten zu den Asymptoten der
  Hyperbel.
- Da mit **Satz 4.9** die Punkte $SAQB$ harmonisch liegen und Q auf v liegt, halbiert der Bildpunkt S' von S die Strecke $\overline{A'B'}$. Daraus folgt, dass die Hyperbel punktsymmetrisch ist
  bezüglich des Punktes S'.
- Wie die Ellipse hat auch die Hyperbel **konjugierte Durchmesser**. Diese sind die Bilder von
  p und q, wobei p eine beliebige Gerade durch S ist, welche den Kreis in zwei Punkten
  schneidet. Denn für p' und q' gilt:
  - Die Tangenten in A' und B' an die Hyperbel sind parallel zu q'.
  - Schneidet die Hyperbel aus einer Parallelen e' zu q' eine Hyperbelsehne aus, so wird
    diese durch p' halbiert.
  - Zudem sind auch die beiden Abschnitte auf e' zwischen der Hyperbel und den
    Asymptoten gleich lang. Um dies zu sehen, betrachten wir die Urbilder: Zuerst sehen
    wir, dass die Geraden SP,SC,SQ,SD ein harmonisches Geradenbüschel bilden, wel-
    ches mit e geschnitten harmonische Punkte liefert. Da nun P auf v liegt, folgt, dass p'
    auch die Strecke halbiert, welche von den Asymptoten aus e' ausgeschnitten wird. So-
    mit müssen die beiden Abschnitte auf e' zwischen den Asymptoten und der Hyperbel
    gleich lang sein.
- Analog zum Beweis von **Satz 7.4** können wir auch für Hyperbeln zeigen, dass sie zwei kon-
  jugierte Durchmesser besitzen, welche senkrecht aufeinander stehen. Somit besitzen auch
  Hyperbeln zwei **Symmetrieachsen**.

Die Eigenschaft, dass die beiden Abschnitte auf e' zwischen der Hyperbel und den Asymptoten
gleich lang sind, gilt natürlich nicht nur für e', sondern für jede beliebige Sekante, was uns zu
folgender Hyperbelkonstruktion führt:

Konstruktion einer Hyperbel aus den Asymptoten und einem Hyperbelpunkt A'

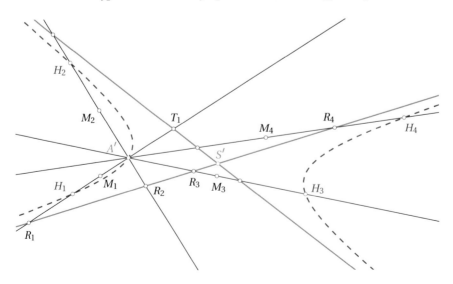

1. Ein Punkt R durchläuft die eine Asymptote. In der Figur sind die vier Beispielpunkte R_1, R_2, R_3 und R_4 dargestellt.
2. Die Gerade RA' schneide die andere Asymptote in T.
3. Sei M der Mittelpunkt der Strecke $\overline{RT}$; im Fall $R = S' = T$ sei $M = S'$.
4. Spiegeln wir nun A' am Punkt M, so erhalten wir einen Punkt H auf der Hyperbel.

Für Hyperbeln gilt eine zum **Satz 7.7** analoge Aussage:

Satz 7.8
Sei h eine Hyperbel und K ein gerader Kreiskegel, dessen Öffnungswinkel mit demjenigen der Asymptoten von h übereinstimmt. Dann existiert ein ebener Schnitt durch K, welcher kongruent zu h ist.

Beweis: Schneidet man K mit Ebenen, welche parallel zur Kegelachse sind, entstehen als Schnitte lauter ähnliche Hyperbeln. Wählt man den Abstand der Ebene zur Kegelachse geeignet, entsteht als Schnitt eine Hyperbel h', sodass der Abstand ihrer Scheitelpunkte zum Asymptotenschnittpunkt mit dem entsprechenden Abstand bei h übereinstimmt. Aus der Konstruktion oben folgt aber, dass eine Hyperbel durch ihre Asymptoten und einen Scheitelpunkt eindeutig bestimmt ist. Somit sind h und h' kongruent.   **q.e.d.**

Bemerkung: Man kann auch mit einem geraden Kreiskegel arbeiten, dessen Öffnungswinkel größer als der Winkel zwischen den Asymptoten ist: Dann schneidet man mit einer Ebene, welche gegen die Kegelachse geeignet geneigt ist.

7.3.5 Parabeln

Als letzten Kegelschnitt untersuchen wir die Parabel. Wir werden sehen, dass so wie alle Kreise zueinander ähnlich sind, auch alle Parabeln zueinander ähnlich sind. In dieser Hinsicht unterscheiden sich Parabeln von Ellipsen und Hyperbeln.

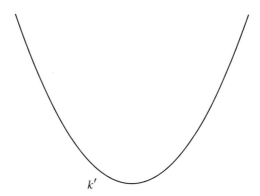

Eine Parabel k' ist die Zentralprojektion eines Kreises k, welcher die Verschwindungsgerade v in genau einem Punkt berührt.

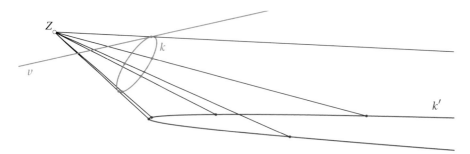

Wie die Hyperbel ist auch die Parabel keine geschlossene Kurve. Sie zerfällt aber nicht in zwei Teile wie die Hyperbel, sondern besteht nur aus einem Stück. Im Gegensatz zu Ellipsen und Hyperbeln sind Parabeln nicht punktsymmetrisch. Sie besitzen nur eine Symmetrieachse.

Im Folgenden zeigen wir zuerst, wie die *Hauptachse* (das ist die Symmetrieachse) und die sogenannten *Nebenachsen* der Parabel aus der Zentralprojektion gefunden werden können. Anschließend zeigen wir dann, wie eine Parabel aus ihrer Hauptachse, ihrem Scheitelpunkt sowie einem weiteren Parabelpunkt konstruiert werden kann.

Um die Achsen einer Parabel zu finden, gehen wir ähnlich vor wie schon bei der Ellipse und der Hyperbel:

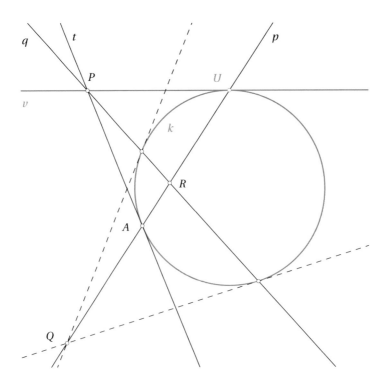

Der Berührungspunkt U des Kreises k mit der Verschwindungsgeraden v (bzw. der Punkt im Unendlichen der Parabel) ist der Pol zur Polaren v. Sei P ein beliebiger, von U verschiedener Punkt auf v und sei p die Polare von P. Mit dem **Hauptsatz der Polarentheorie 4.6** liegt U auf der Polaren p, welche den Kreis in einem zweiten Punkt A schneidet. Dann ist A der Berührungspunkt einer Tangente t von P an den Kreis k. Weiter sei Q ein beliebiger Punkt auf p außerhalb des Kreises k und q seine Polare. Wieder mit dem **Hauptsatz der Polarentheorie 4.6** liegt dann P auf q.

Nun betrachten wir die Situation in der Bildebene E':

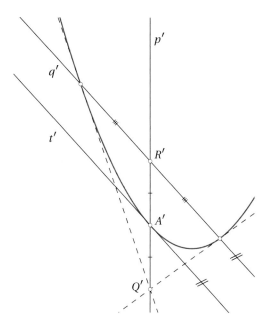

Mit ähnlichen Überlegungen wie in den beiden vorherigen Abschnitten über Ellipsen und Hyperbeln erhalten wir Folgendes:

- Da einer der beiden Schnittpunkte der Geraden p mit dem Kreis k auf der Verschwindungsgeraden v liegt, schneidet die Bildgerade p' die Parabel nur im Punkt A'. Geraden, welche die Parabel nur in einem Punkt schneiden, sind immer Bilder von Geraden durch U. Solche Geraden heißen **Nebenachsen** der Parabel.
- Da sich q und t auf der Verschwindungsgeraden in P schneiden, sind die Bildgeraden q' und t' parallel. Weil nun mit **Satz 7.4** die Punkte $QARU$ harmonisch liegen, folgt aus **Satz 7.2**, dass A' die Strecke $\overline{Q'R'}$ halbiert.
- Analog zeigt man, dass die Nebenachse p' die Sehne halbiert, welche von der Parabel aus der Sekanten q' (oder einer anderen zu t' parallelen Sekanten) ausgeschnitten wird. Somit werden alle zu einer Tangenten t' an einen Parabelpunkt A' parallelen Sehnen durch die zu A' gehörige Nebenachse halbiert.

Die letzte aufgeführte Eigenschaft von Achsen der Parabel werden wir benutzen, um aus der Hauptachse, dem Scheitelpunkt und einem weiteren Parabelpunkt die Parabel zu konstruieren. Doch zuvor zeigen wir, wie die Hauptachse und der Scheitelpunkt einer Parabel aus der Zentralprojektion gefunden werden kann.

Die Hauptachse p'_0 soll die Symmetrieachse der Parabel sein. Wo p'_0 die Parabel schneidet, im Scheitelpunkt S', muss daher die Tangente t'_0 senkrecht auf p'_0 stehen. Die Ebenen aus Z und der Hauptachse p'_0 respektive aus Z und der Scheiteltangente t'_0 schneiden also E' in senkrecht stehenden Geraden, eben p'_0 und t'_0. Somit stehen die Schnittgeraden dieser beiden Ebenen mit der Verschwindungsebene ebenfalls senkrecht aufeinander. Die eine Schnittgerade ist ZU, die Senkrechte dazu durch Z schneide v in einem Punkt T_0. Die Scheiteltangente t'_0 ist dann das Bild der Tangente t_0 von T_0 an k mit Berührungspunkt S, und p'_0 ist das Bild der Geraden $p_0 = US$. Falls ZU die Verschwindungsgerade v senkrecht schneidet, wählt man p_0 senkrecht zu v durch U. Damit wir die beschriebene Konstruktion in der Figur durchführen können, drehen wir, wie bei der Ellipse, die Verschwindungsebene mit dem Projektionszentrum Z um die Verschwindungsgerade v in die Ebene E. Der gedrehte Punkt Z sei Z_1.

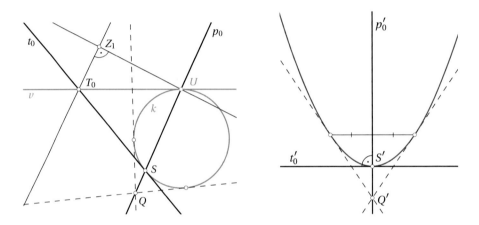

Diese Konstruktion leistet tatsächlich das Gewünschte: Weil p_0 den Kreis k in U schneidet, ist p'_0 eine Nebenachse. Somit halbiert p'_0 alle zu t'_0 parallelen Sehnen der Parabel. Weil p'_0 und t'_0 senkrecht aufeinander stehen, ist p'_0 die **Symmetrieachse** der Parabel und wird daher **Hauptachse** der Parabel genannt. Der Schnittpunkt der Hauptachse mit der Parabel heißt **Scheitelpunkt** der Parabel.

Nun zeigen wir, wie die Parabel aus ihrer Hauptachse, ihrem Scheitelpunkt und einem weiteren ihrer Punkte konstruiert werden kann. Dabei verwenden wir die geometrischen Eigenschaften der Hauptachse.

Konstruktion der Parabel aus Hauptachse, Scheitelpunkt und einem Parabelpunkt

Sei h die Hauptachse, S der Scheitelpunkt und C irgendein weiterer Punkt der Parabel.

1. Sei D der an der Hauptachse h gespiegelte Punkt C (siehe Figur auf der nächsten Seite).

   Weil h die Symmetrieachse der Parabel ist und C auf der Parabel liegt, ist D ein Parabelpunkt.

2. Sei Q ein beliebiger Punkt auf h und sei R der am Scheitelpunkt S gespiegelte Punkt Q.

   Weil die Strecken $\overline{QS}$ und $\overline{SR}$ gleich lang sind, liegt nach den obigen Bemerkungen R auf der Polaren q von Q.

3. Sei P_1 der Schnittpunkt von QC mit DR und sei P_2 der Schnittpunkt von QD mit CR.

   Aus der Grundkonstruktion der harmonischen Teilung folgt, dass Q und q die Strecke $\overline{CP_1}$

harmonisch teilen. Da nun q die Polare von Q und C ein Parabelpunkt ist, liegt mit **Satz 4.9** *der Punkt P$_1$ auf der Parabel – und aus Symmetriegründen auch der Punkt P$_2$.*

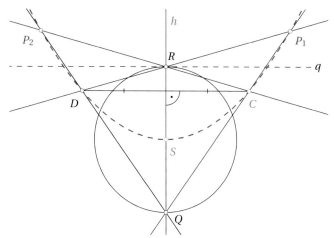

Auch alle Parabeln lassen sich als Schnitt gerader Kreiskegel erhalten:

Satz 7.9
Sei p eine Parabel und K ein gerader Kreiskegel. Dann existiert ein ebener Schnitt durch K, welcher kongruent zu p ist.

Beweis: Von der gegebenen Parabel *p* markieren wir die Hauptachse *h*, den Scheitelpunkt *S* und einen weiteren Parabelpunkt *C*. Die Ebene mit diesen Marken platzieren wir im Raum parallel zu einer Ebene, welche den Kreiskegel in einer Mantellinie *m* berührt, und zwar so, dass *h* parallel zu *m* ist und *S* auf der *m* gegenüberliegenden Mantellinie liegt. Nun verschiebt man die Ebene in dieser Lage so lange parallel, bis *C* auch auf dem Kegelmantel liegt. Die Schnittkurve ist dann eine Parabel *p'* mit derselben Achse und demselben Scheitelpunkt wie *p*, und *p* und *p'* haben noch den Punkt *C* gemeinsam. Da eine Parabel aus diesen Bestimmungsstücken nach obiger Konstruktion eindeutig gegeben ist, folgt *p = p'*.   **q.e.d.**

Bemerkung: Im obigen Beweis hat man sich auf einen Kreiskegel mit einem festen Öffnungswinkel beschränkt. Das heißt, beim parallelen Verschieben der Schnittebene sind alle entstehenden Schnittkurven ähnlich zueinander. Folglich sind alle Parabeln ähnlich zueinander.

7.4   Die Sätze von Pascal und Brianchon

Der **Satz von Pascal für Kreise 1.4**, den wir in Kap. 1 bewiesen haben, besagt, dass bei einem Sehnensechseck in einem Kreis die Schnittpunkte gegenüberliegender Seiten auf einer Geraden liegen. Die Umkehrung dieses Satzes stimmt im Allgemeinen nicht. Das heißt, wenn die Schnittpunkte gegenüberliegender Seiten eines Sechsecks auf einer Geraden liegen, so liegen die Eckpunkte des Sechsecks nicht notwendigerweise auf einem Kreis, wohl aber auf einem Kegelschnitt. Um dies zu beweisen, zeigen wir zuerst, dass durch fünf Punkte in allgemeiner Lage immer ein Kegelschnitt gelegt werden kann:

Satz 7.10
Gegeben seien fünf Punkte, von denen keine drei Punkte auf einer Geraden liegen. Dann gibt
es durch diese fünf Punkte einen Kegelschnitt.

Beweis: Wir zeigen, dass es einen Kreis k gibt, der durch eine Zentralprojektion auf einen Kegelschnitt k' abgebildet wird, welcher durch die fünf gegebenen Punkte geht. Der Kegelschnitt
k' sowie die fünf Punkte liegen somit in der Ebene E'. Wir nennen die fünf gegebenen Punkte
A', B', C', D' und P'. Da von den fünf gegebenen Punkten keine drei Punkte auf einer Geraden
liegen, können wir die Punkte immer so benennen, dass alle Schnittpunkte von Geraden und
Kreisen in der folgenden Konstruktion existieren. Seien U und W die Schnittpunkte von ST
mit den beiden Geraden $A'P'$ und $C'P'$. Nun legen wir eine Fluchtebene F so, dass ST die
Schnittgerade der Ebene E' mit F ist, d.h., ST ist die Fluchtgerade. Als Ebene E wählen wir irgendeine von F verschiedene, jedoch zu F parallele Ebene. In der Ebene F zeichnen wir zwei
Thaleskreise über den Strecken $\overline{ST}$ bzw. $\overline{UW}$. Der Schnittpunkt dieser beiden Thaleskreise sei
das Projektionszentrum Z. Die Punkte A,B,C,D und P in E seien nun die Urbilder der fünf
gegebenen Punkte in E'. Wir haben also folgende Situation:

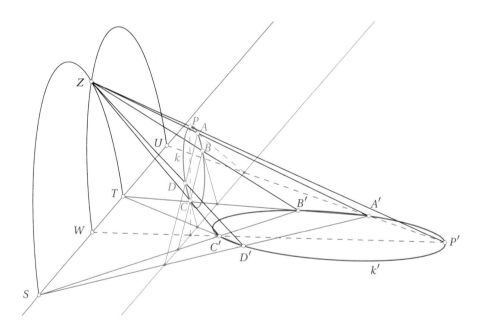

Wir zeigen nun, dass die Punkte $ABCD$ ein Rechteck bilden und dass der Punkt P auf dem
Umkreis dieses Rechtecks liegt. Dieser Kreis ist dann unser gesuchter Kreis k.

   Da sich die Geraden $A'D'$, $B'C'$ wie auch $A'B'$, $C'D'$ auf der Fluchtgeraden schneiden, sind
die Geraden AD, BC wie auch AB, CD parallel. Somit ist $ABCD$ ein Parallelogramm. Weiter
ist nach Wahl des Projektionszentrums Z der Winkel $\sphericalangle BAD$ ein rechter Winkel, und somit ist
$ABCD$ ein Rechteck.

   Sei nun k der Umkreis des Rechtecks $ABCD$. Dann ist, wieder nach Wahl des Projektionszentrums Z, der Winkel $\sphericalangle APC$ ein rechter Winkel. Somit liegt P auf dem Thaleskreis über
$\overline{AC}$, d.h. auf dem Umkreis des Rechtecks $ABCD$.   **q.e.d.**

Um den **Satz von Pascal 7.11**, den wir in Kap. 1 für Kreise bewiesen haben, auch für Kegelschnitte zu beweisen, müssen wir zuerst die Spezialfälle behandeln, in denen zum Beispiel zwei gegenüberliegende Sehnen im **Satz von Pascal für Kreise 1.4** parallel sind; diese Spezialfälle haben wir in Kap. 1 nicht berücksichtigt und holen dies nun nach.

Mit **Satz 6.2** wissen wir bereits, dass es zu einem Kreis k in der Ebene E und einem Projektionszentrum Z eine zu E nichtparallele Ebene E' gibt, sodass der Kegelschnitt k' ebenfalls ein Kreis ist.

Die Konstruktion im Beweis vom **Satz 6.2** ermöglicht uns nun, einen Kreis k mit parallelen Sekanten auf einen Kreis k' abzubilden, bei dem sich die Bilder der parallelen Sekanten in einem Punkt schneiden (oder umgekehrt). Dies erlaubt uns, auch Spezialfälle des **Satzes von Pascal für Kreise 1.4** zu behandeln: Sind zum Beispiel in einem Sehnensechseck $ABCDEF$ eines Kreises die zwei gegenüberliegenden Sehnen $\overline{AB}$ und $\overline{DE}$ parallel und schneiden sich die beiden anderen Paare gegenüberliegender Sehnen in den Punkten S_1 und S_2, so sind die Geraden AB, DE und $S_1 S_2$ parallel.

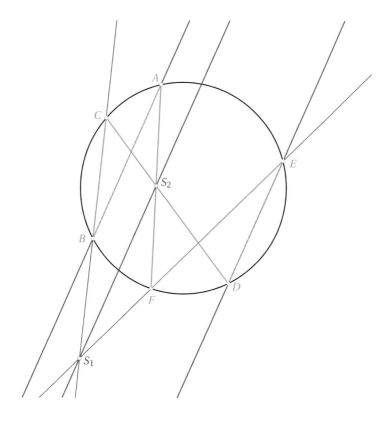

Mit denselben Überlegungen lassen sich auch Spezialfälle von anderen Sätzen, wie zum Beispiel des **Satzes von Brianchon für Kreise 4.11**, behandeln.

Mit diesen Bemerkungen, dem **Satz 7.10** und dem **Satz von Pascal für Kreise 1.4** lässt sich nun der folgende Satz beweisen:

Satz von Pascal 7.11

Liegen die Eckpunkte eines Sechsecks auf einem Kegelschnitt und existieren die Schnittpunkte der drei Paare gegenüberliegender Seiten, so liegen diese drei Schnittpunkte auf einer Geraden. Umgekehrt: Sei S ein Sechseck so, dass keine drei Eckpunkte kollinear sind. Liegen die Schnittpunkte gegenüberliegender Seiten von S auf einer Geraden, so liegen die Eckpunkte des Sechsecks auf einem Kegelschnitt.

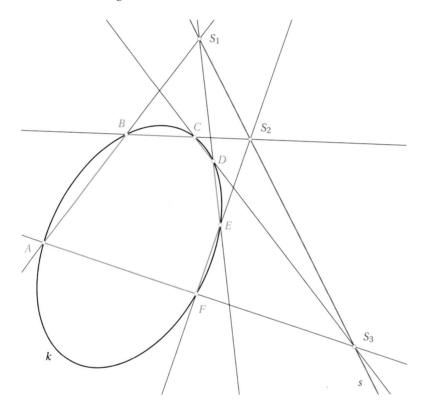

Beweis: Liegen die Eckpunkte eines Sechsecks auf dem Kegelschnitt k, so ist k das Bild eines Kreises c unter einer Zentralprojektion. Der Satz folgt nun direkt aus dem **Satz von Pascal für Kreise 1.4**, angewandt auf den Kreis k. Beachte, dass wir die Zentralprojektion und den Kreis k (bzw. die Ebene E) immer so wählen können, dass keiner der Schnittpunkte gegenüberliegender Seiten des Sechsecks auf k' auf der Fluchtgeraden liegt.

Für die Umkehrung betrachten wir zunächst fünf Punkte des Sechsecks, durch die es nach **Satz 7.10** einen Kegelschnitt k' gibt. Da k' das Bild eines Kreises k unter einer Zentralprojektion ist, liegen die Urbilder dieser fünf Punkte auf dem Kreis k. Wir zeigen nun, dass auch das Urbild P des sechsten Punktes des Sechsecks auf k liegt: Ist g' die Gerade durch die Schnittpunkte gegenüberliegender Seiten des Sechsecks, so ist das Urbild g von g' wieder eine Gerade. Auf g liegen dann die drei Schnittpunkte von jeweils zwei Geraden durch Urbilder von Punkten des Sechsecks. Aus **Satz 1.5** folgt nun unmittelbar, dass auch der Punkt P auf dem Kreis k liegt und somit alle sechs Eckpunkte des ursprünglichen Sechsecks auf dem Kegelschnitt k' liegen.   **q.e.d.**

Als unmittelbare Folgerung aus den vorherigen beiden Sätzen folgt, dass ein Kegelschnitt durch fünf seiner Punkte *eindeutig* bestimmt ist.

Ein Kegelschnitt ist nun aber nicht nur durch fünf Punkte, sondern auch durch fünf Tangenten eindeutig bestimmt. Um dies zu beweisen, müssen wir zuerst das Analogon zu **Satz 7.10** formulieren und beweisen:

Satz 7.12
Gegeben seien fünf Geraden, von denen keine drei Geraden parallel sind oder durch einen Punkt gehen. Dann gibt es einen Kegelschnitt, welcher diese fünf Geraden als Tangenten besitzt.

Beweis: Wir müssen zeigen, dass es einen Kreis k gibt, der durch eine Zentralprojektion auf einen Kegelschnitt k' abgebildet wird, welcher alle fünf gegebenen Geraden berührt. Der Kegelschnitt k' sowie die fünf Geraden liegen somit in der Ebene E'. Die fünf gegebenen Geraden seien t_1', t_2', t_3', t_4' und g'. Da von den fünf gegebenen Geraden keine drei Geraden durch einen Punkt gehen, können wir die Geraden immer so benennen, dass alle Schnittpunkte von Geraden und Kreisen in der folgenden Konstruktion existieren. Sei f die Gerade durch die Schnittpunkte von t_1' und t_3' respektive von t_2' und t_4'. Weiter seien P' und Q' die beiden Schnittpunkte der Geraden t_1' bzw. t_3' mit g'. Wir betrachten nun das Viereck $A'B'C'D'$ mit den Seiten t_1', t_2', t_3', t_4'. Sei M' der Schnittpunkt der Diagonalen des Vierecks $A'B'C'D'$ und seien U und W die Schnittpunkte der beiden Diagonalen mit der Geraden f. Schließlich seien S und T die beiden Schnittpunkte der Geraden $M'P'$ bzw. $M'Q'$ mit f. Nun legen wir eine Fluchtebene F so, dass f die Schnittgerade der Ebene E' mit F ist, d.h., f ist die Fluchtgerade. Als Ebene E wählen wir irgendeine von F verschiedene, jedoch zu F parallele Ebene. In der Ebene F zeichnen wir zwei Thaleskreise über den Strecken $\overline{ST}$ bzw. $\overline{UW}$. Der Schnittpunkt dieser beiden Thaleskreise sei das Projektionszentrum Z. Die Geraden t_1, t_2, t_3, t_4 und g in E seien die Urbilder der fünf gegebenen Geraden in E', und P, Q seien die Urbilder von P', Q'. Wir haben also folgende Situation:

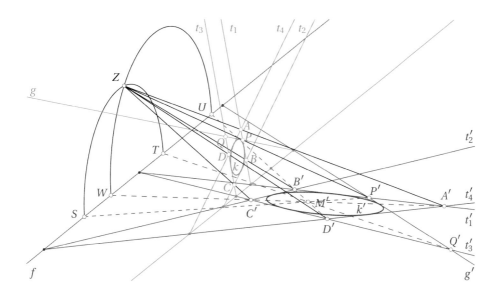

Wir zeigen nun, dass die Geraden t_1, t_2, t_3, t_4 einen Rhombus bilden und dass die Gerade g eine Tangente an den Inkreis des Rhombus ist. Dieser Kreis ist dann unser gesuchter Kreis k.

Da sich die Geraden t_1', t_3' wie auch t_2', t_4' auf der Fluchtgeraden schneiden, ist $ABCD$ ein Parallelogramm. Durch die Wahl von Z, d.h., weil Z auf dem Thaleskreis über $\overline{UW}$ liegt, schneiden sich im Parallelogramm $ABCD$ die Diagonalen rechtwinklig. Somit ist $ABCD$ ein Rhombus und hat einen Inkreis k mit Mittelpunkt M, dem Schnittpunkt der Diagonalen.

Die vier Geraden t_1, t_2, t_3, t_4 sind nun offensichtlich Tangenten an k, und somit sind t_1', t_2', t_3', t_4' Tangenten an den Kegelschnitt k'. Wir müssen also nur noch zeigen, dass auch g' eine Tangente an k' ist bzw. dass g eine Tangente an den Kreis k ist.

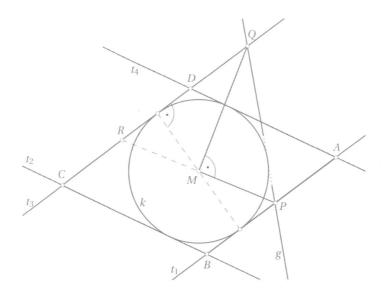

Die Punkte P und Q, als die Schnittpunkte der Geraden g mit t_1 bzw. t_3, liegen beide auf g, und durch die Wahl von Z, d.h., weil Z auf dem Thaleskreis über $\overline{ST}$ liegt, ist $\sphericalangle PMQ$ ein rechter Winkel. M liegt auf der Mittelparallelen von t_1 und t_3. M halbiert somit die Strecke $\overline{PR}$, wobei R der Schnittpunkt von PM mit t_3 ist. Weil nun t_3 eine Tangente an den Inkreis k des Rhombus ist, folgt aus Symmetriegründen (mit Symmetrieachse PM), dass auch g eine Tangente an k ist. Damit ist auch g' eine Tangente an den Kegelschnitt k', und der Satz ist bewiesen.   **q.e.d.**

So wie wir oben den **Satz von Pascal 7.11** aus **Satz 7.10** und dem **Satz von Pascal für Kreise 1.4** bewiesen haben, lässt sich nun auch der **Satz von Brianchon 7.13**, den wir in Kap. 4 für Kreise bewiesen haben, auf Kegelschnitte übertragen:

Satz von Brianchon 7.13

Sind alle sechs Seiten eines Sechsecks Tangenten an einen Kegelschnitt, dann schneiden sich die drei Geraden durch gegenüberliegende Punkte in einem Punkt oder sind parallel. Umgekehrt: Schneiden sich die drei Geraden durch gegenüberliegende Ecken eines Sechsecks in einem Punkt, so sind alle sechs Seiten dieses Sechsecks Tangenten an einen Kegelschnitt.

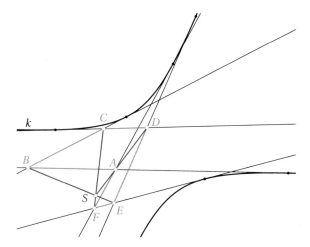

Mit den Sätzen von Pascal und Brianchon lassen sich Kegelschnitte konstruieren, welche durch fünf gegebene Punkte gehen bzw. fünf gegebene Geraden berühren. Wir zeigen die Konstruktion im Fall von fünf Punkten, welche direkt aus dem **Satz von Pascal 7.11** hervorgeht.

Konstruktion eines Kegelschnitts durch fünf gegebene Punkte A,B,C,D,E

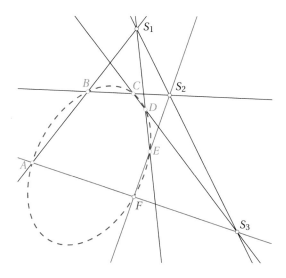

1. Falls drei der fünf gegebenen Punkte auf einer Geraden liegen, existiert kein Kegelschnitt durch die fünf Punkte. Andernfalls dürfen wir (eventuell nach Umbenennung der fünf Punkte) annehmen, dass sich die Geraden AB und DE im Punkt S_1 schneiden.
2. Nun zeichnen wir die Gerade BC, wählen auf dieser Geraden einen von B und C verschiedenen Punkt S_2 und zeichnen die Gerade $S_1 S_2$.
3. Sei S_3 der Schnittpunkt von $S_1 S_2$ mit CD.
4. Schließlich sei F der Schnittpunkt von $S_3 A$ mit $S_2 E$; dann ist F ein Punkt auf dem Kegelschnitt.

Spezialfälle der Sätze von Pascal und Brianchon:

- Fallen im **Satz von Pascal 7.11** zwei Punkte zusammen, so wird die Sehne im Kegelschnitt zwischen diesen beiden Punkten zu einer Tangente. Wir können somit im **Satz von Pascal 7.11** zwei Punkte durch eine Tangente mit ihrem Berührungspunkt ersetzen. Das heißt, dass ein Kegelschnitt auch durch drei Punkte und eine Tangente mit ihrem Berührungspunkt bestimmt ist.

- Fallen im **Satz von Brianchon 7.13** zwei Tangenten zusammen, so wird der Schnittpunkt dieser beiden Tangenten zum Berührungspunkt der Tangente. Wir können somit im **Satz von Brianchon 7.13** zwei Tangenten durch eine Tangente mit ihrem Berührungspunkt ersetzen. Das heißt, dass ein Kegelschnitt auch durch vier Tangenten und einem Berührungspunkt bestimmt ist.

- Ersetzen wir noch einmal zwei Punkte bzw. zwei Tangenten durch eine Tangente mit ihrem Berührungspunkt, so erhalten wir Folgendes: Ein Kegelschnitt ist sowohl durch einen Punkt und zwei Tangenten mit ihren Berührungspunkten bestimmt als auch durch drei Tangenten mit zwei ihrer Berührungspunkte.

- Sind von einem Kegelschnitt drei Tangenten mit ihren Berührungspunkten bekannt, so sagen die Sätze von Pascal und Brianchon dasselbe aus wie **Satz 3.11**, der seinerseits die Sätze von Menelaos und Ceva miteinander verbindet, wie die folgende Figur illustriert:

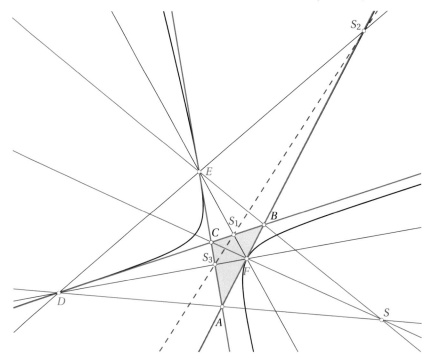

Die Seiten des Dreiecks $\triangle ABC$ seien Tangenten an die Hyperbel, welche diese in den Punkten D,E,F berühren. Mit dem **Satz von Pascal 7.11** liegen dann die drei Schnittpunkte S_1 (BC mit EF), S_2 (DE mit AB), S_3 (CA mit FD) auf einer Geraden. Mit **Satz 3.11** ist das genau dann der Fall, wenn sich die drei Geraden AD, BE, CF in einem Punkt schneiden. Das ist aber genau der **Satz von Brianchon 7.13** für das Tangentendreieck $\triangle ABC$ mit den Berührungspunkten D,E,F.

7.5 Die Dandelin-Kugeln

In **Satz 7.7**, **Satz 7.8** und **Satz 7.9** haben wir gesehen, dass alle Kegelschnitte bereits beim Schnitt *gerader* Kreiskegel auftreten. Dies ermöglicht, dank eines genialen Einfalls des belgischen Mathematikers GERMINAL PIERRE DANDELIN (1794–1847), die Kegelschnitte als einfache geometrische Orte zu interpretieren. Vielleicht hat er einmal im Schein einer Kerze auf seinem Schreibtisch den elliptischen Schatten einer danebenliegenden Billardkugel betrachtet und sich gefragt, ob der Auflagepunkt der Kugel nicht eine bekannte geometrische Bedeutung hat.

Satz 7.14

- *Eine Ellipse ist der geometrische Ort aller Punkte P in der Ebene, welche von zwei Punkten B_1, B_2 konstante Abstandssumme c haben:* $\overline{PB_1} + \overline{PB_2} = c$.

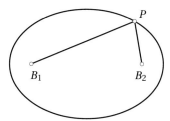

- *Eine Hyperbel ist der geometrische Ort aller Punkte P in der Ebene, welche von zwei Punkten B_1, B_2 konstante Abstandsdifferenz c haben:* $\left| \overline{PB_1} - \overline{PB_2} \right| = c$.

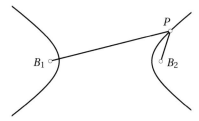

- *Eine Parabel ist der geometrische Ort aller Punkte P in der Ebene, welche von einem Punkt B und einer Geraden l gleichen Abstand haben:* $\overline{PB} = \overline{PL}$, *wobei L der Fußpunkt des Lotes von P auf l ist.*

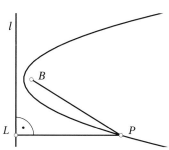

Die Punkte B_i respektive B heißen Brennpunkte, l heißt Leitgerade.

Beweis: Der Beweis beruht auf der Verwendung der sogenannten Dandelin'schen Kugeln. Beginnen wir mit der Ellipse, die wir uns als Schnitt eines geraden Kreiskegels mit einer Ebene denken dürfen. Nun passen wir zwei Kugeln in den Kegel ein, welche die Ebene von oben respektive von unten in den Punkten B_1 und B_2 berühren. Die Berührungskreise der Kugeln mit dem Kegel seien k_1 und k_2. Dann betrachten wir einen beliebigen Punkt P auf der Ellipse und die Mantellinie durch P. Diese schneidet k_1 und k_2 in den Punkten B_1' und B_2'. Da die Tangenten von einem Punkt an eine Kugel alle gleich lang sind, sind die beiden roten Tangentenabschnitte und die beiden grünen Tangentenabschnitte in der Figur gleich lang. Also gilt

$$\overrightarrow{PB_1} + \overrightarrow{PB_2} = \overrightarrow{PB_1'} + \overrightarrow{PB_2'}.$$

Auf der rechten Seite der Gleichung steht nun aber gerade die Länge der Strecke $\overline{B_1'B_2'}$, und diese ist unabhängig von P der Abstand der beiden Berührungskreise k_1 und k_2.

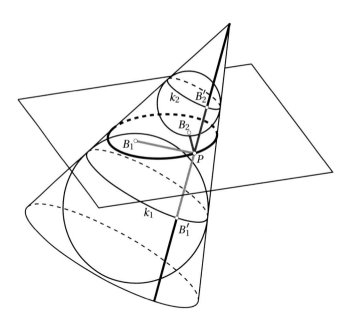

Nun wenden wir uns der Hyperbel zu. Das Vorgehen ist analog zum Fall der Kugel. Die Ebene schneidet bei der Hyperbel beide Hälften des Doppelkegels. Die Kugeln, welche die Schnittebene berühren, liegen daher in verschiedenen Hälften des Doppelkegels. Die Berührungspunkte der Kugeln mit der Schnittebene seien wieder mit B_1, B_2 bezeichnet. Die Kugeln berühren den Kegel entlang der Kreise k_1 respektive k_2. Sei nun P ein Punkt auf der Hyperbel, und wir betrachten wieder die Mantellinie durch P, welche k_1 und k_2 in B_1' und B_2' schneidet. Wiederum sind die beiden roten und die beiden grünen Tangentenabschnitte von P an die Kugeln gleich lang, und wir lesen ab:

$$\overrightarrow{PB_2} - \overrightarrow{PB_1} = \overrightarrow{PB_2'} - \overrightarrow{PB_1'}$$

Auf der rechten Seite der Gleichung steht nun aber gerade die Länge der Strecke $\overline{B_1'B_2'}$, und diese ist unabhängig von P der Abstand der beiden Berührungskreise k_1 und k_2. Liegt P auf dem anderen Hyperbelast, ist die Rechnung analog.

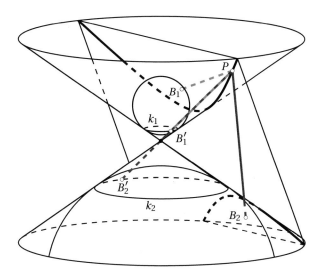

Nun noch zur Parabel. Hier liegt die Schnittebene parallel zu einer Tangentialebene T des Kegels, welche den Kegel entlang einer Mantellinie m berührt. In diesem Fall gibt es nur eine Kugel, die den Kegel und die Schnittebene berührt. Diese Kugel berührt den Kegel in einem Berührungskreis k und die Schnittebene in einem Punkt B. Weiter sei E die Ebene, in der k liegt. Diese schneidet die Schnittebene in der Geraden g. Nun sei P ein Punkt auf dem Kegelschnitt. Die Mantellinie durch P schneidet k in B'. Schließlich sei noch L der Fußpunkt des Lotes von P auf g. Die Tangentenabschnitte $\overline{PB}$ und $\overline{PB'}$ von P an die Kugel sind gleich lang. Seien Q' und Q die Schnittpunkte der Mantellinie m mit der Ebene E bzw. der Parallelebene zu E durch P. $\overline{QQ'}$ und $\overline{PL}$ sind dann zwei parallele, gleich lange Strecken. Da $\overrightarrow{QQ'}$ und $\overrightarrow{PB'}$ durch Drehung der Mantellinie auseinander hervorgehen, folgt wie gewünscht $\overrightarrow{PB} = \overrightarrow{PL}$.

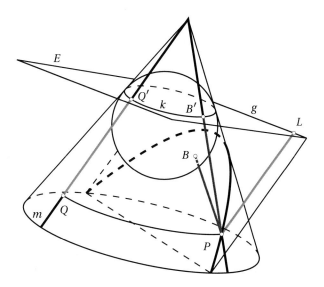

q.e.d.

Weitere Resultate und Aufgaben

Satz 7.15 (Fähnchenkonstruktion der Ellipse)

Seien g_1 und g_2 zwei senkrechte Geraden durch einen Punkt O und k_1, k_2 zwei Kreise um O. a_1 sei der Durchmesser von k_1 längs g_1 und a_2 der Durchmesser von k_2 längs g_2. Sei P_1 ein Punkt auf dem äußeren Kreis k_1 und P_2 der Schnittpunkt von $\overline{OP_1}$ mit k_2. Seien g_1' und g_2' die Parallelen zu g_1 respektive g_2 durch P_2 respektive P_1. Dann liegt der Schnittpunkt E von g_1' und g_2' auf einer Ellipse e mit den Achsen a_1 und a_2.

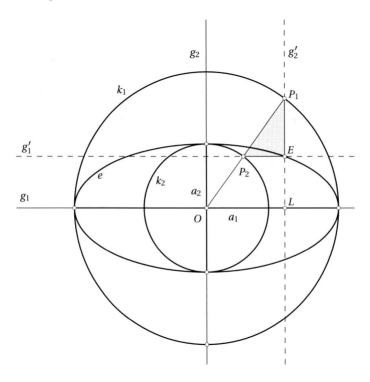

Beweis: Sei L der Fußpunkt des Lotes von P_1 auf g_1. Mit dem **1. Strahlensatz** mit Streckungszentrum P_1 erhalten wir $\overline{P_1 L} : \overline{EL} = \overline{P_1 O} : \overline{P_2 O}$, und dies ist das von P_1 unabhängige Verhältnis der Radien von k_1 und k_2. Aus **Satz 7.5** folgt nun die Behauptung.   **q.e.d.**

Satz 7.16 (Konstruktion von Rytz)

Gegeben seien die konjugierten Durchmesser einer Ellipse e mit Zentrum O. P sei ein Endpunkt des einen und Q ein Endpunkt des anderen konjugierten Durchmessers. Dreht man P um $90°$ um O, so erhält man einen Punkt P'. Der Kreis k um den Mittelpunkt von $\overline{P'Q}$ durch O schneidet $P'Q$ in den Punkten R und S. Dann gilt:

- *OR und OS sind die Achsenrichtungen der Ellipse.*
- *$\overline{QR}$ und $\overline{QS}$ sind die Längen der Halbachsen der Ellipse.*

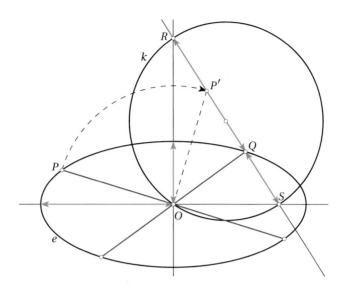

Beweis: Der Beweis ist einfach zu erbringen, wenn wir die Fähnchenkonstruktion der Ellipse verwenden. Wegen **Satz 7.6** sind die beiden Ellipsendurchmesser genau dann konjugiert, wenn die Kreistangenten in $\bar{P}$ und $\bar{Q}$ senkrecht stehen. Dreht man also P und $\bar{P}$ mit dem grauen Fähnchen um $90°$ um O, so ergänzen sich das gedrehte Fähnchen und das andere graue Fähnchen bei Q zu einem achsenparallelen Rechteck $Q\bar{Q}P'Q'$. Sei M der Mittelpunkt von $\overline{QP'}$ und R, S die Schnittpunkte von QP' mit den Achsen der Ellipse. Dann ist $\overrightarrow{MS} = \overrightarrow{MO} = \overrightarrow{MR}$.

Ferner ist $\overrightarrow{QS} = \overrightarrow{Q'O}$ die Länge der kurzen Halbachse und $\overrightarrow{P'S} = \overrightarrow{\bar{Q}O} = \overrightarrow{RQ}$ die Länge der langen Halbachse der Ellipse.

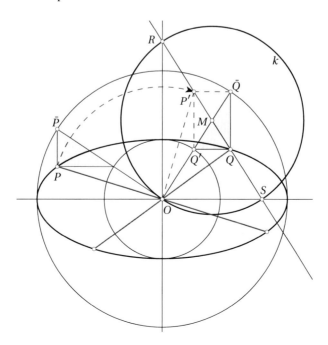

q.e.d.

Aufgaben

7.1. Sei k ein Kreis um M und $N \neq M$ ein Punkt im Inneren von k. Sei weiter P ein Punkt auf k, m die Mittelsenkrechte von $\overline{NP}$ und E der Schnittpunkt von m mit MP. Beweise:

(a) E liegt auf einer Ellipse e mit den Brennpunkten M und N.

(b) m ist in E tangential an e.

(c) Ein Lichtstrahl, der von N ausgehend in E an der Tangente m reflektiert wird, geht nach der Reflexion durch M.

Bemerkung: Die Konstruktion in **Aufgabe 7.1** heißt *Leitkreiskonstruktion der Ellipse*. Die Reflexionseigenschaft der Ellipse wird bei Flüstergewölben und in der Medizin bei Nierensteinzertrümmerern angewandt.

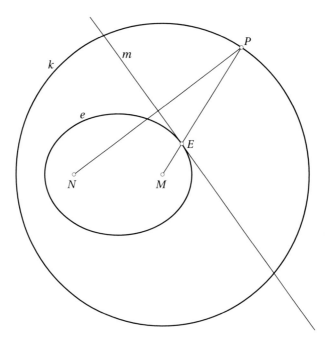

7.2. Sei l eine Gerade und B ein Punkt nicht auf l. Sei dann Q ein beliebiger Punkt auf l und s die Senkrechte zu l durch Q. Die Mittelsenkrechte m von $\overline{BQ}$ schneidet dann s in einem Punkt P. Beweise:

(a) P ist ein Punkt auf der Parabel p mit Leitgerade l und Brennpunkt B.

(b) m ist in P tangential an p.

(c) Ein Lichtstrahl, der, von oben entlang s kommend, in P an der Parabel reflektiert wird, verläuft nach der Reflexion durch B.

Bemerkung: Die Konstruktion in **Aufgabe 7.2** heißt *Leitgeradenkonstruktion der Parabel*. Die Reflexionseigenschaft der Parabel begründet den Namen *Brennpunkt* und findet bei Parabolspiegeln und Parabolantennen Verwendung.

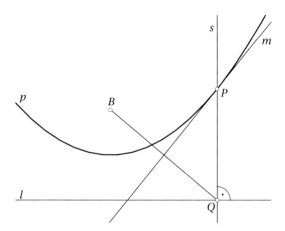

7.3. Seien k_1 und k_2 zwei Kreise mit Zentren M_1 und M_2. Beweise:

(a) Die Zentren aller Kreise, die k_1 und k_2 gleichzeitig und in gleicher Lage berühren, liegen jeweils auf einem Kegelschnitt mit den Brennpunkten M_1 und M_2.

(b) Die Zentren aller Kreise einer Steiner-Kreiskette an k_1, k_2 liegen auf einem Kegelschnitt, dessen Brennpunkte die Zentren von k_1 und k_2 sind.

Seien k ein Kreis mit Zentrum M und Radius r und g eine Gerade nicht durch M. Beweise:

(c) Die Zentren aller Kreise, die g und k gleichzeitig berühren, liegen auf Parabeln mit Brennpunkt M und Leitgeraden g' respektive g''. Dabei sind g', g'' die Parallelen zu g im Abstand r.

(d) Die Zentren aller Kreise einer Steiner-Kreiskette an g und k liegen auf einer Parabel mit Brennpunkt M und Leitgerade g'. Dabei ist g' die Parallele zu g im Abstand r auf der M gegenüberliegenden Seite.

(e) Die Berührungspunkte benachbarter Kreise in einer Steiner-Kreiskette liegen immer entweder auf einem Kreis oder auf einer Geraden.

7.4. In Abschn. 7.3.5 wurde die Konstruktion der Parabel aus Hauptachse, Scheitelpunkt und einem Parabelpunkt beschrieben. Konstruiere in ähnlicher Weise die Parabel aus

- einer Nebenachse $\tilde{h}$ (anstelle der Hauptachse),
- dem Schnittpunkt $\tilde{S}$ der Nebenachse $\tilde{h}$ mit der Parabel (anstelle des Scheitelpunktes S),
- der Tangente an die Parabel im Punkt $\tilde{S}$ (anstelle der Senkrechten zur Hauptachse durch S), sowie
- einem weiteren Parabelpunkt.

7.5. Ein Kegelschnitt gilt als konstruiert, wenn, je nach seiner Art, die Hauptachsen, Brennpunkte, Asymptoten und Leitgerade konstruiert sind.

(a) Von einem Kegelschnitt seien fünf Punkte gegeben. Konstruiere den Kegelschnitt.

(b) Von einem Kegelschnitt seien fünf Tangenten gegeben. Konstruiere den Kegelschnitt.

(c) Konstruiere die Tangenten von einem Punkt an den zuvor konstruierten Kegelschnitt.

Anmerkungen

Die Lehre von den Kegelschnitten: Die erste und nächstliegende Erzeugung der Kegelschnitte war bei den Griechen diejenige, welche unmittelbar in ihrem gemeinschaftlichen Namen liegt, nämlich durch ebene Schnitte an Kreiskegeln, und die drei Hauptarten von Kegelschnitten wurden definiert durch die verschiedenen Kreiskegel, an welchen die Schnitte durchgeführt wurden: Die älteren Geometer definierten die drei verschiedenen Kegelschnitte als *Schnitte an spitzwinkligen, rechtwinkligen* oder *stumpfwinkligen Kegeln,* indem sie sich die Schnitte senkrecht auf einer Erzeugenden eines Kreiskegels dachten. Diese Unterscheidung der drei Kegelschnittarten wurde beibehalten, auch nachdem man entdeckt hatte, dass jede der drei Arten an jedem Kegel hergestellt werden kann – sofern man allgemeine Schnitte durch Kegel zulässt. Untersucht wurden die Kegelschnitte unter anderem von ARCHIMEDES (ca. 287–212 v. Chr.), doch die Theorie der Kegelschnitte zur Blüte gebracht hat APOLLONIUS [4, 5], welcher den drei Arten von Kegelschnitten auch die Namen *Ellipse, Parabel* und *Hyperbel* gegeben hat (siehe Zeuthen [55, S. 39 ff.] und Scriba und Schreiber [43, S. 70 ff.]).

Zentralprojektionen und projektive Geometrie: Obwohl wir hier nicht *projektive Geometrie* im engeren Sinne betrieben haben, sind Zentralprojektionen ein großer Schritt in diese Richtung. Dieser neue Ansatz der Geometrie ist im 19. Jahrhundert entwickelt worden, unter anderem um eine Theorie zu haben, welche die Resultate über Kegelschnitte aus dem Altertum umfasst. Begründer dieser neuen Geometrie sind JEAN-VICTOR PONCELET [39], JOSEPH DIEZ GERGONNE und JULIUS PLÜCKER. In der Tat haben alle drei unabhängig voneinander in fast gleicher Weise die wesentlichen Begriffe der projektiven Geometrie entwickelt (siehe Scriba und Schreiber [43, S. 370 ff.]).

Konstruktion der Kegelschnitte aus ihren bestimmenden Elementen: Die Konstruktionen in den Beweisen von **Satz 7.10** und **Satz 7.12** haben wir Hungerbühler [31] entnommen; dort finden sich auch alle anderen Kegelschnittkonstruktionen dieser Art, zum Beispiel die Konstruktion eines Kegelschnitts, der durch zwei gegebene Punkte geht und drei gegebene Geraden berührt.

8 Kleinodien

Übersicht

In diesem Kapitel möchten wir eine Auswahl von schönen Sätzen der klassischen und der neueren Geometrie präsentieren. Insbesondere zeigen sich Sätze aus früheren Kapiteln in allgemeinerem Licht und neue Zusammenhänge werden sichtbar.

8.1   Konstruktionen mit Lineal oder Zirkel allein

Geometrie wird klassischerweise mit Zirkel und Lineal betrieben. Das Lineal trägt dabei keine Markierung und wird nur zum Ziehen von Geraden durch zwei Punkte verwendet. Die Benutzung des Zirkels ist schon etwas subtiler. So verwendete EUKLID in seiner Geometrie einen kollabierenden Zirkel. Diesen Zirkel kann man in einem Punkt einstechen und dann einen Kreis durch einen anderen gegebenen Punkt ziehen. Sobald man den Zirkel hochhebt, klappt er jedoch zusammen und „vergisst" den Radius. Er kann also nicht dazu verwendet werden, eine Strecke zu übertragen, so wie wir das gewohnt sind. In der Proposition 2 von Buch I der *Elemente* beweist EUKLID jedoch, dass man mit einem solchen vergesslichen Zirkel und einem Lineal dennoch eine Strecke übertragen kann und dass somit alle Konstruktionen mit einem nicht kollabierenden Zirkel auch mit einem kollabierenden Zirkel möglich sind. Ein Beweis dieser Tatsache ist nicht schwierig, und wir stellen ihn als **Aufgabe 8.1**. Neben Zirkel und Lineal wurden auch immer wieder weitere Konstruktionsinstrumente untersucht, so etwa das Einschiebelineal, welches zwei markierte Punkte aufweist, mit denen man die markierte Strecke „einpassen" kann. ARCHIMEDES verwendete dieses Instrument für eine Konstruktion, die einen beliebigen Winkel in drei gleiche Teile teilt. Diese Aufgabe ist mit Zirkel und Lineal nicht lösbar, wohl aber mit einem sogenannten Tomahawk, einer Mira, einer

Équerre oder mit Origamigeometrie. Statt neben Zirkel und Lineal weitere Instrumente zuzulassen, wurde auch untersucht, wie weit man mit dem Zirkel oder dem Lineal allein kommt. In der Tat kommt man sehr weit! Für eine ausführliche Darstellung dieser Themen verweisen wir auf [35].

Satz 8.1 (Mohr-Mascheroni-Konstruktionen)
Alle Konstruktionen, die mit Zirkel und Lineal ausführbar sind, lassen sich auch mit dem Zirkel allein ausführen.

Diese verblüffende Tatsache wurde 1671 von GEORG MOHR (1640–1697) und unabhängig von ihm 1797 auch von LORENZO MASCHERONI (1750–1800) bewiesen. Solche Konstruktionen heißen daher heute *Mohr-Mascheroni-Konstruktionen*. Natürlich kann man keine Geraden mit dem Zirkel zeichnen. Gemeint ist vielmehr, dass eine Gerade als konstruiert gilt, wenn zwei ihrer Punkte konstruiert sind. Um den Satz von Mohr und Mascheroni zu beweisen, genügt es also, sich zu überlegen, dass man die Schnittpunkte einer (durch zwei Punkte gegebenen) Geraden mit einem Kreis sowie den Schnittpunkt zweier Geraden (die durch je zwei Punkte gegeben sind) mit dem Zirkel konstruieren kann. Ein elementarer Beweis findet sich zum Beispiel in [30].

Als Muster geben wir hier an, wie man die Tangente in einem Peripheriepunkt P eines Kreises k mit dem Zirkel allein konstruieren kann. Tatsächlich genügen dafür zwei Zirkelschläge.

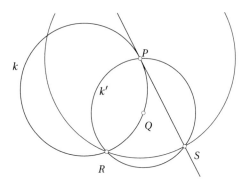

Für die Konstruktion zeichnet man einen Kreis k' um einen Punkt Q auf k durch P. Dieser Kreis schneidet k in einem weiteren Punkt R. Der Kreis um P durch R schneidet dann k' in einem weiteren Punkt S, der auf der gesuchten Tangente liegt und diese somit bestimmt.

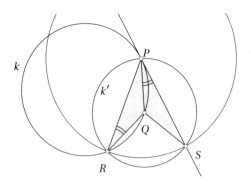

Für den Beweis dieser Konstruktion überlegt man, dass die Dreiecke $\triangle QPR$ und $\triangle QPS$ gleichschenklig und kongruent sind. Insbesondere sind die beiden markierten Winkel in der obigen Figur gleich groß. Somit folgt aus dem **Peripheriewinkelsatz 1.2**, dass PS tangential an k ist.

Satz 8.2 (Satz von Poncelet-Steiner)
Sei k ein gegebener Kreis mit Mittelpunkt M. Dann ist jede Konstruktion, die mit Zirkel und Lineal ausführbar ist, auch mit dem Lineal allein ausführbar.

Das Pendant zu den Mohr-Mascheroni-Konstruktionen mit dem Zirkel allein (siehe **Satz 8.1**) sind Steiner-Konstruktionen. JEAN-VICTOR PONCELET (1788–1867) vermutete 1822, dass jede Konstruktion, die mit Zirkel und Lineal durchführbar ist, auch mit dem Lineal allein durchführbar ist, sofern ein fester Kreis und dessen Mittelpunkt gegeben sind. 1833 bewies JAKOB STEINER diesen Satz. 1933 zeigte FRITZ HÜTTEMANN in [32], dass es sogar genügt, wenn nur ein beliebig kurzer Bogen eines Kreises und der Mittelpunkt gegeben sind. Die Angabe des Mittelpunktes ist übrigens notwendig, wie das folgende Argument von DAVID HILBERT zeigt (siehe [12]): Nehmen wir an, mit dem Lineal allein sei der Mittelpunkt eines Kreises konstruierbar. Eine solche Konstruktion wäre dann unter Zentralprojektion invariant. Die Konstruktion in **Satz 6.1** zeigt aber, dass ein Kreis durch Zentralprojektion so auf einen Kreis abgebildet werden kann, dass sein Mittelpunkt dabei nicht in den Mittelpunkt des Bildkreises übergeht.

Für den Beweis des Satzes von Poncelet-Steiner verweisen wir auf die Originalarbeit [46]. Wir geben hier exemplarisch die Steiner-Konstruktion für eine Parallele an. Die Gerade g sei durch die Punkte A und B gegeben. Die Parallele g' durch einen weiteren Punkt C ist nun unter Verwendung des Kreises k mit Mittelpunkt M mit dem Lineal allein zu konstruieren.

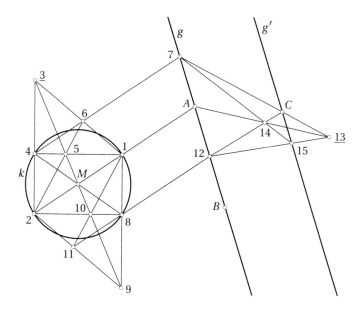

Die Punkte sind gemäß ihrer Reihenfolge in der Konstruktion nummeriert. Unterstrichene Punkte sind wählbar. Die Konstruktion ist so angelegt, dass die Punkte 7 und 12 symmetrisch zum Punkt A liegen. Die gesuchte Parallele g' ist dann mit der Standardkonstruktion für harmonische Punkte konstruierbar.

8.2 Der Satz von Moss und verwandte Resultate

Satz 8.3 (Satz von Moss)
Gegeben seien zwei spitzwinklige Dreiecke $\triangle_1$ mit Seiten a, b, c und $\triangle_2$ mit Winkeln α, β, γ. Gesucht ist das größte zu $\triangle_2$ ähnliche Dreieck $\triangle_3$, welches $\triangle_1$ umbeschrieben werden kann, sodass α der Seite a gegenüberliegt, β der Seite b und γ der Seite c (siehe Figur). Es gilt:

- *Der Punkt P, von dem aus man die Seite a unter dem Winkel $180° - \alpha$ sieht, die Seite b unter dem Winkel $180° - \beta$ und die Seite c unter dem Winkel $180° - \gamma$, liegt im Inneren von $\triangle_1$.*
- *Die Seiten des Lösungsdreiecks $\triangle_3$ stehen senkrecht auf $\overline{PA}$ respektive $\overline{PB}$ respektive $\overline{PC}$.*

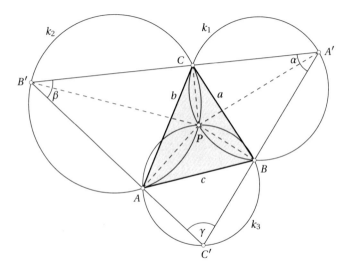

Beweis: Da $\triangle_2$ spitzwinklig ist, sind die Suplementärwinkel $180° - \alpha$, $180° - \beta$, $180° - \gamma$ stumpf. Daher liegt der Punkt P in der Schnittmenge der Thaleskreise über den Seiten a, b und c, also im Inneren von $\triangle_1$. Tatsächlich ist P der Schnittpunkt der Ortsbögen k_1, k_2, k_3 zu den genannten Suplementärwinkeln über den Seiten a, b und c.

Wegen des **Schließungssatzes von Miquel** 1.7 liegen die Ecken aller zu $\triangle_2$ ähnlichen Dreiecke, die $\triangle_1$ umbeschrieben werden können, auf den bereits konstruierten Fasskreisen k_1, k_2, k_3. Betrachten wir nun ein Teildreieck $\triangle A'B'P$. Bewegt man A' auf k_1, so bleiben die Winkel dieses Teildreiecks aufgrund des **Peripheriewinkelsatzes 1.2** erhalten. Das Teildreieck hat also maximale Größe, wenn seine Höhe durch P maximal ist. Der betreffende Höhenfußpunkt auf der Seite $\overline{A'B'}$ bewegt sich auf dem Thaleskreis über der Strecke $\overline{PC}$, und daher ist die Höhe maximal, wenn der Höhenfußpunkt mit C zusammenfällt. Dasselbe passiert dann simultan auch in den anderen zwei Teildreiecken $\triangle B'C'P$ und $\triangle C'A'P$.   **q.e.d.**

Satz 8.4 (Fermat-Torricelli-Punkt)
Sei $\triangle ABC$ ein Dreieck mit Winkeln strikt kleiner als $120°$. Dann gilt:

- *Der Punkt P, von dem aus alle drei Seiten von $\triangle ABC$ unter dem Winkel von $120°$ erscheinen, liegt im Inneren von $\triangle ABC$.*
- *P ist der Punkt, für den die Summe der Abstände zu den Eckpunkten A, B, C minimal ist.*

Der Punkt P heißt *Fermat-Torricelli-Punkt*. Er ist benannt nach PIERRE DE FERMAT (1607–1665) und EVANGELISTA TORRICELLI (1608–1647). FERMAT beschrieb das Problem, die Summe der Abstände zu drei Punkten zu minimieren, in einem Brief an TORRICELLI, der die Lösung fand. Das entsprechende Minimumproblem lässt sich auch für eine beliebige Anzahl von Punkten formulieren und heißt dann Steiner-Baum-Problem. Wenn einer der Winkel von $\triangle ABC$ größer oder gleich $120°$ ist, so minimiert der Eckpunkt beim stumpfen Winkel die Abstandssumme.

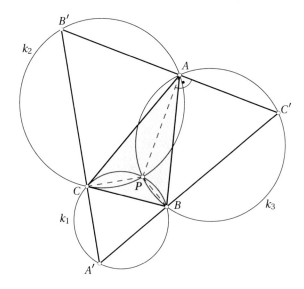

Beweis: Ist $\triangle ABC$ spitzwinklig, so liegt P, wie beim **Satz von Moss 8.3** gesehen, im Inneren des Dreiecks. Ist $\triangle ABC$ rechtwinklig oder stumpfwinklig, so liegt der Durchschnitt der beiden Fasskreise zum Winkel $120°$, die im größten Winkel zusammentreffen, im Dreieck. P liegt daher, als Schnittpunkt der Fasskreise k_1, k_2, k_3 zum Winkel $120°$ über den drei Seiten von $\triangle ABC$, im Inneren des Dreiecks.

Wie im Satz von Moss konstruieren wir das Dreieck $\triangle A'B'C'$, indem wir in den Punkten A, B, C die Senkrechten zu den Strecken $\overline{PA}, \overline{PB}, \overline{PC}$ errichten. $\triangle A'B'C'$ ist dann gleichseitig. In einem gleichseitigen Dreieck ist für jeden Punkt Q in seinem Inneren die Abstandssumme zu den drei Seiten konstant (siehe die Bemerkung unten). Ist also Q verschieden von P, so ist die Abstandssumme von P zu den Punkten A, B, C gleich der Abstandssumme von P zu den Seiten von $\triangle A'B'C'$ und somit gleich der Abstandssumme von Q zu den Seiten von $\triangle A'B'C'$, und dieser Wert ist strikt kleiner als die Abstandssumme von Q zu den Punkten A, B, C. $\qquad$ **q.e.d.**

Bemerkungen: Wir haben im Beweis oben den **Satz von Viviani** verwendet. Er ist benannt nach VINCENZO VIVIANI (1622–1703) und besagt Folgendes: *Für jeden Punkt in einem gleichseitigen Dreieck ist die Summe der Abstände zu den drei Seiten gleich der Höhe des Dreiecks.* Diese Tatsache ist sofort zu sehen, wenn man den Punkt mit den Ecken des Dreiecks verbindet und die Flächen der drei Teildreiecke aufsummiert.

Dem klassischen Beweis des Fermat-Torricelli-Problems liegt eine andere Überlegung zugrunde: Wir verweisen auf die Darstellung in [15].

8.3 Konjugierte Punkte im Dreieck

Verschiedene bekannte Punkte im Dreieck sind paarweise miteinander verwandt, obwohl sie auf den ersten Blick nichts verbindet. Einigen dieser verborgenen Zusammenhänge kommen wir in diesem Abschnitt auf die Spur.

Satz 8.5 (Isotomisch konjugierte Punkte)
Sei $\triangle ABC$ ein Dreieck mit Seitenmitten S_a, S_b, S_c und P ein Punkt verschieden von den Eckpunkten. Die Schnittpunkte $AP \cap BC =: P_a$, $BP \cap AC =: P_b$, $CP \cap AB =: P_c$ werden an den jeweiligen Punkten S_a, S_b, S_c gespiegelt. Dies ergibt die Punkte P_a', P_b', P_c' (siehe Figur). Dann schneiden sich die Geraden AP_a', BP_b', CP_c' in einem Punkt P'. P und P' heißen isotomisch konjugiert.

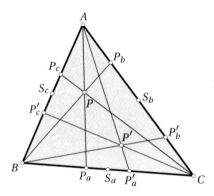

Beweis: Mit dem **Satz von Ceva 3.9** und mit der Konstruktion gilt für den Punkt P

$$1 = \frac{\overrightarrow{BP_a}}{\overrightarrow{CP_a}} \cdot \frac{\overrightarrow{CP_b}}{\overrightarrow{AP_b}} \cdot \frac{\overrightarrow{AP_c}}{\overrightarrow{BP_c}} = \frac{\overrightarrow{CP_a'}}{\overrightarrow{BP_a'}} \cdot \frac{\overrightarrow{AP_b'}}{\overrightarrow{CP_b'}} \cdot \frac{\overrightarrow{BP_c'}}{\overrightarrow{AP_c'}},$$

woraus die Behauptung für P' folgt.   **q.e.d.**

Satz 8.6 (Nagel-Punkt)
*Sei $\triangle ABC$ ein Dreieck mit Ankreisberührungspunkten K_a, K_b, K_c auf den Seiten a, b, c. Dann schneiden sich die Geraden AK_a, BK_b, CK_c in einem Punkt N, dem sogenannten Nagel-Punkt des Dreiecks $\triangle ABC$. Nagel-Punkt und Gergonne-Punkt (siehe **Satz 4.12**) sind isotomisch konjugiert.*

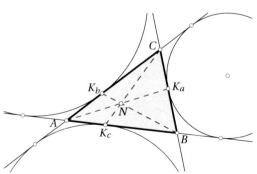

Beweis: Wir betrachten die Tangentenabschnitte x, y, z an den Inkreis und die Tangentenabschnitte u, v an den Ankreis an die Seite a (siehe Figur). Dann gilt

$$x + y + u = x + z + v \quad \text{und} \quad u + v = y + z.$$

Die Addition dieser beiden Gleichungen ergibt $u = z$. Das heißt, der Berührungspunkt I_a des Inkreises und der Berührungspunkt K_a des Ankreises liegen symmetrisch zur Mitte der Seite a. Entsprechendes gilt natürlich auch für die Seiten b und c des Dreiecks. Damit folgt, dass sich die Geraden AK_a, BK_b und CK_c im zum Gergonne-Punkt isotomisch konjugierten Punkt schneiden.

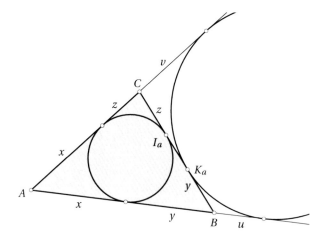

q.e.d.

Satz 8.7 (Whisker-Lemma)
Sei $\triangle ABC$ ein Dreieck mit den Seiten a, b, c. Durch C seien zwei Geraden gegeben, die mit den Seiten a und b je denselben Winkel einschließen und die c in den Punkten A' und B' schneiden (siehe Figur). Dann gilt

$$\frac{\overrightarrow{AA'}}{\overrightarrow{BA'}} \cdot \frac{\overrightarrow{AB'}}{\overrightarrow{BB'}} = \frac{b^2}{a^2}.$$

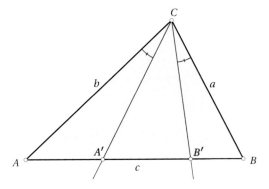

Beweis: Wir wenden in der folgenden Figur den **1. Strahlensatz** an:

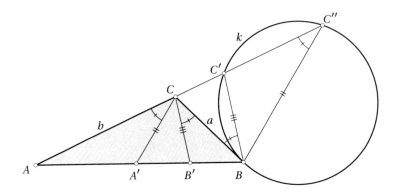

Es gilt

$$\frac{\overrightarrow{AA'}}{\overrightarrow{BA'}} = \frac{b}{\overrightarrow{CC''}} \quad \text{und} \quad \frac{\overrightarrow{AB'}}{\overrightarrow{BB'}} = \frac{b}{\overrightarrow{CC'}}.$$

Das Produkt beider Gleichungen liefert

$$\frac{\overrightarrow{AA'}}{\overrightarrow{BA'}} \cdot \frac{\overrightarrow{AB'}}{\overrightarrow{BB'}} = \frac{b^2}{\overrightarrow{CC'}\,\overrightarrow{CC''}} = \frac{b^2}{a^2},$$

wobei wir für das letzte Gleichheitszeichen den **Sekanten-Tangenten-Satz 2.2** verwendet haben. Man beachte, dass nach Konstruktion der markierte Winkel bei B Sekanten-Tangenten-Winkel zum Peripheriewinkel bei C'' ist. **q.e.d.**

Satz 8.8 (Verallgemeinerter Apollonischer Kreis)
A, A', B', B seien vier Punkte auf einer Geraden g, und X, Y seien Punkte auf g, die sowohl $\overline{AB}$ als auch $\overline{A'B'}$ harmonisch teilen. Dann ist der geometrische Ort aller Punkte P, von denen aus $\overline{AA'}$ und $\overline{BB'}$ unter gleichem Winkel erscheinen, der Thaleskreis über $\overline{XY}$.

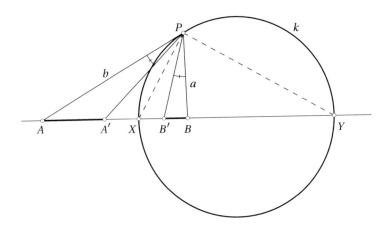

Beweis: Die Konstruktion der Punkte X und Y wurde am Ende von Abschn. 4.3 beschrieben. Für den Beweis, dass der Thaleskreis k über $\overline{XY}$ der gesuchte geometrische Ort ist, argumentiert man mit harmonischen Verhältnissen: Da sowohl $AXBY$ als auch $A'XB'Y$ harmonische Punkte sind, ist der Thaleskreis k ein Apollonischer Kreis sowohl für die Punkte AB als auch für die Punkte $A'B'$. Somit folgt die Gleichheit der markierten Winkel bei P.

Wir geben noch einen zweiten Beweis mithilfe des Whisker-Lemmas, **Satz 8.7**, der noch eine alternative Konstruktion der Punkte X, Y liefert: Sei k_1 der Ortsbogen über $\overrightarrow{AA'}$ zu einem Winkel φ und k_2 der Ortsbogen über $\overrightarrow{BB'}$ zum selben Winkel φ. Dann liegen die Schnittpunkte P und P' der Kreise k_1 und k_2 auf dem gesuchten geometrischen Ort. Die inneren und äußeren Winkelhalbierenden des Dreiecks $\triangle ABP$ in P schneiden AB in zwei Punkten X, Y. Aus **Satz 8.7** folgt dann

$$\frac{b^2}{a^2} = \frac{\overrightarrow{AA'}}{\overrightarrow{A'B}} \cdot \frac{\overrightarrow{AB'}}{\overrightarrow{BB'}} .$$

Andererseits ist wegen des **Satzes von Apollonius 4.1**

$$\frac{b}{a} = \frac{\overrightarrow{AX}}{\overrightarrow{BX}} = \frac{\overrightarrow{AY}}{\overrightarrow{BY}} .$$

Das heißt, die Lage der Punkte X und Y ist unabhängig von der Wahl von φ, und P liegt auf dem Thaleskreis über $\overline{XY}$.   **q.e.d.**

Bemerkung: Der Satz des Apollonius lässt sich noch auf eine andere Weise verallgemeinern. Sind A, B, C drei Punkte, die nicht notwendigerweise auf einer Geraden liegen, so kann man sich wieder die Frage nach dem geometrischen Ort aller Punkte P stellen, von denen aus $\overline{AB}$ und $\overline{BC}$ unter gleichem Winkel erscheinen. Wir verweisen in diesem Zusammenhang auf [28].

Satz 8.9 (Isogonal konjugierte Punkte)
Sei $\triangle ABC$ ein Dreieck, I dessen Inkreismittelpunkt und X ein Punkt verschieden von den Ecken A, B, C. Die Geraden AX, BX, CX werden nun an den Geraden AI, BI CI gespiegelt. Dann schneiden sich die gespiegelten Geraden in einem Punkt X'. X und X' heißen isogonal konjugierte Punkte.

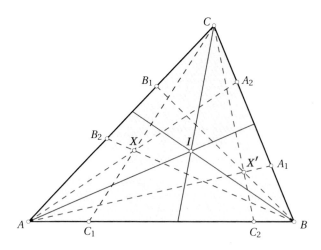

Beweis: Aus dem **Satz von Ceva 3.9** folgt

$$\frac{\overrightarrow{AC_1}}{\overrightarrow{BC_1}} \cdot \frac{\overrightarrow{BA_2}}{\overrightarrow{CA_2}} \cdot \frac{\overrightarrow{CB_2}}{\overrightarrow{AB_2}} = 1.$$

Aus dem Whisker-Lemma, **Satz 8.7**, folgt andererseits

$$\frac{\overrightarrow{BC_1}}{\overrightarrow{AC_1}} \cdot \frac{\overrightarrow{BC_2}}{\overrightarrow{AC_2}} = \frac{a^2}{b^2}, \qquad \frac{\overrightarrow{CA_1}}{\overrightarrow{BA_1}} \cdot \frac{\overrightarrow{CA_2}}{\overrightarrow{BA_2}} = \frac{b^2}{c^2}, \qquad \frac{\overrightarrow{AB_1}}{\overrightarrow{CB_1}} \cdot \frac{\overrightarrow{AB_2}}{\overrightarrow{CB_2}} = \frac{c^2}{a^2}.$$

Multipliziert man die obere Gleichung mit dem Produkt der drei letzten Gleichungen, folgt

$$\frac{\overrightarrow{BC_2}}{\overrightarrow{AC_2}} \cdot \frac{\overrightarrow{CA_1}}{\overrightarrow{BA_1}} \cdot \frac{\overrightarrow{AB_1}}{\overrightarrow{CB_1}} = 1.$$

Aus dem Satz von Ceva folgt somit, dass sich die gespiegelten Geraden in einem Punkt schneiden. **q.e.d.**

Satz 8.10 (Höhenschnittpunkt und Umkreismittelpunkt)
In einem Dreieck sind der Höhenschnittpunkt und der Umkreismittelpunkt isogonal konjugiert.

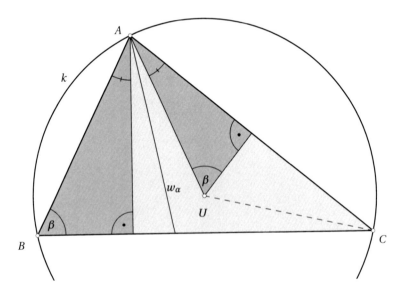

Beweis: In der Figur ist U der Umkreismittelpunkt des Dreiecks $\triangle ABC$ und k sein Umkreis. Dann sind die beiden dunklen, rechtwinkligen Dreiecke ähnlich, denn der Winkel bei U ist der halbe Zentriwinkel zum Peripheriewinkel β bei B. Somit sind die beiden markierten Winkel bei A gleich groß. Dies zeigt, dass die an der Winkelhalbierenden w_α gespiegelte Höhe in A durch den Punkt U geht. **q.e.d.**

8.4   Doppelverhältnisse

Ist X ein Punkt auf der Geraden AB, aber verschieden von B, so wird das Teilverhältnis wie folgt definiert:

$$\mathrm{TV}(ABX) := \begin{cases} \dfrac{\overrightarrow{AX}}{\overrightarrow{BX}} \geq 0 & \text{falls } X \text{ zwischen } A \text{ und } B \text{ liegt,} \\[2ex] -\dfrac{\overrightarrow{AX}}{\overrightarrow{BX}} \leq 0 & \text{falls } X \text{ außerhalb von } \overline{AB} \text{ liegt.} \end{cases}$$

———————————————$\underset{A}{\circ}$————————————————$\underset{X}{\circ}$————————$\underset{B}{\circ}$———————

Man beachte, dass der Wert von $\mathrm{TV}(ABX)$ die Lage von X eindeutig festlegt.

Ist Y ein weiterer Punkt auf AB, verschieden von A, B, so ist das Doppelverhältnis

$$\mathrm{DV}(ABXY) := \frac{\mathrm{TV}(ABX)}{\mathrm{TV}(ABY)}.$$

———————————————$\underset{A}{\circ}$————————————————$\underset{X}{\circ}$———$\underset{B}{\circ}$———$\underset{Y}{\circ}$———

Die Punkte $AXBY$ sind also harmonisch genau dann, wenn $\mathrm{DV}(ABXY) = -1$.

Der **Satz von Ceva 3.9** und der **Satz von Menelaos 3.10** lassen sich mithilfe von Doppelverhältnissen kompakt wie folgt schreiben:

Satz 8.11 (Ceva und Menelaos)
Sei $\triangle ABC$ ein Dreieck und seien A', B', C' Punkte auf dessen Seiten a, b, c. Dann gilt:

(a) *A', B', C' sind kollinear genau dann, wenn $\mathrm{TV}(ABC')\,\mathrm{TV}(BCA')\,\mathrm{TV}(CAB') = -1$.*

(b) *AA', BB', CC' sind kopunktal genau dann, wenn $\mathrm{TV}(ABC')\,\mathrm{TV}(BCA')\,\mathrm{TV}(CAB') = 1$.*

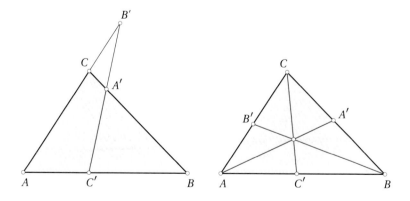

Kongruenzabbildungen lassen Streckenlängen invariant. Perspektive Affinitäten (solche Abbildungen lassen sich durch Parallelprojektionen realisieren) lassen Streckenverhältnisse invariant. Und nun wird sich zeigen: Zentralprojektionen lassen Doppelverhältnisse invariant. Diese Tatsache verallgemeinert das Resultat in **Satz 3.2**.

Satz 8.12 (Satz über Doppelverhältnisse)

- Werden zwei Geraden von vier sich schneidenden Geraden wie in der Figur geschnitten, so gilt

$$\mathrm{DV}(ABXY) = \mathrm{DV}(A'B'X'Y').$$

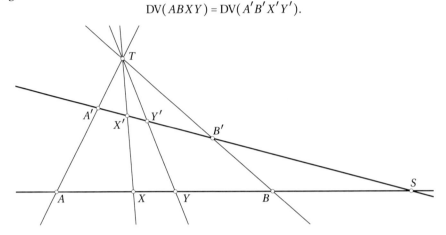

Man sagt, das Doppelverhältnis sei projektiv invariant.

- Ist $A = A'$ der Schnittpunkt der beiden Trägergeraden, so gilt: Die Geraden BB', XX', YY' gehen durch einen Punkt oder sind parallel genau dann, wenn $\mathrm{DV}(ABXY) = \mathrm{DV}(AB'X'Y')$.

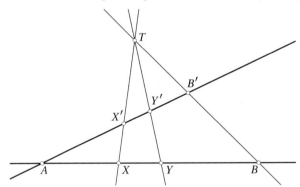

Beweis: Sind die beiden Trägergeraden parallel, so folgt die Behauptung aus dem **3. Strahlensatz** (siehe Abschn. A.3). Wir dürfen also annehmen, dass sich die beiden Trägergeraden in einem Punkt S schneiden. Wir wenden den **Satz von Menelaos 3.10** nacheinander auf geeignete Dreiecke und Transversalen an:

$$\triangle ASA', \text{ Transversale } XX': \quad \mathrm{TV}(ASX)\,\mathrm{TV}(SA'X')\,\mathrm{TV}(A'AT) = -1$$

$$\triangle ASA', \text{ Transversale } YY': \quad \mathrm{TV}(ASY)\,\mathrm{TV}(SA'Y')\,\mathrm{TV}(A'AT) = -1$$

$$\triangle BSB', \text{ Transversale } YY': \quad \mathrm{TV}(BSY)\,\mathrm{TV}(SB'Y')\,\mathrm{TV}(B'BT) = -1$$

$$\triangle BSB', \text{ Transversale } XX': \quad \mathrm{TV}(BSX)\,\mathrm{TV}(SB'X')\,\mathrm{TV}(B'BT) = -1$$

Multipliziert man den Quotienten der ersten beiden Gleichungen mit dem Quotienten der letzten beiden Gleichungen, um alle Faktoren mit S und T los zu werden, so erhält man

$$\frac{\mathrm{TV}(ABX)}{\mathrm{TV}(ABY)} \cdot \frac{\mathrm{TV}(A'B'Y')}{\mathrm{TV}(A'B'X')} = 1.$$

Umformen liefert, wie gewünscht,

$$\mathrm{DV}(ABXY) = \frac{\mathrm{TV}(ABX)}{\mathrm{TV}(ABY)} = \frac{\mathrm{TV}(A'B'X')}{\mathrm{TV}(A'B'Y')} = \mathrm{DV}(A'B'X'Y').$$

Damit ist der erste Teil des Satzes gezeigt.

Alternativ kann man die Invarianz des Doppelverhältnisses auch analog zum Beweis von **Satz 3.2** zeigen. Offenbar ändern sich die Teilverhältnisse der Teilstrecken und damit auch das Doppelverhältnis der Punkte nicht, wenn man die Gerade $A'S$ parallel verschiebt. Wir dürfen also annehmen, dass $S = A$. Sodann legen wir noch die Parallele zu BT durch A. Diese schneidet die Geraden TX und TY in den Punkten C und D.

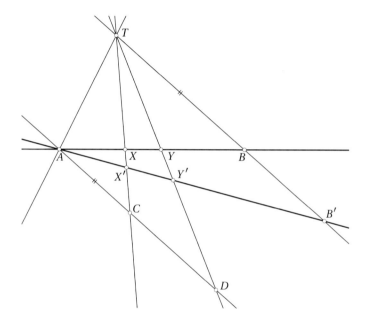

Wenden wir den **2. Strahlensatz** einmal mit dem Streckungszentrum X und einmal mit dem Streckungszentrum Y an, erhalten wir

$$\frac{\overrightarrow{AX}}{\overrightarrow{BX}} = \frac{\overrightarrow{AC}}{\overrightarrow{BT}} \quad \text{und} \quad \frac{\overrightarrow{AY}}{\overrightarrow{BY}} = \frac{\overrightarrow{AD}}{\overrightarrow{BT}}.$$

Damit können wir das Doppelverhältnis $\mathrm{DV}(ABXY)$ auch als ein gewöhnliches Teilverhältnis ausdrücken, wobei wir uns auf den Fall beschränken, dass X und Y zwischen A und B liegen (wegen **Aufgabe 8.3** genügt dies):

$$\mathrm{DV}(ABXY) = \frac{\overrightarrow{AX}}{\overrightarrow{BX}} \cdot \frac{\overrightarrow{BY}}{\overrightarrow{AY}} = \frac{\overrightarrow{AC}}{\overrightarrow{BT}} \cdot \frac{\overrightarrow{BT}}{\overrightarrow{AD}} = \frac{\overrightarrow{AC}}{\overrightarrow{AD}}$$

Ganz analog erhalten wir mithilfe des Strahlensatzes, diesmal für die Streckungszentren X' und Y', denselben Wert

$$\mathrm{DV}(AB'X'Y') = \frac{\overrightarrow{AC}}{\overrightarrow{AD}}.$$

Beim zweiten Teil des Satzes sind zwei Implikationen zu zeigen. Nehmen wir zuerst an, die Geraden BB', XX', YY' schneiden sich in einem Punkt. Dann folgt $\mathrm{DV}(ABXY) = \mathrm{DV}(AB'X'Y')$ aus dem ersten Teil des Satzes.

Für die umgekehrte Richtung nehmen wir an, dass $\mathrm{DV}(ABXY) = \mathrm{DV}(AB'X'Y')$. Sind die Geraden BB', XX', YY' parallel, ist nichts zu zeigen. Nehmen wir also an, dass sich zum Beispiel YY' und BB' in einem Punkt T schneiden. Sei dann X'' der Schnittpunkt der Geraden TX und AB'. Dann gilt wegen des ersten Teils des Satzes $\mathrm{DV}(ABXY) = \mathrm{DV}(AB'X'Y') = \mathrm{DV}(AB'X''Y')$. Der Wert des Doppelverhältnisses $\mathrm{DV}(AB'X''Y')$ legt aber die Lage des Punktes X'' fest, d.h. $X' = X''$.   **q.e.d.**

Nun lässt sich auch das Doppelverhältnis für vier sich in einem Punkt T schneidende Geraden a, b, x, y definieren: Dazu wählt man eine beliebige Gerade g, welche nicht durch T geht. Sind die Schnittpunkte von g mit den entsprechenden Geraden mit A, B, X, Y bezeichnet, so ist $\mathrm{DV}(abxy) := \mathrm{DV}(ABXY)$. Aufgrund von **Satz 8.12** ist dieser Wert unabhängig von der Wahl von g.

Das Doppelverhältnis und die Polarentheorie sind über den folgenden Satz miteinander verknüpft. Er verallgemeinert **Satz 4.8**:

Satz 8.13
Sei k ein Kegelschnitt, seien A, B, X, Y vier Punkte auf einer Geraden p und a, b, x, y die Polaren der vier Punkte. Dann gilt $\mathrm{DV}(ABXY) = \mathrm{DV}(abxy)$.

Beweis: Aufgrund von **Satz 8.12** genügt es, den Satz für einen Kreis k zu zeigen. Sei dazu M der Mittelpunkt von k und seien a', b', x', y' die Geraden durch M und die entsprechenden Punkte A, B, X, Y. Da die Polaren a, b, x, y durch den Pol P von p gehen und je senkrecht auf a', b', x', y' stehen, schneiden sich die Geraden a, b, x, y unter denselben Winkeln wie a', b', x', y'. Somit gilt $\mathrm{DV}(ABXY) = \mathrm{DV}(a'b'x'y') = \mathrm{DV}(abxy)$.

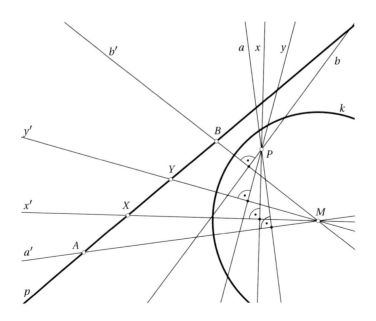

q.e.d.

8.5   Das Ceva- und das Anti-Ceva-Dreieck

Sei $\triangle ABC$ ein Dreieck und P ein Punkt, welcher nicht auf einer Dreiecksseite oder deren Verlängerung liegt. Verbindet man die Ecken A, B, C des Dreiecks je mit P, so bilden die Schnittpunkte A', B', C' mit den gegenüberliegenden Seiten das von P induzierte *Ceva-Dreieck* von $\triangle ABC$. Umgekehrt heißt $\triangle ABC$ das von P induzierte *Anti-Ceva-Dreieck* von $\triangle A'B'C'$. Wie man also das Ceva-Dreieck konstruiert, ist klar. Aber gibt es zu jedem gegebenen Dreieck $\triangle A'B'C'$ und einem Punkt P ein Anti-Ceva-Dreieck $\triangle ABC$? Und wenn ja, ist es eindeutig, und wie findet man es?

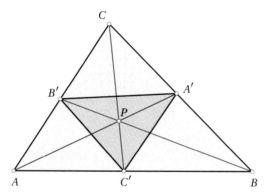

Satz 8.14 (Anti-Ceva-Dreieck)
Sei $\triangle A'B'C'$ ein Dreieck und P ein Punkt, der nicht auf einer Dreiecksseite oder deren Verlängerung liegt. Dann gibt es ein eindeutiges Dreieck $\triangle ABC$, sodass $\triangle A'B'C'$ das von P induzierte Ceva-Dreieck von $\triangle ABC$ ist. Das heißt, $\triangle ABC$ ist das von P induzierte Anti-Ceva-Dreieck von $\triangle A'B'C'$.

Beweis: Der Beweis ist konstruktiv und macht ausgiebig Gebrauch von harmonischen Verhältnissen. Betrachten wir zunächst ein Dreieck $\triangle ABC$ und das von einem Punkt P induzierte Ceva-Dreick $\triangle A'B'C'$.

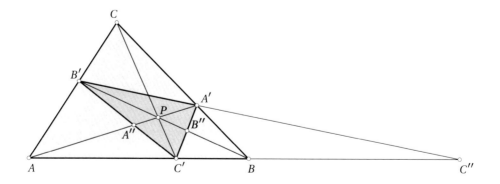

Der Figur entnehmen wir, dass die Punkte A, C', B, C'' harmonisch liegen. Somit sind die Geraden $B'A, B'C', B'B, B'C''$ durch B' und je einen dieser vier Punkte harmonisch. Ihre Schnittpunkte A, A'', P, A' mit der Geraden $A'P$ liegen also auch harmonisch. Mit anderen Worten: Die Ecke A kann aus $\triangle A'B'C'$ und P als vierter harmonischer Punkt zu A', P, A'' rekonstruiert werden. Analoges gilt für die Ecken B und C. Damit steht schon einmal die Eindeutigkeit des Anti-Ceva-Dreiecks fest.

Sind umgekehrt $\triangle A'B'C$ und P gegeben und A, B und C als vierte harmonische Punkte gemäß der obigen Überlegung konstruiert, so ist zu zeigen, dass $\triangle A'B'C'$ tatsächlich dessen von P induziertes Ceva-Dreieck ist. Dazu genügt es zu zeigen, dass C' auf der Geraden AB liegt. Dies überlegt man wie folgt, wobei wir die Bezeichnungen der Punkte aus der obigen Figur übernehmen: Ausgehend von $\triangle A'B'C'$ und P sei B der vierte harmonische Punkt zu B', P, B''. Dann sind die Geraden $A'B', A'P, A'B'', A'B$ harmonisch. Daraus folgt, dass die Schnittpunkte A, C', B, C'' mit der Geraden CB' harmonisch liegen. Dies wiederum impliziert, dass die Geraden $B'A, B'C', B'B, B'C''$ harmonisch sind. Dann sind aber auch die Punkte A', P, A'', A harmonisch. Das heißt, der vierte harmonische Punkt A zu A', P, A'' liegt tatsächlich auf der Geraden BC'.   **q.e.d.**

8.6 Der Satz von Carnot für Kegelschnitte und verwandte Resultate

Satz 8.15 (Satz von Carnot für Kegelschnitte)
Die Punkte $A_1, A_2, B_1, B_2, C_1, C_2$ in der Figur liegen genau dann auf einem Kegelschnitt, wenn

$$\mathrm{TV}(ABC_1)\,\mathrm{TV}(ABC_2)\,\mathrm{TV}(BCA_1)\,\mathrm{TV}(BCA_2)\,\mathrm{TV}(CAB_1)\,\mathrm{TV}(CAB_2) = 1.$$

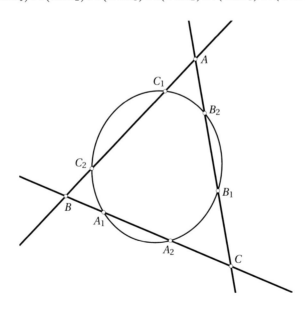

Beweis: Wir wenden **Satz 8.11.(a)** im Dreieck $\triangle ABC$ nacheinander auf die Transversalen B_1A_2, A_1C_2, C_1B_2 an:

$$\mathrm{TV}(ABC_3)\,\mathrm{TV}(BCA_2)\,\mathrm{TV}(CAB_1) \;=\; -1$$
$$\mathrm{TV}(ABC_2)\,\mathrm{TV}(BCA_1)\,\mathrm{TV}(CAB_3) \;=\; -1$$
$$\mathrm{TV}(ABC_1)\,\mathrm{TV}(BCA_3)\,\mathrm{TV}(CAB_2) \;=\; -1$$

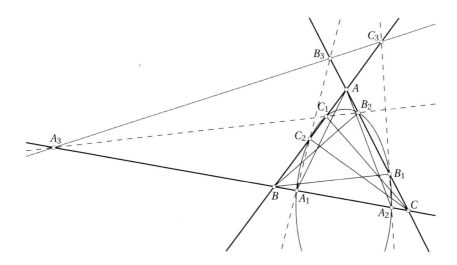

Multipliziert man diese drei Gleichungen, so folgt aus der Voraussetzung

$$\mathrm{TV}(ABC_1)\,\mathrm{TV}(ABC_2)\,\mathrm{TV}(BCA_1)\,\mathrm{TV}(BCA_2)\,\mathrm{TV}(CAB_1)\,\mathrm{TV}(CAB_2) = 1,$$

dass

$$\mathrm{TV}(ABC_3)\,\mathrm{TV}(BCA_3)\,\mathrm{TV}(CAB_3) = -1.$$

Damit folgt aus **Satz 8.11.(a)**, dass die Punkte A_3, B_3, C_3 kollinear sind. Die Punkte A_3, B_3, C_3 sind aber just die Schnittpunkte der Gegenseiten im Sechseck $C_1B_2B_1A_2A_1C_2$. Mit dem **Satz von Pascal 7.11** liegen diese sechs Punkte auf einem Kegelschnitt.

Umgekehrt: Nehmen wir an, dass die Punkte $C_1B_2B_1A_2A_1C_2$ auf einem Kegelschnitt liegen. Dann gibt es einen eindeutigen Punkt C_2' auf AB, sodass

$$\mathrm{TV}(ABC_1)\,\mathrm{TV}(ABC_2')\,\mathrm{TV}(BCA_1)\,\mathrm{TV}(BCA_2)\,\mathrm{TV}(CAB_1)\,\mathrm{TV}(CAB_2) = 1$$

gilt. Aus dem ersten Teil des Beweises folgt, dass dann $C_1B_2B_1A_2A_1C_2'$ auf einem Kegelschnitt liegen. Da ein Kegelschnitt durch fünf Punkte eindeutig bestimmt ist, folgt $C_2 = C_2'$.

q.e.d.

Damit haben wir **Satz 2.13** von Kreisen auf allgemeine Kegelschnitte übertragen, wodurch sogar eine „Genau dann, wenn"-Aussage entstanden ist. Der Satz von Carnot lässt noch eine weitere Verallgemeinerung zu. Dazu betrachten wir zunächst das folgende Resultat:

Satz 8.16 (Doppelverhältnis im Dreieck)
Sei $\triangle A_1 A_2 A_3$ *ein Dreieck mit den Punkten* X_1 *auf der Seite* A_2A_3, X_2 *auf der Seite* A_3A_1 *und* X_3 *auf der Seite* A_1A_2. *Wird das Dreieck mit einer Zentralprojektion auf ein Dreieck* $\triangle A_1' A_2' A_3'$ *projiziert, sodass die Bilder der Punkte* X_i *zu den Punkten* X_i' *werden, so gilt*

$$\mathrm{TV}(A_1A_2X_3)\,\mathrm{TV}(A_2A_3X_1)\,\mathrm{TV}(A_3A_1X_2) = \mathrm{TV}(A_1'A_2'X_3')\,\mathrm{TV}(A_2'A_3'X_1')\,\mathrm{TV}(A_3'A_1'X_2').$$

Das heißt, $\mathrm{TV}(A_1A_2X_3)\,\mathrm{TV}(A_2A_3X_1)\,\mathrm{TV}(A_3A_1X_2)$ *ist eine projektive Invariante.*

Beweis: Wir zeigen nur den generischen Fall und wollen annehmen, dass die Gerade X_2X_1 die Gerade A_1A_2 im Punkt Y schneidet.

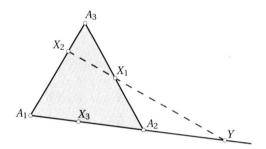

Es gilt

$$\mathrm{TV}(A_1 A_2 X_3)\,\mathrm{TV}(A_2 A_3 X_1)\,\mathrm{TV}(A_3 A_1 X_2)$$
$$= \mathrm{TV}(A_1 A_2 Y)\,\mathrm{TV}(A_2 A_3 X_1)\,\mathrm{TV}(A_3 A_1 X_2) \cdot \frac{\mathrm{TV}(A_1 A_2 X_3)}{\mathrm{TV}(A_1 A_2 Y)}$$
$$= -\mathrm{DV}(A_1 A_2 X_3 Y).$$

Im letzten Schritt haben wir **Satz 8.11.(a)** verwendet. Die Behauptung folgt sodann aus der projektiven Invarianz des Doppelverhältnisses in **Satz 8.12**.   **q.e.d.**

Der obige Satz lässt sich auf beliebige n-Ecke ausdehnen:

Satz 8.17
Sei $A_1 A_2 \ldots A_n$ ein n-Eck und X_i ein Punkt auf $X_i X_{i+1}$ für $i = 1, 2, \ldots, n$ (wobei $A_{n+1} = A_1$). Dann ist der Wert

$$\mathrm{TV}(A_1 A_2 X_1)\,\mathrm{TV}(A_2 A_3 X_2)\ldots\mathrm{TV}(A_{n-1} A_n X_{n-1})\,\mathrm{TV}(A_n A_1 X_n)$$

projektiv invariant.

Beweis: Wir zeigen den Satz nur für $n = 4$ und triangulieren das Viereck durch eine Diagonale. Der allgemeine Fall ist analog. Sei Y ein Punkt auf der Diagonalen $A_2 A_4$. Dann gilt

$$\mathrm{TV}(A_1 A_2 X_1)\,\mathrm{TV}(A_2 A_3 X_2)\,\mathrm{TV}(A_3 A_4 X_3)\,\mathrm{TV}(A_4 A_1 X_4)$$
$$= \big(\mathrm{TV}(A_1 A_2 X_1)\,\mathrm{TV}(A_2 A_4 Y)\,\mathrm{TV}(A_4 A_1 X_4)\big)\big(\mathrm{TV}(A_2 A_3 X_2)\,\mathrm{TV}(A_3 A_4 X_3)\,\mathrm{TV}(A_4 A_2 Y)\big).$$

Beachte, dass die Terme $\mathrm{TV}(A_2 A_4 Y)$ und $\mathrm{TV}(A_4 A_2 Y)$ reziprok sind. Die Produkte in den beiden großen Klammern sind aufgrund von **Satz 8.16** projektiv invariant, womit die Behauptung gezeigt ist.

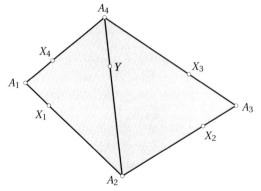

                                                                                                q.e.d.

Als direkte Folgerung erhalten wir:

Satz 8.18
Ist $A_1 A_2 \dots A_n$ ein Tangentenvieleck an einen Kegelschnitt mit den Berührungspunkten $X_1, X_2, \dots, X_n$ auf den Seiten $A_1 A_2, A_2 A_3, \dots A_n A_1$. Dann gilt

$$\mathrm{TV}(A_1 A_2 X_1)\,\mathrm{TV}(A_2 A_3 X_2)\dots\mathrm{TV}(A_n A_1 X_n) = 1.$$

Beweis: Ist der Kegelschnitt ein Kreis, folgt die Aussage sofort aufgrund der Tatsache, dass Tangentenabschnitte von einem Punkt an den Kreis gleich lang sind. Die allgemeine Aussage ergibt sich dann aufgrund von **Satz 8.17**. **q.e.d.**

Der obige Satz verallgemeinert den entsprechenden Satz für Dreiecke (siehe den Beweis von **Satz 4.12**). Als Verallgemeinerung des **Satzes von Carnot 8.15** auf n-Ecke erhalten wir nun den folgenden Satz:

Satz 8.19
Sei $A_1 A_2 \dots A_n$ ein n-Eck und c ein Kegelschnitt. Die Schnittpunkte von c mit den Seiten $A_i A_{i+1}$ seien X_{i1}, X_{i2} (siehe Figur). Dann gilt

$$\prod_{i=1}^{n} \mathrm{TV}(A_i A_{i+1} X_{i1})\,\mathrm{TV}(A_i A_{i+1} X_{i2}) = 1.$$

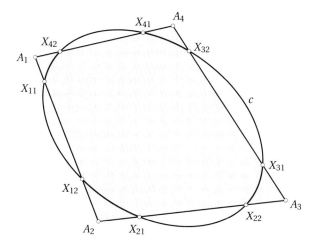

Beweis: Ist c ein Kreis, so folgt die Behauptung wie in **Satz 2.13** für den Fall $n = 3$ mithilfe des **Sekantensatzes 2.4**. Der allgemeine Fall ist dann eine Folge von **Satz 8.12**. Für $n = 3$ liefert diese Überlegung einen alternativen Beweis für **Satz 8.15**. **q.e.d.**

Satz 8.20 (Harmonischer Kegelschnitt im Dreieck)
Die Punkte $P_1, P_2, P_3, P_4, P_5, P_6$ liegen genau dann auf einem Kegelschnitt, wenn

$$\mathrm{TV}(ABC_1)\,\mathrm{TV}(ABC_2)\,\mathrm{TV}(BCA_1)\,\mathrm{TV}(BCA_2)\,\mathrm{TV}(CAB_1)\,\mathrm{TV}(CAB_2) = 1.$$

Bemerke, dass die Bedingung über das Produkt der Verhältnisse in diesem Satz genau dieselbe ist wie in **Satz 8.15**.

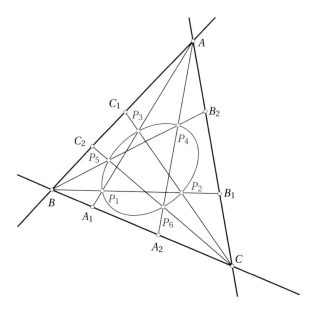

Beweis: Der **Satz von Pascal 7.11** liefert folgendes Kriterium: Die Ecken des Sechsecks $P_1, P_2, P_3, P_4, P_5, P_6$ liegen genau dann auf einem Kegelschnitt, wenn sich $P_1 P_6$ und $P_3 P_4$ auf BC schneiden. Dies ist wegen **Satz 8.12** genau dann der Fall, wenn für die Doppelverhältnisse $\mathrm{DV}(AA_1 P_3 P_1) = \mathrm{DV}(AA_2 P_4 P_6)$ gilt.

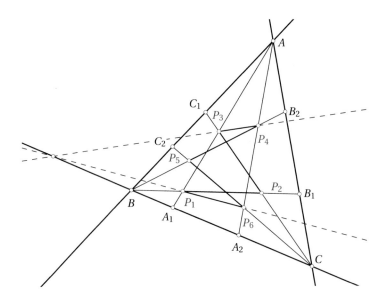

Um dies zu überprüfen, verwenden wir **Satz 8.11.(a)** für vier geeignete Teildreiecke und Transversalen:

$$\triangle BA_1A, \text{ Transversale } CC_1: \quad \text{TV}(AA_1P_3) = -\text{TV}(ABC_1)\,\text{TV}(BA_1C)$$

$$\triangle A_1CA, \text{ Transversale } BB_1: \quad \text{TV}(AA_1P_1) = -\text{TV}(CA_1B)\,\text{TV}(ACB_1)$$

$$\triangle AA_2C, \text{ Transversale } BB_2: \quad \text{TV}(AA_2P_4) = -\text{TV}(CA_2B)\,\text{TV}(ACB_2)$$

$$\triangle BA_2A, \text{ Transversale } CC_2: \quad \text{TV}(AA_2P_6) = -\text{TV}(ABC_2)\,\text{TV}(BA_2C)$$

Dann gilt

$$\frac{\text{DV}(AA_1P_3P_1)}{\text{DV}(AA_2P_4P_6)} = \frac{\text{TV}(AA_1P_3):\text{TV}(AA_1P_1)}{\text{TV}(AA_2P_4):\text{TV}(AA_2P_6)}.$$

Ersetzt man nun in diesem Doppelbruch die auftretenden Streckenverhältnisse durch die oben gefundenen Produkte, so erhält man

$$\frac{\text{DV}(AA_1P_3P_1)}{\text{DV}(AA_2P_4P_6)} = \text{TV}(ABC_1)\,\text{TV}(ABC_2)\,\text{TV}(BCA_1)\,\text{TV}(BCA_2)\,\text{TV}(CAB_1)\,\text{TV}(CAB_2).$$

q.e.d.

Der obige Satz hat ein verblüffendes Analogon:

Satz 8.21 (Harmonischer Kegelschnitt im Dreieck)
Die Geraden $AA_1, AA_2, BB_1, BB_2, CC_1, CC_2$ *sind genau dann tangential an einem Kegelschnitt, wenn*

$$\text{TV}(ABC_1)\,\text{TV}(ABC_2)\,\text{TV}(BCA_1)\,\text{TV}(BCA_2)\,\text{TV}(CAB_1)\,\text{TV}(CAB_2) = 1.$$

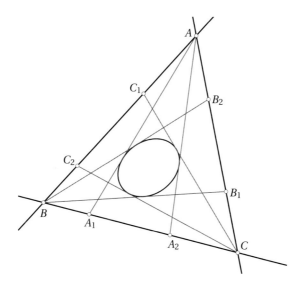

Dies ist also erneut dieselbe numerische Bedingung an das Produkt der Teilverhältnisse wie in **Satz 8.15** und **Satz 8.20**.

Beweis: Wegen **Satz 8.20** ist die Bedingung über das Produkt der Teilverhältnisse äquivalent zur Tatsache, dass die Punkte $P_1, P_2, P_3, P_4, P_4, P_6$ in der Figur auf einem Kegelschnitt liegen. Wir betrachten die Schnittpunkte der Gegenseiten des Sechsecks $P_1, P_2, P_3, P_4, P_4, P_6$: B ist der Schnittpunkt von P_3P_4 und P_6P_1, C ist der Schnittpunkt von P_2P_3 und P_5P_6. Aus dem **Satz von Pascal 7.11** folgt dann, dass der Schnittpunkt der Geraden P_1P_2 und P_4P_5 auf BC liegt. Dies ist aber für das Sechseck $BP_4P_2CP_6P_1$ wegen des **Satzes von Brianchon 7.13** gerade die Bedingung, dass seine Seiten tangential an einen Kegelschnitt sind.

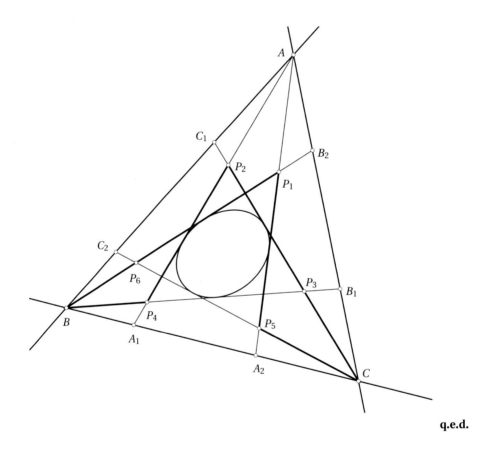

$$\text{q.e.d.}$$

Eines der tiefsten Resultate der projektiven Geometrie ist der Schließungssatz von Poncelet. Wir zeigen hier einen Spezialfall, dessen Beweis sich nun ganz leicht ergibt.

Satz 8.22 (Satz von Poncelet für Dreiecke)
Seien k_1, k_2 Kegelschnitte, $\triangle ABC$ ein Dreieck mit Ecken auf k_1 und Seiten tangential an k_2. Sei $\triangle A'B'C'$ ein weiteres Dreieck mit Ecken auf k_2, sodass zwei seiner Seiten tangential an k_2 sind. Dann ist auch seine dritte Seite tangential an k_2.

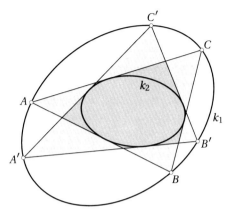

Das bedeutet bildlich gesprochen, dass man das Dreieck $\triangle ABC$ in k_1, k_2 beliebig „drehen"
kann, wobei es immer seine Ecken auf k_1 behält und seine Seiten tangential an k_2 bleiben.
Dabei ändert es freilich seine Form. Anders gesagt: Beginnt man in der obigen Figur bei einem beliebigen Punkt A' auf k_1 und legt eine Tangente an k_2, welche k_1 in einem Punkt B'
schneidet, und setzt man diesen Prozess von B' aus fort, so landet man im dritten Schritt
wieder bei A'.

Beweis: Sei P der Schnittpunkt von AC mit $A'B'$, Q der Schnittpunkt von AB mit $B'C'$ und
R der Schnittpunkt von BC mit $A'C'$ (siehe Figur). Wir nehmen an, dass $A'B'$ und $A'C'$
tangential an k_2 sind. Dann ist zu zeigen, dass auch $B'C'$ tangential an k_2 ist. Die Punkte A, B, C, A', B', C' liegen auf dem Kegelschnitt k_1. Daher gilt nach **Satz 8.20** im Verein mit
Satz 8.21, dass auch die sechs Dreiecksseiten tangential an einen Kegelschnitt k_2' sind. k_2' ist
aber durch fünf Tangenten bestimmt. Also gilt $k_2 = k_2'$.

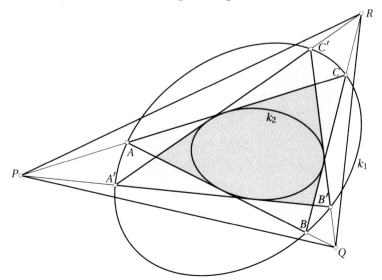

q.e.d.

Der Satz von Poncelet gilt für beliebige n-Ecke. Ein neuerer Beweis hat ergeben, dass der Satz
von Poncelet eine kombinatorische Konsequenz des Satzes von Pascal ist [23].

8.7 Bemerkungen zur Polarentheorie

In Abschn. 7.3.1 haben wir gesehen, wie man bezüglich eines Kegelschnitts ein Pol-Polaren-Paar definieren kann und welche Eigenschaften und Anwendungen diese Theorie hat. Man kann nun den Kegelschnitt durch ein Dreieck ersetzen und bezüglich dieses Dreiecks ein Pol-Polaren-Paar definieren. Diese sogenannte trilineare Polarität wollen wir in diesem Abschnitt kurz beleuchten. Dabei kommen uns unsere Kenntnisse über harmonische Verhältnisse sehr zugute.

Satz 8.23 (Trilineare Polarität)
Sei $\triangle ABC$ ein Dreieck und P ein Punkt verschieden von dessen Eckpunkten. Die Verbindungsgeraden der Ecken mit P schneiden die gegenüberliegenden Seiten in den Punkten A', B', C', und die Geraden AB und $A'B'$ schneiden sich in C'', BC und $B'C'$ in A'', CA und $C'A'$ in B''. Dann liegen die Punkte A'', B'', C'' auf einer Geraden p. p heißt trilineare Polare zum Pol P.

Beweis: Dies ist ein Spezialfall des **Satzes von Desargues 7.3**, wie wir schon in **Satz 3.11** gesehen haben: Die Dreiecke $\triangle ABC$ und $\triangle A'B'C'$ sind bezüglich P in perspektiver Lage. Daher schneiden sich entsprechende Seiten auf einer Geraden.

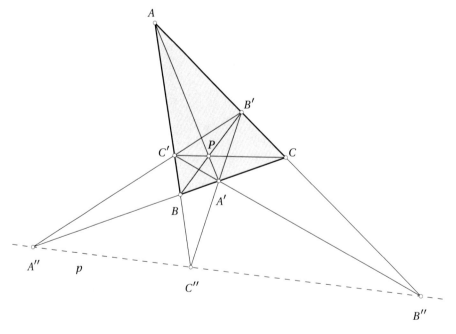

q.e.d.

Die Gergonne-Gerade eines Dreiecks ist die trilineare Polare zum Gergonne-Punkt und gleichzeitig die Polare zum Gergonne-Punkt bezüglich des Inkreises des Dreiecks (siehe **Satz 4.12**).

Die trilineare Polarität hat nicht ebenso schöne Eigenschaften wie die Polariät bezüglich eines Kegelschnitts. So gilt kein Analogon zum **Hauptsatz der Polarentheorie 4.6**. Auch sind trilineare Pole kopunktaler Geraden nicht kollinear, sondern sie liegen auf einem dem Dreieck umbeschriebenen Kegelschnitt [16].

Wie findet man den trilinearen Pol P, wenn die trilineare Polare p gegeben ist? Eine einfache Variante besteht darin, in der obigen Figur die Punkte A', B', C' zu konstruieren: Die Punkte $AB'CB''$, $CA'BA''$ und $AC'BC''$ sind nämlich harmonisch. Für $CA'BA''$ sieht man dies mit **Satz 3.7**, indem man das vollständige Vierseit $AC'PB'BC$ betrachtet. Also ist beispielsweise A' als vierter harmonischer Punkt aus C, B, A'' konstruierbar. Dann ergibt sich P als Schnittpunkt von AA', BB' und CC'.

Man kann P aus p aber noch einfacher rekonstruieren. Man erhält die betreffende Konstruktion durch „Dualisieren" der Konstruktion der trilinearen Polaren p aus dem Pol P. Das heißt, man ersetzt in der Konstruktion mechanisch den Begriff „Punkt" durch „Gerade" und umgekehrt sowie „Schnittpunkt von Geraden" durch „Verbindungsgeraden von Punkten" und umgekehrt. Wir betrachten dies in der unten stehenden Tabelle: Gegeben sei das Dreieck $\triangle ABC$ mit Seiten a, b, c. Wir schreiben $R - S$ für die Verbindungsgerade zweier Punkte R und S und $r \cap s$ für den Schnittpunkt der Geraden r und s. Die linke Spalte in der Tabelle entspricht der Konstruktion in **Satz 8.23**, die rechte Spalte entsteht durch formales Dualisieren der linken Spalte, also Großbuchstaben (Punkte) durch Kleinbuchstaben (Geraden) ersetzen und umgekehrt, und „$\cap$" ersetzen durch „$-$" und umgekehrt:

Polare p aus Pol P	Pol P aus Polare p
$A' = a \cap (A - P)$	$a' = A - (a \cap p)$
$B' = b \cap (B - P)$	$b' = B - (b \cap p)$
$C' = c \cap (C - P)$	$c' = C - (c \cap p)$
$A'' = a \cap (B' - C')$	$a'' = A - (b' \cap c')$
$B'' = b \cap (C' - A')$	$b'' = B - (c' \cap a')$
$C'' = c \cap (A' - B')$	$c'' = C - (a' \cap b')$
$p = A'' - B'' - C''$	$P = a'' \cap b'' \cap c''$

In der reellen projektiven Geometrie wird gezeigt, dass durch Dualisieren einer wahren Inzidenzaussage wieder eine wahre Inzidenzaussage entsteht. Das bedeutet, wir dürften bereits schließen, dass die Geraden a'', b'' und c'' kopunktal sind. Wir haben hier dieses Resultat jedoch nur formal erhalten und müssen es noch beweisen. Insbesondere müssen wir noch verifizieren, dass der in der Tabelle rechts erhaltene Punkt P tatsächlich der trilineare Pol von p ist. Die Konstruktion auf der rechten Seite ergibt jedenfalls, zunächst formal, den folgenden Satz:

Satz 8.24 (Trilinearer Pol)

Sei $\triangle ABC$ ein Dreieck und p eine Gerade verschieden von den Dreiecksseiten. Seien A'', B'', C'' die Schnittpunkte von p mit den Dreiecksseiten a, b, c. Dann ergeben sich die Verbindungsgeraden $a' = AA''$, $b' = BB''$ und $c' = CC''$ sowie die Schnittpunkte $\bar{A}$ von b' und c', $\bar{B}$ von a' und c' sowie $\bar{C}$ von a' und b'. Dann ist der trilineare Pol P von p der gemeinsame Schnittpunkt von $A\bar{A}$, $B\bar{B}$ und $C\bar{C}$.

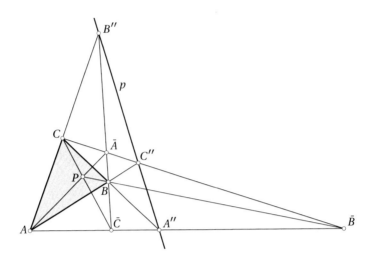

Beweis: Wir zeigen, dass der trilineare Pol P auf der Geraden $A\bar{A}$ liegt (für $B\bar{B}$ und $C\bar{C}$ argumentiert man analog). Indem man das vollständige Vierseit $AC'PB'BC$ betrachtet, sieht man, dass $A''BA'C$ harmonische Punkte sind. Wegen **Satz 8.12** entstehen daraus durch Projektion am Punkt A auf p die harmonischen Punkte $A''C''QB''$. Mit dem zweiten Teil desselben Satzes schließt man, dass BB'', CC'' und AA' kopunktal sind.

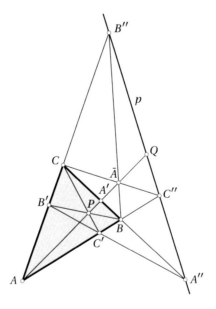

q.e.d.

Ein wichtiges Hilfsmittel in der Dreiecksgeometrie sind trilineare Koordinaten. So werden etwa die über 30 000 Dreieckszentren in Clark Kimberlings *Encyclopedia of Triangle Centers* in trilinearen und baryzentrischen Koordinaten aufgeführt und identifiziert. Trilineare Koordinaten beziehen sich auf ein beliebig gegebenes Referenzdreieck $\triangle A_1 A_2 A_3$ mit Seiten a_1, a_2, a_3. Um die trilinearen Koordinaten eines Punktes P zu beschreiben, fällt man die Lote auf die Dreiecksseiten (siehe Figur) und misst die orientierten Abstände x_1, x_2, x_3 von P zu den Lotfußpunkten: Liegt P auf derselben Seite einer Dreiecksseite wie A_i so ist x_i positiv,

sonst negativ. Durch Anpassen der Einheit können wir es noch so einrichten, dass die Drei-
ecksfläche gleich $\frac{1}{2}$ ist. Liegt P innerhalb des Dreiecks, so können wir die Fächeninhalte der
Dreiecke $A_i A_j P$ aufsummieren und erhalten

$$a_1 x_1 + a_2 x_2 + a_3 x_3 = 1. \tag{8.1}$$

Man überzeugt sich leicht davon, dass diese Beziehung auch für Punkte in beliebiger Lage
gilt.

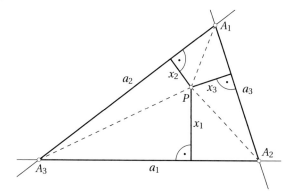

Es zeigt sich, dass das Rechnen mit diesen Koordinaten einfacher wird, wenn man statt des
redundanten Trippels (x_1, x_2, x_3) das projektive Trippel $[y_1, y_2, y_3] := \{\lambda(x_1, x_2, x_3) : \lambda \neq 0\}$
verwendet. Dafür schreibt man dann kurz $y_1 : y_2 : y_3$. Zum Beispiel lauten die trilinearen Koordinaten des Inkreismittelpunktes des Referenzdreiecks $1 : 1 : 1$. Wegen Gleichung (8.1) erhält
man die konkreten metrischen Werte x_1, x_2, x_3 aus $y_1 : y_2 : y_3$ leicht zurück: $x_i = \frac{y_i}{a_1 y_1 + a_2 y_2 + a_3 y_3}$.

Als Nächstes überlegen wir, wie eine Gerade g in trilinearen Koordinaten dargestellt werden
kann. Wenn wir den Punkt P entlang von g veschieben, ist die Änderung Δx_1 seiner trilinearen
Koordinate x_1 proportional zur Änderung Δx_2 seiner trilinearen Koordinate x_2 (siehe Figur).

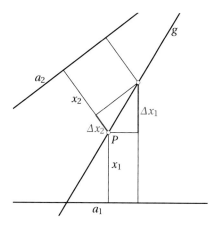

Daher kann die Gleichung von g in trilinearen Koordinaten geschrieben werden als $u_1 x_1 +
u_2 x_2 + c = 0$. Wenn wir c durch $1 \cdot c$ ersetzen und die 1 mithilfe von Gleichung (8.1) aus-
schreiben, erhalten wir eine Gleichung der Form $v_1 x_1 + v_2 x_2 + v_3 x_3 = 0$. Da diese Gleichung

homogen ist, gilt sie auch für die projektiven Koordinaten $y_1 : y_2 : y_3$ eines Punktes auf g: $v_1 y_1 + v_2 y_2 + v_3 y_3 = 0$. Umgekehrt beschreibt jede Gleichung dieser Art eine Gerade. Wir ordnen der Geraden mit der Gleichung $v_1 y_1 + v_2 y_2 + v_3 y_3 = 0$ das projektive Trippel $v_1 : v_2 : v_3$ zu. Dann kann die Inzidenz eines Punktes $y_1 : y_2 : y_3$ und einer Geraden $v_1 : v_2 : v_3$ auch schlank durch das Skalarprodukt $\langle y, v \rangle = 0$ ausgedrückt werden, wenn wir $y = (y_1, y_2, y_3)$ und $v = (v_1, v_2, v_3)$ als Vektoren im $\mathbb{R}^3$ auffassen. Diese Vektoren y, welche Punkten auf der Geraden $v = (v_1, v_2, v_3)$ entsprechen, bilden demnach die zu v orthogonale Ursprungsebene im $\mathbb{R}^3$. Drei Punkte $x_1 : x_2 : x_3$, $y_1 : y_2 : y_3$ und $z_1 : z_2 : z_3$ sind daher kollinear, wenn die Determinante der Matrix mit den entsprechenden Spaltenvektoren x, y, z null ist. Die Gerade $v_1 : v_2 : v_3$ durch die Punkte $x_1 : x_2 : x_3$ und $y_1 : y_2 : y_3$ ergibt sich einfach als Vektorprodukt der entsprechenden Vektoren x und y. Dual dazu gilt: Die Vektoren v, welche Geraden durch den Punkt $y = (y_1, y_2, y_3)$ entsprechen, bilden die zu y orthogonale Ursprungsebene im $\mathbb{R}^3$. Drei Geraden $u_1 : u_2 : u_3$, $v_1 : v_2 : v_3$ und $w_1 : w_2 : w_3$ sind daher kopunktal, wenn die Determinante der Matrix mit den entsprechenden Spaltenvektoren u, v, w null ist. Der Schnittpunkt $x_1 : x_2 : x_3$ der Geraden $u_1 : u_2 : u_3$ und $v_1 : v_2 : v_3$ ergibt sich als Vektorprodukt der entsprechenden Vektoren u und v.

Wir wollen noch kurz die Umrechnung von trilinearen Koordinaten (x_1, x_2, x_3) in kartesische Koordinaten (x, y) betrachten. Dazu setzen wir den kartesischen Ursprung in den Eckpunkt A_3 des Dreiecks, und die Seite a_1 nehmen wir als x-Achse (siehe Figur).

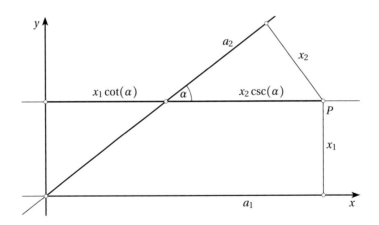

Wenn α den Dreieckswinkel in der Ecke A_3 bezeichnet, so lesen wir ab:

$$x = x_1 \cot(\alpha) + x_2 \csc(\alpha), \quad y = x_1$$

Der wesentliche Punkt ist, dass die Umrechnung linear ist.

Die Nützlichkeit der trilinearen Koordinaten zeigt sich zum Beispiel bei der trilinearen Polarität: Sie P der Punkt $p_1 : p_2 : p_3$ dessen trilineare Polare q wir bestimmen wollen. Die Ecken des Dreiecks haben die trilinearen Koordinaten $0 : 0 : 1$, $0 : 1 : 0$ und $1 : 0 : 0$. Tatsächlich können wir dann die trilinearen Koordinaten von q ohne Weiteres aus der folgenden Figur ablesen, nämlich $\frac{1}{p_1} : \frac{1}{p_2} : \frac{1}{p_3}$.

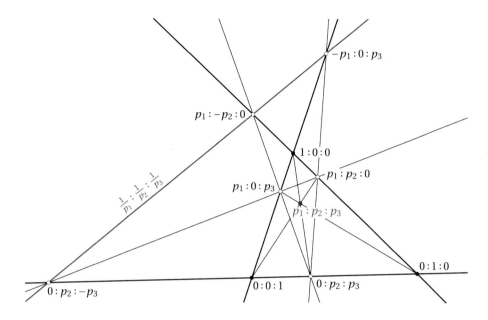

Man beachte auch, wie schön die Koordinaten der harmonischen Punkte auf den Dreiecksseiten herauskommen. Ganz analog lässt sich der Pol einer Geraden berechnen. Man erhält folgenden Satz:

Satz 8.25

- *Sei P ein Punkt mit den trilinearen Koordinaten $p_1 : p_2 : p_3$, der nicht auf einer Seite des Referenzdreiecks liegt. Dann sind die trilinearen Koordinaten der Polare von P bezüglich des Referenzdreiecks gegeben durch $\frac{1}{p_1} : \frac{1}{p_2} : \frac{1}{p_3}$.*
- *Sei g eine Gerade mit den trilinearen Koordinaten $v_1 : v_2 : v_3$. Dann sind die trilinearen Koordinaten des Pols von g bezüglich des Referenzdreiecks gegeben durch $\frac{1}{v_1} : \frac{1}{v_2} : \frac{1}{v_3}$.*
- *Ist $0 : p_2 : p_3$ ein Punkt auf der Seite des Referenzdreiecks verschieden von dessen Ecken. Dann ist dessen bezüglich der beiden Ecken auf den Seiten des Referenzdreiecks zugeordneter harmonischer Punkt gegeben durch die trilinearen Koordinaten $0 : p_2 : -p_3$.*

Nach diesem Exkurs in die Theorie der trilinearen Polarität wenden wir uns wieder der klassischen Polarentheorie zu, d.h., wir betrachten Pol und Polaren bezüglich eines Kegelschnitts wie in Abschn. 7.3.1. Wir haben in Kap. 7 gesehen, dass ein Kegelschnitt eindeutig durch fünf Punkte oder fünf Tangenten in allgemeiner Lage bestimmt ist. Sucht man einen Kegelschnitt, von dem drei Pole mit den zugehörigen drei Polaren gegeben sind, so wird man im Allgemeinen keine Lösung erwarten können. Tatsächlich gibt es in dieser Situation für die Existenz einer Lösung eine notwendige Bedingung an die Lage der drei Pole und Polaren. Diese Bedingung wird im nächsten Satz aufgedeckt.

Sei $\triangle ABC$ ein Dreieck, c ein Kegelschnitt und $\triangle A'B'C'$ das Dreieck, welches als Seiten die Polaren der Ecken A, B, C bezüglich c hat. Dann heißt $\triangle A'B'C'$ *Polarendreieck* von $\triangle ABC$. Ist $\triangle A'B'C'$ das Polarendreieck von $\triangle ABC$, so ist wegen des **Hauptsatzes der Polarentheorie 4.6** auch $\triangle ABC$ das Polarendreieck von $\triangle A'B'C'$. Die beiden Dreiecke haben aber noch mehr miteinander zu tun:

Satz 8.26 (Satz von Chasles)

Ein Dreieck △ABC und sein Polarendreieck △A′B′C′ bezüglich eines Kegelschnitts c liegen perspektiv zueinander. Das heißt, die Geraden AA′, BB′, CC′ sind kopunktal, und die Schnittpunkte von AB und A′B′ respektive von BC und B′C′ sowie von CA und C′A′ sind kollinear.

Satz 4.12 ist ein Spezialfall des Satzes von Chasles, nämlich wenn c der Inkreis von △ABC ist.

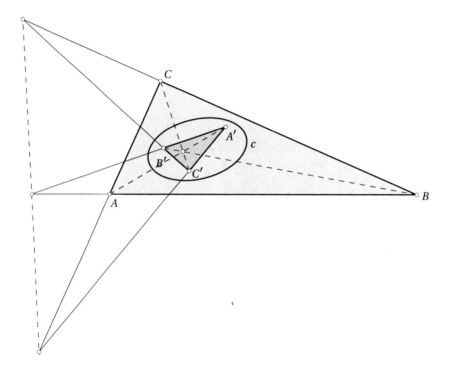

Beweis: Da der Kegelschnitt c die Zentralprojektion eines Kreises ist, genügt es, den Satz für einen Kreis k zu zeigen. Die Inzidenzen in der Kreisebene übertragen sich dann auf die Ebene mit dem ursprünglichen Kegelschnitt c. Sei P der Schnittpunkt von AB und A′B′ und Q der Schnittpunkt von AB mit CC′. Dann ist $p := CC′$ die Polare von P, $b := A′C′$ die Polare von B, $q := PC′$ die Polare von Q und $a := B′C′$ die Polare von A. Diese schneiden sich im Pol C′ der Geraden AB. Aufgrund von **Satz 8.13** gilt DV(APQB) = DV(apqb). Die vier Schnittpunkte der Geraden a, p, q, b mit der Geraden B′P sind B′, Q′, P, A′, also DV(apqb) = DV(B′Q′PA′). Wegen des zweiten Teils von **Satz 8.13** schneiden sich dann die Geraden AA′, BB′ und CC′ = QQ′ in einem Punkt.

  Dass die Schnittpunkte entsprechender Seiten der beiden Dreiecke auf einer Geraden liegen, ist nun eine Konsequenz aus **Satz 7.3**.

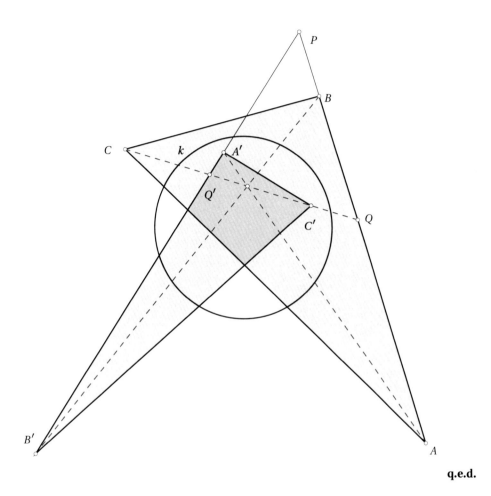

q.e.d.

Eine einfache Anwendung des obigen Satzes ist der Satz von Hesse, welcher die Polarentheorie mit den vollständigen Vierseiten in Verbindung bringt.

Satz 8.27 (Satz von Hesse)

Sei ABCDEF ein vollständiges Vierseit, sodass zwei Paare von gegenüberliegenden Ecken konjugierte Punktepaare bezüglich eines Kegelschnitts k sind. Das heißt, jede Ecke dieser beiden Eckenpaare liegt auf der Polaren der gegenüberliegenden Ecke. Dann ist auch das dritte Eckenpaar konjugiert.

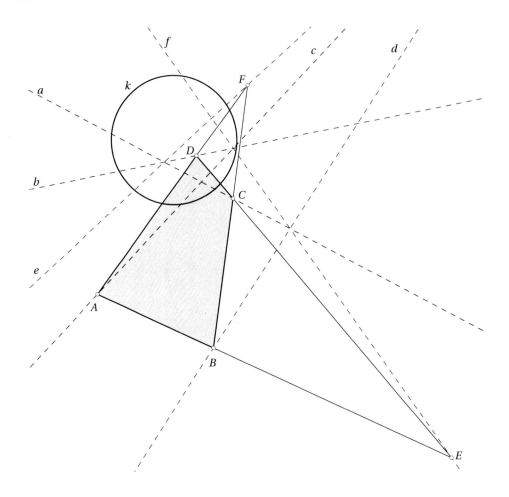

Beweis: Es seien A und C konjugiert bezüglich k, und es seien auch B und D konjugiert. Das bedeutet, A liegt auf der Polaren c von C, und B liegt auf der Polaren d von D. Wegen des **Hauptsatzes der Polarentheorie 4.6** liegt dann C auf der Polaren a von A, und D liegt auf der Polaren b von B. Zu zeigen ist, dass E auf der Polaren f von F liegt respektive dass F auf der Polaren e von E liegt.

Wir betrachten das Polarendreieck mit den Seiten auf a, b, f des Dreiecks $\triangle ABF$. Aufgrund von **Satz 8.26** liegen diese beiden Dreiecke perspektiv zueinander. Das heißt, die Schnittpunkte entsprechender Seiten sind kollinear: Der Schnittpunkt von BF mit a ist C, der Schnittpunkt von AF mit b ist D. Also liegt der Schnittpunkt von AB mit f auf der Geraden CD und ist somit E.   **q.e.d.**

8.8   Der Satz von Morley und die Morley-Konfiguration

Der Satz von Morley nimmt eine gewisse Sonderstellung im Reigen der elementargeometrischen Sätze ein. Das liegt unter anderem daran, dass in der Morley-Konfiguration die Winkel eines Dreiecks gedrittelt werden. Diese Winkeldreiteilung ist nicht mit Zirkel und Lineal konstruierbar.

Satz 8.28 (Satz von Morley)
Sei $\triangle ABC$ ein beliebiges Dreieck. Dann bilden die Schnittpunkte A', B', C' der Geraden, welche die Winkel des Dreiecks dritteln, ein gleichseitiges Dreieck (siehe Figur).

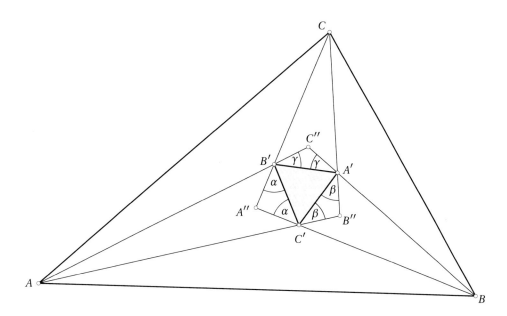

Beweis: Wir folgen hier dem Beweis in Coxeter [15]. Ein Versuch, diesen Satz auf direktem Wege zu beweisen, erweist sich als außerordentlich mühselig. Erstaunlicherweise verschwinden die Schwierigkeiten, wenn man quasi am falschen Ende des Beweises beginnt: Man geht von einem gleichseitigen Dreieck aus und konstruiert ein zum gegebenen Dreieck $\triangle ABC$ ähnliches Dreieck, in welchem das gleichseitige Dreieck in der gewünschten Weise sitzt. Wir bezeichnen dazu die Winkel von $\triangle ABC$ mit α', β', γ' und setzen

$$\alpha := 60° - \frac{\alpha'}{3}, \quad \beta := 60° - \frac{\beta'}{3}, \quad \gamma := 60° - \frac{\gamma'}{3}.$$

Man beachte, dass dann $\alpha + \beta + \gamma = 120°$. Um ein gleichseitiges Dreieck $\triangle A'B'C'$ legt man diese Winkel, wie in der Figur angegeben, und verlängert die Schenkel, bis sie sich in Punkten A, B und C treffen. Dann gilt

$$\sphericalangle AB'A'' = \sphericalangle C''B'C = \beta, \quad \sphericalangle BC'B'' = \sphericalangle A''C'A = \gamma, \quad \sphericalangle CA'C'' = \sphericalangle B''A'B = \alpha.$$

Man erhält anschließend sofort, dass

$$\sphericalangle C'AB' = 60° - \alpha = \frac{\alpha'}{3}, \quad \sphericalangle A'BC' = 60° - \beta = \frac{\beta'}{3}, \quad \sphericalangle B'CA' = 60° - \gamma = \frac{\gamma'}{3}.$$

Im Dreieck $\triangle ABC''$ ist die Gerade $C''C'$ nach Konstruktion die Winkelhalbierende in C''. C' ist daher genau dann der Inkreismittelpunkt von $\triangle ABC''$, wenn $\sphericalangle AC'B = 90° + \frac{1}{2}\sphericalangle AC''B$ (siehe die Bemerkung nach diesem Beweis). Diese Relation ist tatsächlich erfüllt, denn $\sphericalangle AC''B = 180° - 2\gamma$ und $\sphericalangle AC'B = 180° - \gamma$. Somit ist der Winkel $\sphericalangle C'BA = \frac{\alpha'}{3}$. Analog erhält man, dass A' respektive B' die Inkreismittelpunkte der Dreiecke $\triangle BCA''$ respektive ACB'' sind. Damit ist gezeigt, dass das aus dem gleichseitigen Dreieck konstruierte Dreieck $\triangle ABC$ tatsächlich ähnlich zum gegebenen Dreieck ist, und wir sind fertig. **q.e.d.**

Ein weiterer hübscher und sehr kurzer Beweis ist in [13] zu finden.

Bemerkung: Wir betrachten im Dreieck $\triangle RST$ den Umkreismittelpunkt U und den Inkreismittelpunkt I. $\zeta = \sphericalangle RTS$ sei der Winkel bei T. Die Seite $\overline{RS}$ erscheint von U aus unter einem Winkel v und von I aus unter dem Winkel χ. Laut **Peripheriewinkelsatz 1.2** ist $v = 2\zeta$ unabhängig von den anderen Dreieckswinkeln. Und die Lage von U auf der Mittelsenkrechten von $\overline{RS}$ ist durch diese Gleichung eindeutig bestimmt. Interessanterweise hängt auch χ nur von ζ ab, es gilt nämlich $\chi = 90° + \frac{\zeta}{2}$. Dies folgt ganz leicht, indem man die Innenwinkelsummen in $\triangle RST$ und $\triangle RSI$ vergleicht. Und die Lage von I auf der Winkelhalbierenden bei T ist durch diese Beziehung eindeutig bestimmt. Wie sich übrigens der Höhenschnittpunkt in dieser Hinsicht verhält, ist Gegenstand von **Aufgabe 1.9**.

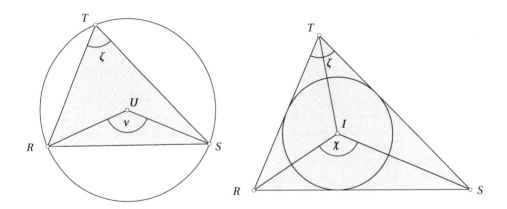

Statt nur die Innenwinkel des Dreiecks $\triangle ABC$ zu dritteln, kann man auch die gewöhnlichen und die überstumpfen Außenwinkel dritteln. Unter den Schnittpunkten dieser insgesamt 18 winkeldrittelnden Geraden findet man 18 gleichseitige Morley-Dreiecke. Die Figur zeigt fünf davon. Für die vollständige Liste sowie die Beziehungen zum Lighthouse-Theorem und zum Malfatti-Problem verweisen wir auf die Arbeit von Richard Guy [21].

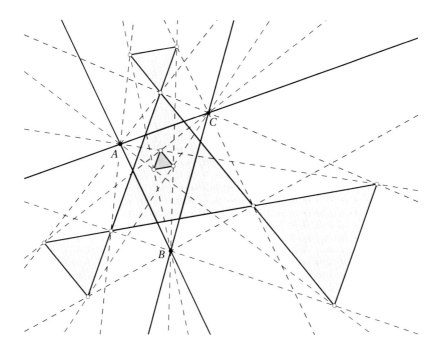

In der Morley-Konfiguration gibt es eine ganze Reihe von Kegelschnitten zu entdecken. Dazu erinnern wir uns, dass in **Satz 8.15**, **Satz 8.20** und **Satz 8.21** dieselbe numerische Bedingung an das Produkt gewisser Teilverhältnisse maßgebend war. Diese Bedingung ist inbesondere für Whisker erfüllt.

Satz 8.29
Sei $\triangle ABC$ ein Dreieck und in jeder Ecke seien zwei Whisker gegeben, welche die Gegenseiten in den Punkten $A_1, A_2, B_1, B_2, C_1, C_2$ schneiden (siehe Figur). Dann gilt

$$\mathrm{TV}(ABC_1)\,\mathrm{TV}(ABC_2)\,\mathrm{TV}(BCA_1)\,\mathrm{TV}(BCA_2)\,\mathrm{TV}(CAB_1)\,\mathrm{TV}(CAB_2) = 1.$$

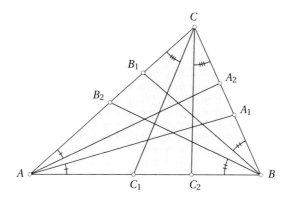

Beweis: Die Seiten des Dreiecks $\triangle ABC$ seien wie üblich mit a, b, c bezeichnet. Das Whisker-Lemma (**Satz 8.7**) liefert.

$$\frac{\overrightarrow{AC_1}}{\overrightarrow{BC_1}} \cdot \frac{\overrightarrow{AC_2}}{\overrightarrow{BC_2}} = \frac{b^2}{a^2}, \qquad \frac{\overrightarrow{BA_1}}{\overrightarrow{CA_1}} \cdot \frac{\overrightarrow{BA_3}}{\overrightarrow{CA_2}} = \frac{c^2}{b^2}, \qquad \frac{\overrightarrow{CB_1}}{\overrightarrow{AB_1}} \cdot \frac{\overrightarrow{CB_3}}{\overrightarrow{AB_2}} = \frac{a^2}{c^2}.$$

Das Produkt dieser drei Gleichungen ergibt wie gewünscht

$$\mathrm{TV}(ABC_1)\,\mathrm{TV}(ABC_2)\,\mathrm{TV}(BCA_1)\,\mathrm{TV}(BCA_2)\,\mathrm{TV}(CAB_1)\,\mathrm{TV}(CAB_2) = 1.$$

q.e.d.

Die Geraden, welche die Dreieckswinkel dritteln, sind insbesondere Whisker. Daher lässt sich der obige Satz direkt auf die Morley-Konfiguration anwenden.

Satz 8.30 (Morley-Konfiguration)
*In der Morley-Konfiguration in **Satz 8.28** schneiden sich die Geraden AA', BB', CC' in einem Punkt X und die Geraden AA'', BB'', CC'' in einem Punkt Y. X und Y sind isogonal konjugiert. Die Punkte $A_0, A_3, B_0, B_3, C_0, C_3$ und die Punkte $A_1, A_2, B_1, B_2, C_1, C_2$ liegen je auf einem Kegelschnitt.*

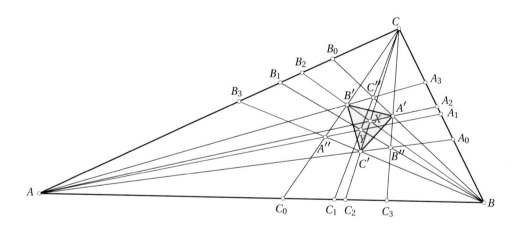

Insbesondere liegen ein Dreieck und sein Morley-Dreieck also perspektiv in Bezug auf den Punkt X. Somit sind wegen des **Satzes von Desargues 7.3** die drei Schnittpunkte entsprechender Seiten der beiden Dreiecke kollinear.

Beweis: Aus **Satz 8.29** folgt zunächst

$$\mathrm{TV}(ABC_0)\,\mathrm{TV}(ABC_3)\,\mathrm{TV}(BCA_0)\,\mathrm{TV}(BCA_3)\,\mathrm{TV}(CAB_0)\,\mathrm{TV}(CAB_3) = 1.$$

Nach dem **Satz von Carnot 8.15** liegen somit die Punkte $A_0, A_3, B_0, B_3, C_0, C_3$ auf einem Kegelschnitt.

Wir wenden nun **Satz 8.11.(b)** nacheinander auf die Punkte B', C', A' an. Es gilt:

$$1 = \text{TV}(ABC_0)\,\text{TV}(BCA_3)\,\text{TV}(CAB_2)$$
$$1 = \text{TV}(ABC_2)\,\text{TV}(BCA_0)\,\text{TV}(CAB_3)$$
$$1 = \text{TV}(ABC_3)\,\text{TV}(BCA_2)\,\text{TV}(CAB_0)$$

Das Produkt dieser drei Gleichungen dividiert durch die Gleichung davor ergibt

$$1 = \text{TV}(ABC_2)\,\text{TV}(BCA_2)\,\text{TV}(CAB_2).$$

Aus **Satz 8.11.(b)** folgt daraus, dass die Geraden AA', BB', CC' sich in einem Punkt X schneiden.

Wiederholt man diese Prozedur, indem man **Satz 8.11.(b)** auf die Punkte B'', C'', A'' anwendet, erhält man, dass die Geraden AA'', BB'', CC'' sich in einem Punkt Y schneiden.

Die Geraden CC_0 und CC_3 dritteln den Winkel bei C, liegen demnach symmetrisch zur Winkelhalbierenden bei C. Ebenso liegen die Geraden BB_3 und BB_0 symmetrisch zur Winkelhalbierenden bei B. Also sind die Punkte A', A'' isogonal konjugiert. Analog sind auch die Punkte B', B'' und C', C'' isogonal konjugiert. Dann liegen aber auch die Geraden AA' und AA'' symmetrisch zur Winkelhalbierenden bei A, und Analoges gilt für die Geraden BB' und BB'' respektive CC' und CC''. Somit sind die Schnittpunkte X und Y isogonal konjugiert.

Dass die Punkte $A_1, A_2, B_1, B_2, C_1, C_2$ auf einem Kegelschnitt liegen, folgt nun wieder aus **Satz 8.29**.　　　　　　　　　　　　　　　　　　　　　　　　　　　　**q.e.d.**

Tatsächlich folgt aus **Satz 8.29** im Verein mit **Satz 8.20** und **Satz 8.21** unmittelbar, dass noch weitere Kegelschnitte in der Morley-Konfiguration sitzen. So liegen zum Beispiel die Schnittpunkte von AA_0 und CC_0, BB_0 und AA_0, CC_0 und BB_0, AA_3 und BB_3, BB_3 und CC_3, und von CC_3 und AA_3 auf einem Kegelschnitt. Und die sechs Geraden AA_0, AA_3, BB_0, BB_3, CC_0 und CC_3 sind tangential an einen Kegelschnitt.

8.9　Die zyklographische Lösung des Apollonischen Problems

Im Jahr 1882 erschien Wilhelm Fiedlers Lehrwerk [19], in welchem er eine heute fast vergessene Abbildung beschrieb: die Zyklographie. Fiedler war seit 1867 Professor für darstellende Geometrie und Geometrie der Lage (die damals gebräuchliche Bezeichnung für die projektive Geometrie) an der eidgenössischen polytechnischen Schule Zürich, der heutigen ETH Zürich. Wir geben hier eine etwas modernere Darstellung der Zyklographie als in Fiedlers Originalwerk. Dazu betrachten wir eine orientierte Ebene E im dreidimensionalen Raum. Diese Orientierung ist zum Beispiel durch einen Normalenvektor n an E festgelegt. In der Ebene E betrachten wir nun die Menge der orientierten Kreise. Dabei wird der Kreislinie eine Richtung aufgeprägt. Folgen die Finger der rechten Hand dieser Richtung und zeigt dann der Daumen in Richtung von n, so sagen wir, der Kreis sei positiv orientiert, andernfalls negativ orientiert. Kreise vom Radius 0 werden als Punkte aufgefasst und bleiben unorientiert. Die Zyklographie ordnet nun jedem orientierten Kreis k der Ebene E einen Punkt S im Raum zu: S befindet sich in Richtung n senkrecht über dem Zentrum Z von k, wenn k positiv orientiert ist, und senkrecht unter dem Zentrum von k, wenn k negativ orientiert ist. Der Abstand von S zur Ebene

ist durch den Radius von k gegeben. Es ist im Folgenden instruktiv, wenn man den Doppel-
kreiskegel mit Grundkreis k und Spitze S betrachtet. Ein solcher Kegel heißt zyklographischer
Kegel (siehe Figur).

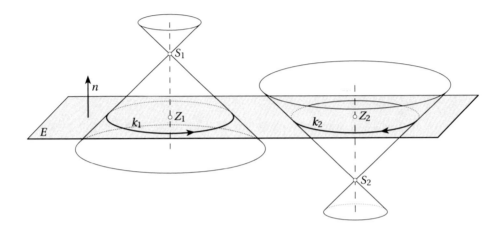

Zwei orientierte Kreise berühren sich, wenn im Berührungspunkt die Richtung der Kreisli-
nien übereinstimmt. Man erkennt dann sofort Folgendes: Zwei orientierte Kreise berühren
sich genau dann, wenn ihre zyklographischen Kegel sich entlang einer Mantellinie berühren.
Das bedeutet, dass man das Apollonische Berührungsproblem KKK zyklographisch wie folgt
formulieren kann:

*Wenn man einen orientierten Kreis k finden will, der drei gegebene orientierte Kreise k_1, k_2, k_3
berührt, muss man einen Kreiskegel finden, der die zyklographischen Kegel von k_1, k_2, k_3 je entlang einer Mantellinie berührt. Die Spitze S des gesuchten Kegels ist also einer von zwei Schnittpunkten dieser drei zyklographischen Kegel.*

Die Aufgabe, diesen Schnittpunkt S zu konstruieren, ist aber mithilfe der darstellenden Geometrie fast trivial zu lösen. Es gilt nämlich der folgende Satz:

Satz 8.31
Die Schnittkurve zweier zyklographischer Kegel liegt in einer Ebene.

Beweis: Wir beschränken uns auf den Fall, dass die Spitzen der zwei Kegel im Inneren des
jeweils anderen Kegels liegen. Die beiden gestrichelten Kegelachsen legen wir in die Zeichenebene, S_1 und S_2 sind die Kegelspitzen (siehe Figur).

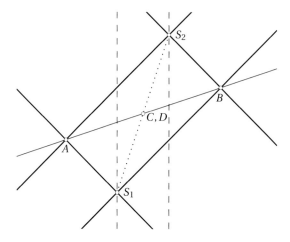

Die Punkte A und B sind die Schnittpunkte der Mantellinien in der Zeichenebene. C und D sind die Schnittpunkte der gepunkteten Mantellinien, deren Riss durch die Punkte Z_1 und Z_2 verläuft. Dann hat jeder der beiden Kegel mit der Ebene durch A, B, C, D die Ellipse mit den Achsen AB und CD gemein. Also ist diese Ellipse die Schnittkurve der beiden Kegel. Die Schnittebene ist insbesondere durch die Punkte A, B, C, D gegeben und somit leicht zu konstruieren.   **q.e.d.**

Die Spitze S des zyklographischen Kegels des gesuchten Kreises k ist wie gesagt ein Schnittpunkt der zyklographischen Kegel der gegebenen drei Kreise. Je zwei dieser Kegel legen gemäß **Satz 8.31** eine Schnittebene fest. S liegt also auf der gemeinsamen Schnittgeraden g von diesen drei Schnittebenen. Die Schnittgerade g ist somit leicht zu konstruieren. Der gesuchte Schnittpunkt S von g mit einem dieser Kegel (und somit mit allen drei Kegeln) ist dann aber wieder mit Standardmethoden der darstellenden Geometrie einfach zu konstruieren. Damit ist die Apollonische Berührungsaufgabe KKK ein weiteres Mal gelöst. Die volle Konstruktion wird in **Aufgabe 8.8** behandelt.

Aufgaben

8.1. Zeige, dass mit einem kollabierenden Zirkel und Lineal alle Konstruktionen ausführbar sind, wie mit einem nicht kollabierenden Zirkel und Lineal (siehe Abschn. 8.1).

8.2. Halbiere eine gegebene Strecke mit dem Zirkel allein. Beachte dabei **Aufgabe 4.9**.

8.3. Sei $\mathrm{DV}(P_1 P_2 P_3 P_4) = \lambda$. Von den 24 möglichen Permutationen der Punkte haben nur sechs Doppelverhältnisse $\mathrm{DV}(P_i P_j P_h P_k)$ verschiedene Werte. Drücke diese durch λ aus.

8.4. Seien $\triangle A_1 A_2 A_3$ ein Dreieck, k_1, k_2, k_3 die Ankreise an die Seiten a_1, a_2, a_3 und P_{ij} der Berührungspunkt von k_i an die Seite a_j. Zeige: Die sechs Punkte P_{ij}, $1 \le i, j \le 3, i \ne j$, liegen auf einem Kegelschnitt.

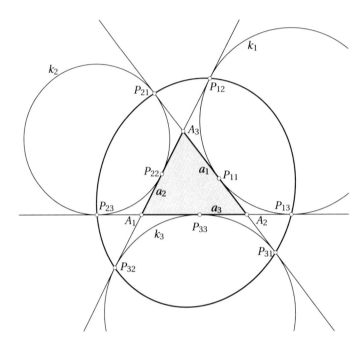

8.5. Zeige:

(a) Sind die Dreiecke $\triangle A_1 A_2 A_3$ und $\triangle B_1 B_2 B_3$ tangential an einen Kegelschnitt c_1, so liegen die sechs Eckpunkte auf einem Kegelschnitt c_2.

(b) Liegen die Ecken der Dreiecke $\triangle A_1 A_2 A_3$ und $\triangle B_1 B_2 B_3$ auf einem Kegelschnitt c_1, so sind ihre sechs Seiten tangential an einen Kegelschnitt c_2.

8.6. (a) Sei P ein Punkt, der nicht auf der Seite eines gegebenen Dreiecks liegt. Zeige, dass dann die trilinearen Pole G aller Geraden g durch P auf einem Kegelschnitt liegen, welcher durch die Ecken des Dreiecks geht (siehe Figur). Und umgekehrt: Die trilinearen Polaren von Punkten auf einem Kegelschnitt durch die Ecken des Dreiecks sind kopunktal.

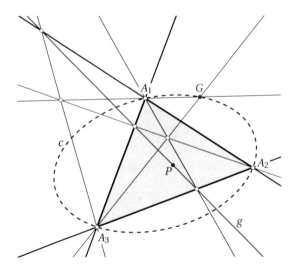

Hier zeigt sich also ein wesentlicher Unterschied der trilinearen Polarität im Vergleich zur Polarität an Kegelschnitten: Bei der Polarität an Kegelschnitten sind die Pole bezüglich kopunktaler Geraden kollinear.

(b) Seien $\triangle A_1 A_2 A_3$ und $\triangle B_1 B_2 B_3$ zwei Dreiecke. Zeige: Die trilinearen Polaren der Ecken A_i bezüglich $\triangle B_1 B_2 B_3$ sind kopunktal genau dann, wenn die trilinearen Polaren der Ecken B_i bezüglich $\triangle A_1 A_2 A_3$ kopunktal sind, und dies ist genau dann der Fall, wenn die sechs Ecken der beiden Dreiecke auf einem Kegelschnitt liegen.

(c) Seien $\triangle A_1 A_2 A_3$ und $\triangle B_1 B_2 B_3$ zwei Dreiecke mit Seiten a_1, a_2, a_3 respektive b_1, b_2, b_3. Zeige: Die trilinearen Pole der Seiten a_i bezüglich $\triangle B_1 B_2 B_3$ sind kollinear genau dann, wenn die trilinearen Pole der Seiten b_i bezüglich $\triangle A_1 A_2 A_3$ kollinear sind, und dies ist genau dann der Fall, wenn die sechs Seiten der beiden Dreiecke tangential an einen Kegelschnitt sind.

8.7. Seien c_1, c_2 Kegelschnitte, die sich in zwei Punkten P_1, P_2 schneiden. Die Tangente t_1 in P_1 an c_1 schneide c_2 in Q_1, und die Tangente t_2 in P_2 an c_1 schneide c_2 in Q_2. Zeige: c_1 und c_2 haben genau dann in Q_1 eine gemeinsame Tangente, wenn sie in Q_2 eine gemeinsame Tangente haben.

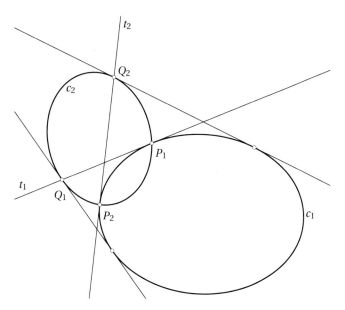

8.8. Löse mithilfe der Zyklographie in drei Schritten die Apollonische Berührungsaufgabe, einen orientieren Kreis k zu finden, der drei gegebene orientierte Kreise k_1, k_2, k_3 berührt:

(a) Konstruiere die Schnittebene E_{12} respektive E_{13} der zyklographischen Kegel k_1 und k_2 respektive k_1 und k_3.

(b) Konstruiere die Schnittgerade g von E_{12} und E_{13}.

(c) Konstruiere die Durchstoßpunkte S von g mit k_1 und damit die beiden gesuchten orientierten Berührungskreise.

Anmerkungen

Der Nagel-Punkt in **Satz 8.6** ist nach dem deutschen Mathematiker CHRISTIAN HEINRICH VON
NAGEL (1803–1882) benannt. Er war ein prominenter Vertreter der zu seiner Zeit modernen
neueren Dreiecksgeometrie. Eine sehr schöne Darstellung seiner Beiträge zu diesem Gebiet
im historischen Kontext ist in einer Arbeit von Peter Baptist [8] zu finden.

Satz 8.26 geht auf den französischen Mathematiker MICHEL CHASLES zurück, der Mitbe-
gründer und prominenter Vertreter der *géométrie nouvelle* war. Diese Bewegung war be-
strebt, wider den Zeitgeist, schwierige geometrische Probleme ohne Zuhilfenahme der Algebra zu lösen. 1873 war MICHEL CHASLES der erste Präsident der Société Mathématique
de France. Auf dem Eiffelturm hat dessen Erbauer 72 Namen von eminenten Wissenschaft-
lern anbringen lassen: Auch MICHEL CHASLES wurde diese Ehre zuteil. Mit Ausnahme der
beiden Schweizer LOUIS CLÉMENT FRANÇOIS BREGUET (1804–1883, Uhrmacher und Physiker), JACQUES CHARLES FRANÇOIS STURM (1803–1855, Mathematiker) und dem gebürtigen
Italiener JOSEPH-LOUIS LAGRANGE (1736–1813, Mathematiker) besteht die Liste ausschließlich aus Franzosen. Eiffel hat insgesamt 23 Mathematiker ausgewählt und damit dieser Wissenschaft seine besondere Wertschätzung gezollt. Neben MICHEL CHASLES sind auch JEAN-
VICTOR PONCELET, GASPARD MONGE und LAZARE NICOLAS MARGUERITE CARNOT darunter;
einige ihrer Sätze haben in dieses Buch Eingang gefunden.

Satz 8.27 wurde vom deutschen Mathematiker LUDWIG OTTO HESSE (1811–1874) gefunden. Er ist vor allem bekannt durch seine Arbeiten in der analytischen Geometrie. Begriffe
wie die Hesse'sche Normalform von Ebenen und Geraden gehen auf ihn zurück, ebenso die
Hesse'sche Matrix und deren Determinante in der Analysis.

Satz 8.28 wurde vom britischen Mathematiker FRANK MORLEY (1860–1937) gefunden. Er
war von 1919 bis 1920 Präsident der American Mathematical Society. Bekannt war MORLEY
auch als Schachspieler: Er besiegte einmal sogar den Schachweltmeister EMANUEL LASKER.

Die in Abschn. 8.9 beschriebene Zyklographie stellt in gewissem Sinn das Lebenswerk von
WILHELM FIEDLER (1832–1912) dar, der sie ausgiebig erforschte. Die Zyklographie ist von der
Idee her verwandt mit der stereografischen Projektion und mit der Inversion am Kreis (siehe
Kap. 6): Sie erlaubt die Umformulierung und Transformation von Problemen, um sie dadurch
einer einfacheren Lösung zuzuführen. Obwohl die Zyklographie eine geradezu phantastisch
einfache Lösung des Apollonischen Berührungsproblems ermöglicht, konnte sie sich als Methode nicht durchsetzen und ist heute kaum noch in Gebrauch.

A Zentrische Streckung und Strahlensätze

Übersicht

A.1   Verhältnisse und Flächenumwandlungen

Um Verhältnisse irgendwelcher Größen zu untersuchen, müssen wir zuerst wissen, wie wir Verhältnisse vergleichen können. Dazu definieren wir

$$a : b = c : d \quad \Longleftrightarrow \quad a \cdot d = c \cdot b.$$

Sind zum Beispiel a, b, c, d vier Streckenlängen, so gilt also $a : b = c : d$ genau dann, wenn die beiden Rechtecke mit den Seitenlängen a und d bzw. c und b denselben Flächeninhalt haben.

Der folgende Satz, welcher uns erlaubt, Rechtecke in flächengleiche Rechtecke zu verwandeln, hat seinen Namen von der schraffierten Fläche in der untenstehenden Figur, welche seit EUKLID als *Gnomon* bezeichnet wird (siehe Anmerkungen).

Satz vom Gnomon A.1
Gegeben sei ein Rechteck $\square ABCD$ mit Diagonale $\overline{AC}$ sowie ein beliebiger Punkt E auf der Strecke $\overline{AB}$. Durch E ziehen wir eine Parallele zu AD, welche $\overline{AC}$ in F und $\overline{CD}$ in G schneidet. Weiter ziehen wir durch F eine Parallele zu AB, welche $\overline{AD}$ in H und $\overline{BC}$ in I schneidet. Dann sind die Rechtecke $\square ABIH$ und $\square AEGD$ flächengleich.

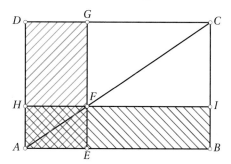

L. Halbeisen et al., *Mit harmonischen Verhältnissen zu Kegelschnitten*,
https://doi.org/10.1007/978-3-662-63330-4

Beweis: Da beide Rechtecke □*ABIH* und □*AEGD* das Rechteck □*AEFH* enthalten, genügt es zu zeigen, dass die beiden Rechtecke □*EBIF* und □*FGDH* flächengleich sind. Dies folgt aber unmittelbar daraus, dass die Diagonale $\overline{AC}$ nicht nur das Rechteck □*ABCD* halbiert, sondern auch die beiden Rechtecke □*AEFH* und □*FICG*.   **q.e.d.**

Bemerkung: Der **Satz vom Gnomon A.1** gilt natürlich auch für Parallelogramme, und wie man sich leicht überzeugt, gilt auch die Umkehrung des Satzes.

Mit dem **Satz vom Gnomon A.1** können wir nicht nur Rechtecke in flächengleiche Rechtecke verwandeln, sondern auch beliebige Strecken in gegebene Verhältnissen teilen:

Gegeben seien zwei Strecken $\overline{AA'}$ und $\overline{BB'}$ sowie ein Punkt E auf $\overline{AA'}$. Gesucht ist der Punkt F auf $\overline{BB'}$, für den gilt:

$$\overline{AA'} : \overline{AE} = \overline{BB'} : \overline{BF}$$

Konstruktion: Durch Umformen der Verhältnisgleichung $\overline{AA'} : \overline{AE} = \overline{BB'} : \overline{BF}$ erhalten wir

$$\overline{AA'} \cdot \overline{BF} = \overline{BB'} \cdot \overline{AE}.$$

Das ist aber genau das, was der **Satz vom Gnomon A.1** aussagt, wenn wir die Rechtecke wie in der folgenden Figur beschriften:

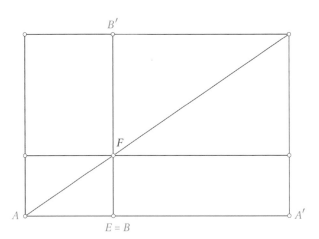

Um den Punkt *F* zu konstruieren, gehen wir also wie folgt vor:

1. Zuerst legen wir die Strecke $\overline{BB'}$ senkrecht auf $\overline{AA'}$, und zwar so, dass der Punkt *B* auf *E* zu liegen kommt.

2. Dann verschieben wir die Strecke $\overline{BB'}$ parallel durch den Punkt *A'*.

3. Schließlich verbinden wir den Punkt *A* mit dem oberen Endpunkt der verschobenen Strecke und schneiden diese Verbindungslinie mit der Strecke $\overline{BB'}$; der Schnittpunkt ist dann der gesuchte Punkt *F*.

A.2 Zentrische Streckung

Im klassischen Sinne ist eine **zentrische Streckung** eine Abbildung, welche jedem Punkt P einen Bildpunkt P' zuordnet. Die Abbildungsvorschrift wird mithilfe eines festen Punktes Z und einem **Ähnlichkeitsverhältnis** $\overline{A_1 A_2} : \overline{B_1 B_2}$ zweier Streckenlängen wie folgt definiert:

Abbildungsvorschrift. Ist P irgendein Punkt, so ist dessen Bildpunkt P' derjenige Punkt auf der Geraden ZP, der auf derselben Seite von Z liegt wie P und für den gilt:

$$\overline{ZP'} : \overline{ZP} = \overline{A_1 A_2} : \overline{B_1 B_2}$$

Bemerkungen:

- Streng genommen ist die obige Abbildungsvorschrift nur definiert für Punkte, welche von Z verschieden sind. Deshalb definieren wir, dass der Punkt Z auf sich selbst abgebildet wird.

- Wenn wir von irgendeinem Punkt P seinen Bildpunkt P' kennen, so können wir mit obiger Konstruktion zu *jedem* Punkt Q seinen Bildpunkt Q' konstruieren.

Verhältnisse $a : b$ können auch in Bruchform $\frac{a}{b}$ geschrieben werden, und mit Verhältnissen kann wie mit normalen Brüchen gerechnet werden. Weiter müssen wir seit René Descartes Verhältnisse nicht mehr nur als Verhältnisse zweier Größen zueinander auffassen, sondern wir dürfen diese einfach als reelle Zahlen betrachten (siehe Anmerkungen). Diese Schreibweise ist sehr elegant und hat zudem den Vorteil, dass wir auch mit negativen Größen bzw. Verhältnissen rechnen können. Die zentrische Streckung lässt sich in dieser Notation wie folgt beschreiben:

Zentrische Streckung. Ausgehend von einem festen Punkte Z, dem sogenannten **Ähnlichkeitszentrum** (oder **Streckungszentrum**), und einer fest gewählten reellen Zahl $k \neq 0$, dem sogenannten **Streckungsfaktor**, wird jedem Punkt P ein Bildpunkt P' durch folgende Vorschrift zugeordnet:

Der Bildpunkt P' ist derjenige Punkt auf der Geraden ZP, für den

$$\overline{ZP'} : \overline{ZP} = k \qquad \text{bzw.} \qquad \overline{ZP'} = k \cdot \overline{ZP}$$

gilt, wobei zusätzlich gelten soll, dass für positives k die Punkte P und P' auf derselben Seite von Z liegen, für negatives k aber auf verschiedenen Seiten.

Bemerkungen:

- Das Ähnlichkeitszentrum Z wird durch eine zentrische Streckung immer auf sich selbst abgebildet, unabhängig vom Streckungsfaktor k.

- Wir könnten zentrische Streckungen auch für $k = 0$ definieren. In diesem Fall würde für jeden Punkt P gelten $P' = Z$. Diese triviale zentrische Streckung wollen wir aber ausschließen.

- Weil $k \neq 0$ ist, existiert zu jeder zentrischen Streckung mit Z und k auch die Umkehrabbildung mit Z und $\frac{1}{k}$. Die Kombination dieser beiden Abbildungen ergibt die identische Abbildung.

Der folgende Satz bildet das Fundament für die Beweise der Strahlensätze, auf welchen wiederum die *Ähnlichkeitslehre* aufgebaut wird:

Hauptsatz der zentrischen Streckung A.2
Eine zentrische Streckung bildet eine Gerade g auf eine zu ihr parallele Gerade g′ ab.

Beweis: Ist $k = 1$ oder liegt das Ähnlichkeitszentrum auf g, so ist $g = g'$, und der Satz ist bewiesen. Wir dürfen also annehmen, dass $k \neq 1$ gilt und dass das Ähnlichkeitszentrum nicht auf g liegt. Im Folgenden betrachten wir den Fall $k > 1$, die Beweise der anderen Fälle sind aber analog.

Seien also P und Q zwei beliebige Punkte auf der Geraden g. Ferner seien P' und Q' die zugehörigen Bildpunkte bei einer zentrischen Streckung von Z aus mit dem Streckungsfaktor k.

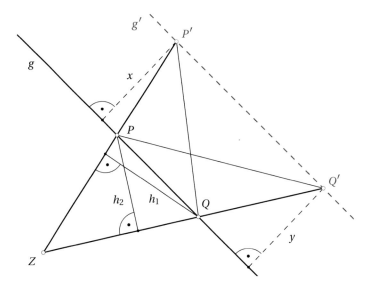

Wir zeigen nun, dass der Abstand x vom Punkt P' zur Geraden g gleich groß wie der Abstand y vom Punkt Q' zur Geraden g ist. Dazu vergleichen wir zuerst die Flächeninhalte $\blacktriangle ZQP$ und $\blacktriangle ZQP'$, wobei wir die Beziehung $\overrightarrow{ZP'} = k \cdot \overrightarrow{ZP}$ und die gemeinsame Höhe h_1 benutzen:

$$\blacktriangle ZQP' = \frac{\overrightarrow{ZP'} \cdot h_1}{2} = \frac{k \cdot \overrightarrow{ZP} \cdot h_1}{2} = k \cdot \frac{\overrightarrow{ZP} \cdot h_1}{2} = k \cdot \blacktriangle ZQP$$

Ebenso lässt sich $\blacktriangle ZQ'P = k \cdot \blacktriangle ZQP$ über die gemeinsame Höhe h_2 zeigen, und somit gilt

$$\blacktriangle ZQP' = \blacktriangle ZQ'P.$$

Subtrahieren wir in dieser Gleichung jeweils den Flächeninhalt $\blacktriangle ZQP$, so erhalten wir

$$\blacktriangle PQP' = \blacktriangle PQQ'.$$

Die beiden Dreiecke $\triangle PQP'$ und $\triangle PQQ'$ über der gemeinsamen Grundlinie $\overline{PQ}$ besitzen folglich dieselben Höhenlängen x und y.

Weil nun P und Q beliebig waren, P' und Q' in derselben von g begrenzten Halbebene liegen und beide Punkte denselben Abstand zu g haben, liegen somit *alle* Bilder von Punkten auf g auf einer zu g parallelen Geraden g'. Umgekehrt ist jeder Punkt R' auf g' das Bild eines Punktes R auf g, nämlich des Schnittpunktes von g mit ZR' (vgl. Bemerkung zur Umkehrabbildung). Somit ist g' das Bild von g, und der Satz bewiesen.   **q.e.d.**

Der folgende Satz ist eine dreidimensionale Version des vorherigen Satzes:

Satz A.3
Eine zentrische Streckung bildet eine Ebene E auf eine zu ihr parallele Ebene E' ab.

Beweis: Sei Q der Fußpunkt von Z auf E, d.h., Q und auch das zugehörige Bild Q' liegen auf der Senkrechten zu E durch Z. Nach dem **Hauptsatz der zentrischen Streckung A.2** hat das Bild P' jedes beliebigen Punktes P in E denselben Abstand zur Ebene E wie der Punkt Q', da die Gerade PQ auf eine Parallele $P'Q'$ abgebildet wird. Die Bilder aller Punkte von E liegen somit auf der Parallelebene E' durch Q'. Zudem ist jeder Punkt P' auf dieser Parallelebene E' das Bild eines Punktes P in E, dem Schnittpunkt von E mit ZP'.   **q.e.d.**

A.3   Die Strahlensätze

Für die Formulierung der ersten beiden Strahlensätze betrachten wir die folgenden Figuren:

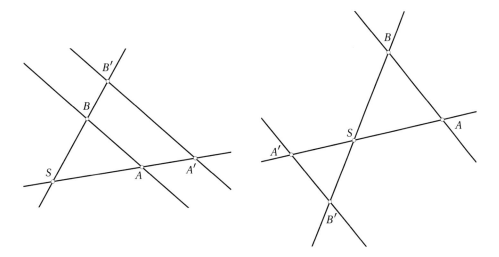

Die Geraden AA' und BB' seien zwei sich schneidende Geraden, wobei deren Schnittpunkt S entweder auf beiden oder auf keiner der Strecken $\overline{AA'}$ und $\overline{BB'}$ liegt. In dieser Situation gelten folgende beiden Strahlensätze:

1. Strahlensatz

Es gilt $\overrightarrow{SA'} : \overrightarrow{SA} = \overrightarrow{SB'} : \overrightarrow{SB}$ *genau dann, wenn AB parallel zu A′B′ ist.*

Beweis: Bei einer zentrischen Streckung mit dem Ähnlichkeitszentrum *S* und dem Streckungsfaktor

$$k = \begin{cases} \overrightarrow{SA'} : \overrightarrow{SA} & \text{falls } S \text{ nicht auf } \overline{AA'} \text{ liegt,} \\[2ex] -\overrightarrow{SA'} : \overrightarrow{SA} & \text{falls } S \text{ auf } \overline{AA'} \text{ liegt,} \end{cases}$$

wird *A* auf *A′*, *B* auf irgendeinen Punkt *B** und nach dem **Hauptsatz der zentrischen Streckung A.2** die Gerade *AB* auf eine zu ihr parallele Gerade *A′B** abgebildet.

Gilt $\overrightarrow{SA'} : \overrightarrow{SA} = \overrightarrow{SB'} : \overrightarrow{SB}$, so ist *B′* das Bild von *B* unter der zentrischen Streckung mit Ähnlichkeitszentrum *S* und dem Streckungsfaktor *k*. Somit ist *B′* = *B**, und die Gerade *A′B′* ist parallel zu *AB*.

Ist dagegen $\overrightarrow{SA'} : \overrightarrow{SA} \neq \overrightarrow{SB'} : \overrightarrow{SB}$, so ist *B′* ≠ *B**. Weil nun *A′B** parallel zu *AB* ist und sich die Geraden *A′B** und *A′B′* in *A′* schneiden (und durch die verschiedenen Punkte *B′* bzw. *B** gehen), kann *A′B′* nicht parallel zu *AB* sein. **q.e.d.**

Bemerkung: Durch einfache Umformungen erhalten wir anstelle von $\overrightarrow{SA'} : \overrightarrow{SA} = \overrightarrow{SB'} : \overrightarrow{SB}$ zum Beispiel

$$\overrightarrow{SA} : \overrightarrow{SB} = \overrightarrow{SA'} : \overrightarrow{SB'},$$

$$\overrightarrow{SA} : \overrightarrow{AA'} = \overrightarrow{SB} : \overrightarrow{BB'},$$

$$\overrightarrow{AA'} : \overrightarrow{BB'} = \overrightarrow{SA'} : \overrightarrow{SB'}.$$

2. Strahlensatz

Falls AB parallel zu A′B′ ist, so gilt $\overrightarrow{SA} : \overrightarrow{AB} = \overrightarrow{SA'} : \overrightarrow{A'B'}$.

Beweis: Wir zeichnen eine Parallele zu *SB′* durch *A*; diese schneide *A′B′* in *B**.

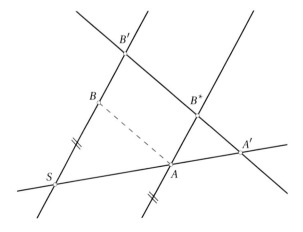

Weil in einem Parallelogramm gegenüberliegende Seiten gleich lang sind, ist $\overrightarrow{AB} = \overrightarrow{B^*B'}$, und aus dem **1. Strahlensatz** mit Ähnlichkeitszentrum A' (bzw. der dritten Gleichung der obigen Bemerkung) folgt

$$\overrightarrow{AS} : \overrightarrow{B^*B'} = \overrightarrow{A'S} : \overrightarrow{A'B'}$$

oder, anders ausgedrückt,

$$\overrightarrow{SA} : \overrightarrow{AB} = \overrightarrow{SA'} : \overrightarrow{A'B'}.$$

q.e.d.

Bemerkung: Die Umkehrung des **2. Strahlensatzes** ist im Allgemeinen falsch, denn aus $\overrightarrow{SA} : \overrightarrow{AB} = \overrightarrow{SA'} : \overrightarrow{A'B'}$ folgt nicht, dass AB parallel zu $A'B'$ ist, wie folgende Figur zeigt:

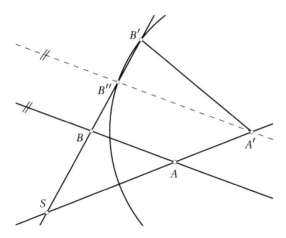

Für die Formulierung des **3. Strahlensatzes** betrachten wir folgende Figuren:

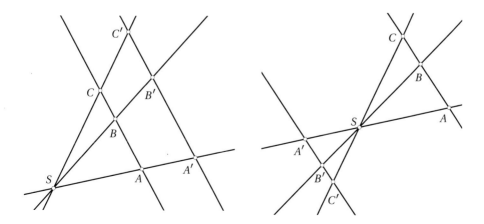

Drei Geraden, welche sich im Punkt S schneiden, werden ihrerseits von zwei Geraden in den Punkten A, B, C bzw. A', B', C' geschnitten. In dieser Situation gilt folgender Satz:

3. Strahlensatz

Es gilt $\overrightarrow{AB} : \overrightarrow{BC} = \overrightarrow{A'B'} : \overrightarrow{B'C'}$ *genau dann, wenn AB parallel zu A'B' ist.*

Beweis: Ist AB parallel zu $A'B'$, so gilt nach dem **2. Strahlensatz**

$$\overrightarrow{SB} : \overrightarrow{AB} = \overrightarrow{SB'} : \overrightarrow{A'B'} \qquad \text{und} \qquad \overrightarrow{SB} : \overrightarrow{BC} = \overrightarrow{SB'} : \overrightarrow{B'C'}.$$

Durch Vertauschen der Innenglieder erhalten wir daraus

$$\overrightarrow{SB} : \overrightarrow{SB'} = \overrightarrow{AB} : \overrightarrow{A'B'} \qquad \text{und} \qquad \overrightarrow{SB} : \overrightarrow{SB'} = \overrightarrow{BC} : \overrightarrow{B'C'},$$

und somit gilt $\overrightarrow{AB} : \overrightarrow{A'B'} = \overrightarrow{BC} : \overrightarrow{B'C'}$ bzw.

$$\overrightarrow{AB} : \overrightarrow{BC} = \overrightarrow{A'B'} : \overrightarrow{B'C'}.$$

Gilt umgekehrt $\overrightarrow{AB} : \overrightarrow{BC} = \overrightarrow{A'B'} : \overrightarrow{B'C'}$, so wollen wir zeigen, dass AB parallel zu $A'B'$ liegen muss:

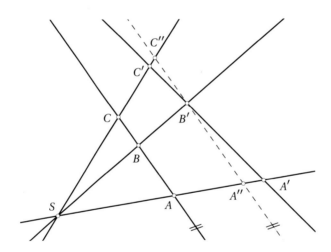

Wir nehmen an, AB sei nicht parallel zu $A'B'$, und führen diese Annahme zu einem Widerspruch: Die von $A'B'$ verschiedene Parallele zu AB durch B' schneide SA in A'' und SC in C''. Da AC parallel zu $A''C''$ ist, gilt, wie wir soeben gezeigt haben:

$$\overrightarrow{AB} : \overrightarrow{BC} = \overrightarrow{A''B'} : \overrightarrow{B'C''}$$

Zusammen mit der Voraussetzung $\overrightarrow{AB} : \overrightarrow{BC} = \overrightarrow{A'B'} : \overrightarrow{B'C'}$ erhalten wir somit

$$\overrightarrow{A''B'} : \overrightarrow{B'C''} = \overrightarrow{A'B'} : \overrightarrow{B'C'}.$$

Nach dem **1. Strahlensatz** mit Ähnlichkeitszentrum B' wäre dann aber $A'A''$ parallel zu $C'C''$; dies kann aber nicht sein, da sich $A'A''$ und $C'C''$ in S schneiden. Das ist der gesuchte Widerspruch, welcher zeigt, dass unsere Annahme, AB sei nicht parallel zu $A'B'$, falsch war.

q.e.d.

Als unmittelbare Folgerung des **3. Strahlensatzes** zeigen wir folgenden Satz.

Satz A.4
Seien AC und $A'C'$ parallele Geraden, wobei sich AA' und CC' in einem Punkt S schneiden. Gilt $\overrightarrow{AB} : \overrightarrow{BC} = \overrightarrow{A'B'} : \overrightarrow{B'C'}$ für ein B auf $\overline{AC}$ und ein B' auf $\overline{A'C'}$, so liegt S auf der Geraden BB'.

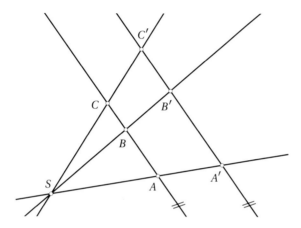

Beweis: Sei S^* der Schnittpunkt von AA' mit BB' (falls er existiert) und C^* der Schnittpunkt von S^*C mit $A'C'$ (andernfalls betrachten wir die Schnittpunkte von BB' mit CC' und von S^*A mit $A'C'$).

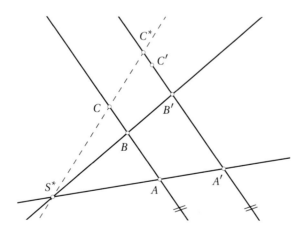

Nach dem **3. Strahlensatz** gilt $\overrightarrow{AB} : \overrightarrow{BC} = \overrightarrow{A'B'} : \overrightarrow{B'C^*}$, und mit der Voraussetzung $\overrightarrow{AB} : \overrightarrow{BC} = \overrightarrow{A'B'} : \overrightarrow{B'C'}$ erhalten wir $\overrightarrow{B'C^*} = \overrightarrow{B'C'}$. Da C' und C^* in derselben von BB' begrenzten Halbebene liegen, ist $C' = C^*$. Damit liegt S^* auf CC' bzw. $S^* = S$. **q.e.d.**

A.4   Folgerungen aus den Strahlensätzen

In diesem Abschnitt werden wir mithilfe der Strahlensätze einige Sätze der Ähnlichkeitslehre beweisen, wobei wir uns auf Dreiecke und Kreise beschränken.

Ähnliche Dreiecke

Zuerst definieren wir, was wir unter ähnlichen Dreiecken verstehen, und zeigen dann im folgenden Satz, dass wir ähnliche Dreiecke auch über die Seitenverhältnisse entsprechender Dreiecksseiten definieren können.

Zwei Dreiecke heißen **ähnlich**, wenn sie in ihren Winkeln übereinstimmen:

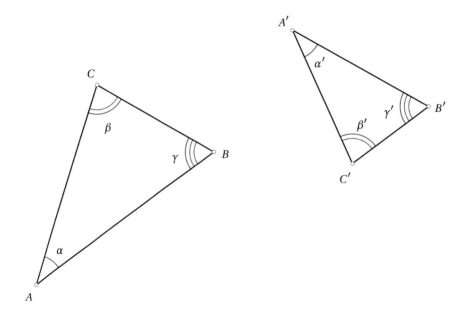

Satz über ähnliche Dreiecke A.5
Zwei Dreiecke sind genau dann ähnlich, wenn alle entsprechenden Seitenverhältnisse gleich groß sind.

Beweis: Wir nehmen zunächst an, die Dreiecke $\triangle ABC$ und $\triangle A'B'C'$ seien ähnlich (d.h. $\alpha = \alpha'$, $\beta = \beta'$, $\gamma = \gamma'$), und zeigen als Beispiel

$$\overrightarrow{AB} : \overrightarrow{BC} = \overrightarrow{A'B'} : \overrightarrow{B'C'}.$$

Durch Verschieben, Drehen und Spiegeln können wir das Dreieck $\triangle A'B'C'$ so ins Dreieck $\triangle ABC$ legen, dass $B' = B$ ist, A' auf dem Strahl BA und C' auf dem Strahl BC liegt. Da die entsprechenden Winkel gleich groß sind, ist $A'C'$ parallel zu AC.

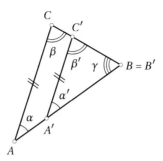

Nach dem **1. Strahlensatz** mit Ähnlichkeitszentrum B gilt nun

$$\overrightarrow{BA} : \overrightarrow{BA'} = \overrightarrow{BC} : \overrightarrow{BC'}.$$

Durch Vertauschen der Innenglieder erhalten wir $\overrightarrow{AB} : \overrightarrow{BC} = \overrightarrow{A'B} : \overrightarrow{BC'}$, und aus $B' = B$ folgt die Behauptung.

Seien nun umgekehrt alle entsprechenden Seitenverhältnisse zweier Dreiecke $\triangle ABC$ und $\triangle A'B'C'$ gleich groß. Wir müssen zeigen, dass auch die entsprechenden Winkel gleich groß sind: Dafür wählen wir auf der Geraden AB einen Punkt P, sodass $\overrightarrow{AP} = \overrightarrow{A'B'}$ gilt. Weiter zeichnen wir eine Parallele zu $\overline{BC}$ durch P, welche die Gerade AC in Q schneide.

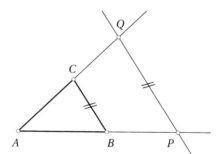

Mit den Strahlensätzen erhalten wir

$$\overrightarrow{PQ} : \overrightarrow{AP} = \overrightarrow{BC} : \overrightarrow{AB} \qquad \text{und} \qquad \overrightarrow{AQ} : \overrightarrow{AP} = \overrightarrow{AC} : \overrightarrow{AB}.$$

Anders ausgedrückt heißt das

$$\overrightarrow{PQ} = \overrightarrow{AP} \cdot \frac{\overrightarrow{BC}}{\overrightarrow{AB}} \qquad \text{und} \qquad \overrightarrow{AQ} = \overrightarrow{AP} \cdot \frac{\overrightarrow{AC}}{\overrightarrow{AB}}.$$

Mit $\overrightarrow{AP} = \overrightarrow{A'B'}$ und der Annahme, dass die entsprechenden Seitenverhältnisse der Dreiecke $\triangle ABC$ und $\triangle A'B'C'$ gleich groß sind, erhalten wir

$$\overrightarrow{PQ} = \overrightarrow{A'B'} \cdot \frac{\overrightarrow{B'C'}}{\overrightarrow{A'B'}} = \overrightarrow{B'C'} \qquad \text{und} \qquad \overrightarrow{AQ} = \overrightarrow{A'B'} \cdot \frac{\overrightarrow{A'C'}}{\overrightarrow{A'B'}} = \overrightarrow{A'C'}.$$

Somit sind die entsprechenden Seiten der Dreiecke $\triangle APQ$ und $\triangle A'B'C'$ gleich lang, und damit sind auch die entsprechenden Winkel der beiden Dreiecke gleich groß. Weil $\triangle APQ$ und $\triangle ABC$ offensichtlich ähnlich sind, sind auch $\triangle ABC$ und $\triangle A'B'C'$ ähnlich.   **q.e.d.**

Satzgruppe des Pythagoras

Mit **Satz A.5** (dem Satz über ähnliche Dreiecke) lassen sich die klassischen Sätze am rechtwinkligen Dreieck sehr einfach beweisen.

Kathetensatz A.6

*In einem rechtwinkligen Dreieck hat das Quadrat über einer Kathete denselben Flächeninhalt
wie das Rechteck, das aus der Hypotenuse und dem der Kathete anliegenden Hypotenusen-
abschnitt gebildet wird.*

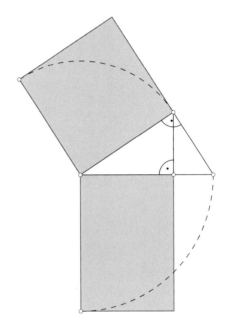

Umgekehrt: Ist in einem Dreieck $\triangle ABC$ der Punkt F der Fußpunkt des Lotes von C auf die
Strecke $\overline{AB}$ und gilt $\overrightarrow{AC}^2 = \overrightarrow{AB} \cdot \overrightarrow{AF}$, so ist $\sphericalangle ACB = 90°$.

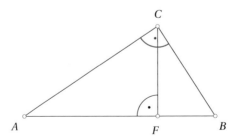

Beweis: Wir zeigen zuerst, dass im rechtwinkligen Dreieck mit Hypotenuse $\overline{AB}$ und Höhenfußpunkt F gilt:

$$\overline{AC}^2 = \overline{AB} \cdot \overline{AF}$$

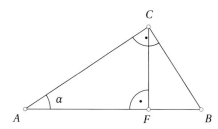

In den beiden rechtwinkligen Dreiecken $\triangle ABC$ und $\triangle AFC$ sind die entsprechenden Winkel gleich groß, da α beiden rechtwinkligen Dreiecken gemeinsam ist. In diesen ähnlichen Dreiecken gilt nach **Satz A.5**

$$\overline{AC} : \overline{AB} = \overline{AF} : \overline{AC},$$

und daraus folgt die Behauptung.

Für die Umkehrung gehen wir wie folgt vor: Die Punkte F' auf $\overline{AC}$ und C' auf $\overline{AB}$ seien so, dass $\overline{AF'} = \overline{AF}$ und $\overline{AC'} = \overline{AC}$ gilt. Dann ist das Dreieck $\triangle AF'C'$ kongruent zum Dreieck $\triangle AFC$ und somit rechtwinklig. Gilt nun die Beziehung $\overline{AC}^2 = \overline{AB} \cdot \overline{AF}$, so ist $\overline{AC} : \overline{AB} = \overline{AF} : \overline{AC}$, und somit gilt

$$\overline{AC} : \overline{AB} = \overline{AF'} : \overline{AC'}.$$

Aus dem **1. Strahlensatz** folgt, dass die Strecken $\overline{F'C'}$ und $\overline{CB}$ parallel sind, und somit ist $\sphericalangle ACB = 90°$.   **q.e.d.**

Wenden wir den **Kathetensatz A.6** auf beide Katheten gleichzeitig an, so folgt direkt die eine Richtung vom folgenden Satz:

Satz von Pythagoras A.7
In einem rechtwinkligen Dreieck hat das Quadrat über der Hypotenuse denselben Flächeninhalt wie die Summe der Quadrate über den beiden Katheten.

Hat umgekehrt das Quadrat über einer Seite eines Dreiecks denselben Flächeninhalt wie die Summe der Quadrate über den beiden anderen Seiten, so ist das Dreieck rechtwinklig.

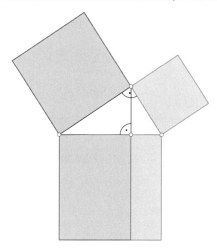

Beweis: Die eine Richtung folgt direkt aus dem **Kathetensatz A.6**. Für die Umkehrung betrachten wir ein Dreieck $\triangle ABC$, in dem gilt:

$$\overrightarrow{AC}^2 + \overrightarrow{BC}^2 = \overrightarrow{AB}^2$$

Ist nun $\triangle A'B'C'$ ein rechtwinkliges Dreieck mit $\sphericalangle A'C'B' = 90°$, $\overrightarrow{A'C'} = \overrightarrow{AC}$ und $\overrightarrow{B'C'} = \overrightarrow{BC}$, so gilt mit der ersten Richtung des **Satzes von Pythagoras A.7**

$$\overrightarrow{A'C'}^2 + \overrightarrow{B'C'}^2 = \overrightarrow{A'B'}^2.$$

Somit sind die Dreiecke $\triangle ABC$ und $\triangle A'B'C'$ kongruent, und das Dreieck $\triangle ABC$ ist ebenfalls rechtwinklig. **q.e.d.**

Ebenfalls mit **Satz A.5** beweisen wir den folgenden Satz:

Höhensatz A.8
In einem rechtwinkligen Dreieck hat das Quadrat über der Höhe denselben Flächeninhalt wie das Rechteck, das aus den beiden Hypotenusenabschnitten gebildet wird.

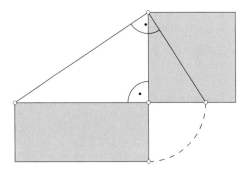

Umgekehrt: Ist in einem Dreieck $\triangle ABC$ der Punkt F der Fußpunkt des Lotes von C auf die Strecke $\overline{AB}$ und gilt $\overrightarrow{CF}^2 = \overrightarrow{AF} \cdot \overrightarrow{FB}$, so ist $\sphericalangle ACB = 90°$.

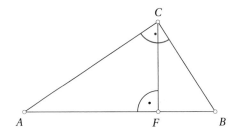

Beweis: Wir zeigen zuerst, dass im rechtwinkligen Dreieck mit Hypotenuse $\overline{AB}$ und Höhenfußpunkt F gilt:

$$\overrightarrow{FC}^2 = \overrightarrow{AF} \cdot \overrightarrow{FB}$$

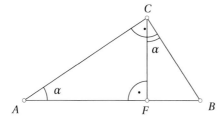

In den beiden rechtwinkligen Dreiecken $\triangle AFC$ und $\triangle CFB$ sind die entsprechenden Winkel gleich groß. In diesen ähnlichen Dreiecken gilt nach **Satz A.5**

$$\overrightarrow{AF} : \overrightarrow{FC} = \overrightarrow{FC} : \overrightarrow{FB},$$

und daraus folgt die Behauptung.

Gilt umgekehrt die Beziehung $\overrightarrow{CF}^2 = \overrightarrow{AF} \cdot \overrightarrow{FB}$, so ist $\overrightarrow{CF} : \overrightarrow{AF} = \overrightarrow{FB} : \overrightarrow{CF}$, und somit sind die Dreiecke $\triangle AFC$ und $\triangle CFB$ ähnlich. Weil nun die beiden Dreiecke $\triangle AFC$ und $\triangle CFB$ rechtwinklig sind, ergänzen sich die beiden spitzen Winkel jeweils zu $90°$, und damit folgt $\sphericalangle ACB = 90°$.   **q.e.d.**

Parallele Figuren als Bilder zentrischer Streckungen

Mit dem **Hauptsatz der zentrischen Streckung A.2** wissen wir, dass eine zentrische Streckung eine Gerade auf eine Parallele abbildet. Für Strecken gilt nun Folgendes:

Satz A.9
Eine zentrische Streckung mit Streckungsfaktor k bildet eine Strecke $\overline{AB}$ der Länge l auf eine parallele Strecke der Länge $l' = |k| \cdot l$ ab (wobei $|k|$ den Betrag der Zahl k bezeichnet). Umgekehrt findet man zu zwei parallelen Strecken immer eine zentrische Streckung mit einem inneren Ähnlichkeitszentrum S_1, welche die eine Strecke auf die andere abbildet; und falls die Strecken unterschiedlich lang sind, so existiert noch eine zweite zentrische Streckung mit einem äußeren Ähnlichkeitszentrum S_2.

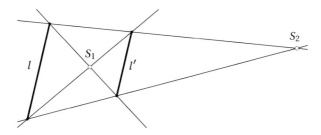

Beweis: Aus dem **Hauptsatz der zentrischen Streckung A.2** folgt unmittelbar, dass die Strecke $\overline{AB}$ auf eine zu ihr parallele Strecke abgebildet wird. Falls das Streckungszentrum S nicht auf der Geraden durch $\overline{AB}$ liegt, so folgt $l' = |k| \cdot l$ direkt aus dem **2. Strahlensatz**. Falls aber S auf der Geraden durch $\overline{AB}$ liegt, so liegen auch die Bildpunkte A' und B' auf dieser Geraden, und man rechnet ohne Mühe nach, dass auch hier $l' = |k| \cdot l$ gilt.

Für die Umkehrung betrachten wir zunächst zwei parallele Strecken $\overline{AB}$ und $\overline{A'B'}$ mit den Längen l bzw. l'. Wenn die beiden Strecken nicht auf einer Geraden liegen, so betrachten wir die Schnittpunkte der entsprechenden Streckenendpunkte als Ähnlichkeitszentren S_1, und bei verschieden langen Strecken auch S_2, wie sie in obiger Figur dargestellt sind.

Folgende zentrischen Streckungen bilden die eine Strecke auf die andere ab: die zentrische Streckung mit dem inneren Ähnlichkeitszentrum S_1 und dem Streckungsfaktor $k = -\frac{l'}{l}$ und im Fall $l \neq l'$ auch die zentrische Streckung mit Ähnlichkeitszentrum S_2 und Streckungsfaktor $k = \frac{l'}{l}$.

Nach dem **2. Strahlensatz** werden mit diesen Abbildungen die Streckenendpunkte aufeinander abgebildet, und nach dem **1. Strahlensatz** ist jeder Punkt der Strecke $\overline{AB}$ Bildpunkt eines Punktes der Strecke $\overline{A'B'}$, und umgekehrt wird jeder Punkt der Strecke $\overline{AB}$ auf einen Punkt der Strecke $\overline{A'B'}$ abgebildet.

Liegen die beiden Strecken hingegen auf einer Geraden g, so konstruieren wir die Ähnlichkeitszentren folgendermaßen: Wir legen durch A zwei von g verschiedene Geraden und durch B, A' und B' jeweils Parallelen zu diesen beiden Geraden. Das Ähnlichkeitszentrum S_1, und bei verschieden langen Strecken auch S_2, erhält man als Schnittpunkt der Verbindungslinie entsprechender Parallelenschnittpunkte mit der Geraden g.

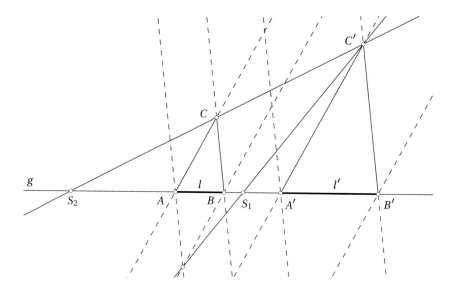

Auch hier bilden folgende zentrischen Streckungen $\overline{AB}$ auf $\overline{A'B'}$ ab: die zentrische Streckung mit dem inneren Ähnlichkeitszentrum S_1 und dem Streckungsfaktor $k = -\frac{l'}{l}$ (wobei A auf B' und B auf A' abgebildet wird) und im Fall $l \neq l'$ auch die zentrische Streckung mit Ähnlichkeitszentrum S_2 und Streckungsfaktor $k = \frac{l'}{l}$. Im Folgenden beschränken wir uns auf die zentrische Streckung mit Ähnlichkeitszentrum S_2, der andere Fall ist analog.

Da die entsprechenden Winkel an Parallelen gleich groß sind, sind zum Beispiel die Dreiecke $\triangle ABC$ und $\triangle A'B'C'$ ähnlich und mit **Satz A.5** entsprechende Seitenverhältnisse gleich groß. Somit ist $\overrightarrow{A'B'} : \overrightarrow{AB} = \overrightarrow{A'C'} : \overrightarrow{AC}$, und nach dem **2. Strahlensatz** wird die Strecke $\overline{AC}$ auf $\overline{A'C'}$ und $\overline{BC}$ auf $\overline{B'C'}$ abgebildet. Somit wird das ganze Dreieck $\triangle ABC$ auf $\triangle A'B'C'$ abgebildet, insbesondere die Strecke $\overline{AB}$ auf $\overline{A'B'}$. **q.e.d.**

Analoges gilt auch für Dreiecke (vgl. mit **Satz von Desargues 7.3**):

Satz A.10
Eine zentrische Streckung bildet ein Dreieck auf ein Dreieck ab, dessen entsprechende Seiten parallel sind. Umgekehrt findet man zu zwei verschieden großen Dreiecken $\triangle ABC$ und $\triangle A'B'C'$, deren entsprechende Seiten parallel sind, immer eine zentrische Streckung, welche $\triangle ABC$ auf $\triangle A'B'C'$ abbildet.

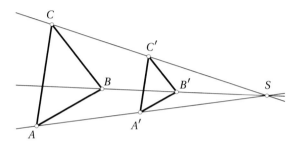

Beweis: Die Parallelität entsprechender Seiten der Dreiecke folgt unmittelbar aus dem **Hauptsatz der zentrischen Streckung A.2**.

Für die Umkehrung nehmen wir zwei verschieden große Dreiecke $\triangle ABC$ und $\triangle A'B'C'$, deren entsprechende Seiten parallel sind. Weil die beiden Dreiecke verschieden groß sind, finden wir zwei entsprechende, verschieden lange Seiten, zum Beispiel $\overline{BC}$ und $\overline{B'C'}$, welche nicht auf einer Geraden liegen. Mit **Satz A.9**, angewandt auf die beiden parallelen Strecken $\overline{BC}$ und $\overline{B'C'}$, erhalten wir ein äußeres Ähnlichkeitszentrum S. Sei A^* der Schnittpunkt von SA mit $A'B'$.

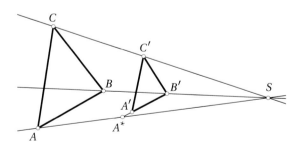

Mit dem **2. Strahlensatz** folgt

$$\overrightarrow{SB} : \overrightarrow{SB'} = \overrightarrow{BC} : \overrightarrow{B'C'} = \overrightarrow{AB} : \overrightarrow{A^*B'}.$$

Da die Dreiecke $\triangle ABC$ und $\triangle A'B'C'$ offensichtlich gleiche Winkel besitzen, gilt mit **Satz A.5**

$$\overrightarrow{BC} : \overrightarrow{B'C'} = \overrightarrow{AB} : \overrightarrow{A'B'}.$$

Also ist $\overrightarrow{AB} : \overrightarrow{A'B'} = \overrightarrow{AB} : \overrightarrow{A^*B'}$ und somit $A^* = A'$. **q.e.d.**

Bemerkungen:

- **Satz A.10** ist auch dann noch richtig, wenn die beiden Dreiecke in zwei zueinander parallelen Ebenen liegen.
- Mit ähnlichen Argumenten wie im Beweis von **Satz A.9** lässt sich zeigen, dass eine zentrische Streckung mit Streckungsfaktor k ein Dreieck $\triangle ABC$ in ein Dreieck $\triangle A'B'C'$ abbildet, sodass für dessen Flächeninhalt $\blacktriangle A'B'C' = k^2 \cdot \blacktriangle ABC$ gilt.

Als unmittelbare Folgerung aus den obigen beiden Sätzen erhalten wir:

Satz A.11
Eine zentrische Streckung bildet einen Kreis auf einen Kreis ab. Umgekehrt findet man zu zwei Kreisen immer eine zentrische Streckung, welche den einen Kreis auf den anderen abbildet. Falls die Kreise zudem verschieden groß sind und verschiedene Mittelpunkte besitzen, so gibt es zwei mögliche zentrische Streckungen, zu denen ein inneres und ein äußeres Ähnlichkeitszentrum gehören.

Beweis: Wir zeigen zuerst, dass eine zentrische Streckung einen Kreis c auf einen Kreis c' abbildet: Die zentrische Streckung besitze das Ähnlichkeitszentrum S und den Streckungsfaktor k. Weiter sei A ein beliebiger Punkt auf dem Kreis c mit Mittelpunkt M und Radius r (d.h. $r = \overrightarrow{AM}$).

Unabhängig von der Wahl des Punktes A auf c gilt mit **Satz A.9** für den Bildpunkt A' immer

$$\overrightarrow{A'M'} = k \cdot r.$$

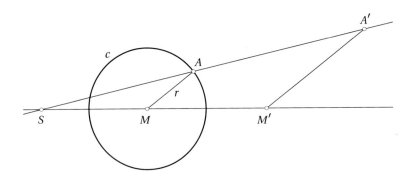

Somit liegen alle Bildpunkte von Punkten auf c auf dem Kreis c' mit Mittelpunkt M' und Radius $r' = k \cdot r$, und umgekehrt ist jeder Punkt A' auf dem Kreis c' Bildpunkt eines Punktes auf c, nämlich des Schnittpunktes von SA' mit der Parallelen zu $A'M'$ durch M.

Nun zeigen wir, dass es zu zwei Kreisen c und c' immer eine zentrische Streckung gibt, welche c auf c' abbildet: Haben die beiden Kreise c und c' mit den Radien r bzw. r' denselben Mittelpunkt M, so bildet die zentrische Streckung mit dem Ähnlichkeitszentrum M und dem Streckungsfaktor $k = \frac{r'}{r}$ den Kreis c auf c' ab. Es ist also nur noch der Fall zu betrachten, in dem die beiden Kreise nicht konzentrisch sind.

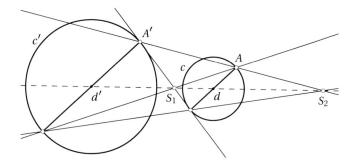

Wir wählen in beiden Kreisen c und c' je einen Durchmesser d bzw. d', sodass d und d' parallel sind, aber nicht auf der Geraden liegen, welche durch die beiden Kreismittelpunkte geht.

Die zentrischen Streckungen, welche die Strecke d auf d' abbilden, führen auch c in c' über. Mit **Satz A.9** folgt somit die Behauptung.   **q.e.d.**

Bemerkung: Satz A.11 ist auch dann noch richtig, wenn die Kreise in zwei zueinander parallelen Ebenen liegen.

Anmerkungen

Die Quelle, aus der wir das Folgende (bis auf die Bemerkungen zu DESCARTES) entnommen haben, sind die Kapitel 6 und 7 von Tropfke [51], in welchen das Entstehen der Ähnlichkeits- und Proportionslehre ausführlich behandelt wird.

Gnomon: Die schraffierte Fläche in der Figur des **Satzes vom Gnomon A.1** wird von EUKLID als Gnomon bezeichnet. Ursprünglich verstand man unter einem Gnomon einen senkrecht gestellten Stab, aus dessen Schattenlinie die Zeit erkannt werden konnte. Später übertrug man Gnomon allgemein auf ein Lot und weiter auf einen künstlich hergestellten rechten Winkel, wie er beim Zeichnen benutzt wird. Die Pythagoreer nannten infolge der Ähnlichkeit mit diesem Instrument Gnomon diejenige Restfläche, die man erhält, wenn man aus einem Quadrat an einer Ecke ein kleineres Grenzquadrat herausschneidet. Später hat diese Bezeichnung EUKLID im Buch II seiner *Elemente* auf Parallelogramme verallgemeinert.

Verhältnisse als reelle Zahlen: RENÉ DESCARTES führte in seinem erst postum gedrucktem Werk *Regulae ad directionem ingenii* [17] eine geometrische Algebra ein, welche wesentlich darauf begründet war, dass er eine Einheit bzw. Einheitsstrecke verwendete. Dadurch war RENÉ DESCARTES in der Lage, jede Streckenlänge als Verhältnis, nämlich als Verhältnis zur Einheitsstrecke, aufzufassen. Da nun Verhältnisse nichts anderes sind als Zahlen, konnte er so mit Strecken und Flächen rechnen, als wenn diese vom selben Typ wären. Er schreibt zum Beispiel [17, S. 165]: *Daher ist es die Mühe wert, hier auseinanderzusetzen, wie jedes Rechteck in eine Linie umgeformt werden kann oder umgekehrt eine Linie oder auch ein Rechteck in ein anderes Rechteck, dessen Seite gegeben ist. Das ist für einen Geometer eine sehr leichte Sache, wenn er nur darauf achtet, dass wir hier unter Linien, immer wenn wir sie mit irgendeinem Rechteck vergleichen, stets Rechtecke verstehen, deren eine Seite die Länge ist, die wir als Einheit angenommen haben. So nämlich läuft dies ganze Geschäft auf die Aufgabe zurück, zu einem gegebenen Rechteck ein flächengleiches Rechteck über einer gegebenen Seite zu konstruieren.* Diese Errungenschaft DESCARTES' mag vielleicht aus heutiger Sicht nicht mehr bahnbrechend erscheinen, denn wir sind gewohnt, sowohl Streckenlängen als auch Flächeninhalte als Zahlen aufzufassen und mit diesen Zahlen zu rechnen. Andererseits war es aber für die griechischen Geometer unmöglich, zum Beispiel eine Streckenlänge mit einem Flächeninhalt zu vergleichen, und dies obwohl sie bereits die ganze Technik der Flächenumwandlung kannten.

Ähnlichkeitslehre und Proportionslehre: Über die Ursprünge der Ähnlichkeitslehre im antiken Griechenland ist nicht viel bekannt. Es ist aber nicht anzunehmen, dass THALES VON MILET bei seinen Höhenmessungen, zum Beispiel der Pyramiden, die er durch Vergleichen der Schattenlänge eines Stabes mit der Schattenlänge des zu messenden Gegenstandes vornahm, bereits theoretische Kenntnisse der zugrunde liegenden Proportionssätze hatte. Unsicher ist auch, inwieweit die Pythagoreer Kenntnisse auf diesem Gebiet hatten. Fest steht jedoch, dass bereits HIPPOKRATES VON CHIOS Kenntnisse einer wissenschaftlichen Ähnlichkeitslehre besaß, denn er hat mehrmals aus der Übereinstimmung zweier gleichschenkliger Dreiecke im Basiswinkel auf die Proportionalität der Dreiecksseiten geschlossen. Die Proportionslehre wurde dann später von ARCHYTAS weiterentwickelt, dem das VIII. Buch der *Elemente* von EUKLID [18] zugeschrieben wird. Ein Bruch in der Entwicklung der Proportionslehre war die Entdeckung des Irrationalen in der Schule der Pythagoreer, weil dadurch klar wurde, dass Verhältnisse von Strecken und Verhältnisse natürlicher Zahlen nicht übereinstimmen und somit die alte Proportionslehre von Neuem aufgebaut werden musste. Großes Verdienst hatte dabei EUDOXOS VON KNIDOS (ca. 395–340 v. Chr.), und so geht auch das V. Buch der *Elemente*, welches die neue Proportionslehre enthält, auf ihn zurück. Das VI. Buch der *Elemente*, in welchem unter anderem der **1. Strahlensatz** bewiesen wird [18, VI. L. 2], ist eine Sammlung der seit der Zeit der Pythagoreer aufgefundenen Sätze nach dem neuen Gesichtspunkt. Vieles, was in der Proportionslehre in EUKLIDs *Elementen* fehlt (z.B. der **2. Strahlensatz**), findet sich bei nacheuklidischen Mathematikern, zum Beispiel in den Schriften des ARCHIMEDES. Es ist aber nicht anzunehmen, dass alle die fehlenden Sätze zur Zeit EUKLIDs unbekannt waren, vielmehr ist davon auszugehen, dass EUKLID nicht alle Sätze der Elementarmathematik in seine *Elemente* aufgenommen hat, er aber sehr wohl Kenntnis dieser Sätze hatte. Allerdings werden gewisse Sätze erst von PAPPOS im 3. Jahrhundert n. Chr. bewiesen, und der **3. Strahlensatz** wird sogar erst im 16. Jahrhundert formuliert.

Höhensatz und Kathetensatz: Der **Höhensatz A.8** und der **Kathetensatz A.6** werden von EUKLID im Buch VI (L. 8) nicht ausdrücklich ausgesprochen. Erst in einem angehängten Folgesatz wird der **Höhensatz A.8** formuliert, und ein Zusatz, der auch den **Kathetensatz A.6** noch bringt, wurde erst im 4. Jahrhundert n. Chr. von THEON VON ALEXANDRIEN (ca. 335–405) eingefügt.

B Lösungen und Hinweise

Kapitel 1

1.1 Es bezeichnen a, b, c, d die Längen der Viereckseiten bei einem Durchlauf. In der ersten und dritten Figur gilt $a + c = b + d$, und in den anderen drei Figuren gilt $a - c = b - d$.

1.2 Mit dem **Peripheriewinkelsatz 1.2** sind die Winkel $\varepsilon, \gamma, \delta$ unabhängig von P und $\gamma = \delta$. Mit der Winkelsumme im Dreieck folgt somit, dass auch α und β unabhängig von P sind und dass $\alpha = \beta$ gilt. Damit sind α und β Peripheriewinkel über derselben Bogenlänge.

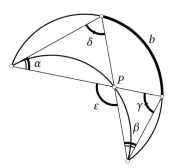

1.3 Teilaufgabe (a) ist ein Spezialfall von Teilaufgabe (b). Für Teilaufgabe (b) betrachten wir die folgende Figur. Im Thaleskreis k über der Strecke $\overline{PS}$ findet man leicht die entsprechenden Peripheriewinkel.

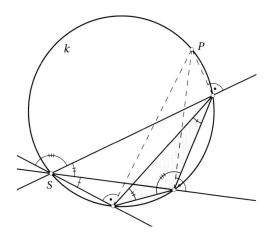

© Springer-Verlag GmbH Deutschland, ein Teil von Springer Nature 2021
L. Halbeisen et al., *Mit harmonischen Verhältnissen zu Kegelschnitten*,
https://doi.org/10.1007/978-3-662-63330-4

Für Teilaufgabe (c) verwenden wir anstelle des Thaleskreises den Fasskreis zum entsprechenden Winkel.

1.4 Für die inneren Winkelhalbierenden in Teilaufgabe (a) betrachten wir die folgende Figur:

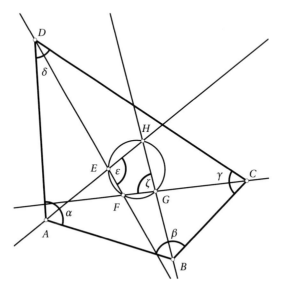

Zeige mithilfe von Winkelsummen, dass $\varepsilon + \zeta = 180°$ gilt, und somit ist mit dem **Satz über Sehnenvierecke 1.3** $EFGH$ ein Sehnenviereck.

   Ähnlich zeigt man dies für die äußeren Winkelhalbierenden.

Für Teilaufgabe (b) müssen wir nur noch zeigen, dass sich die Diagonalen des Sehnenvierecks $EFGH$ im Innkreismittelpunkt des Tangentenvierecks $ABCD$ schneiden. Dazu betrachten wir die folgende Figur. Beachte dabei, dass die drei Kreismittelpunkte auf der Winkelhalbierenden des Winkels $\sphericalangle ASD$ liegen müssen; dies ist die Diagonale HF.

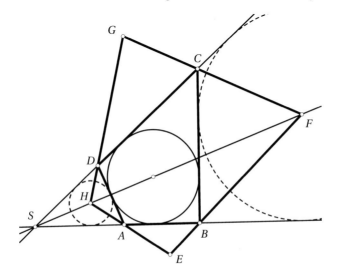

1.5 Zeige mithilfe des **Peripheriewinkelsatzes** 1.2, dass $D'S_2$ und DE, $A'D'$ und AD wie auch $A'S_2$ und AB jeweils parallel sind. Folgere daraus, dass S_1, S_2, S_3 auf einer Geraden liegen.

1.6 Mithilfe des **Satzes von Pascal für Kreise** 1.4 konstruieren wir den Kreispunkt F wie in der Figur dargestellt.

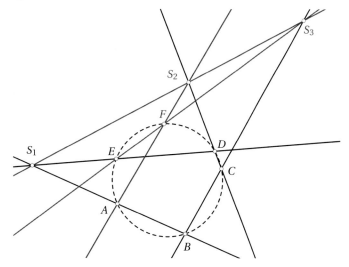

1.7 Aus den sechs Sekanten im **Satz von Pascal für Kreise** 1.4 werden hier, durch Zusammenziehen von jeweils zwei Eckpunkten des Sechsecks, drei Tangenten und drei Sekanten.

1.8 Beachte in der folgenden Figur die Simson-Gerade (siehe **Satz von Simson-Wallace** 1.9).

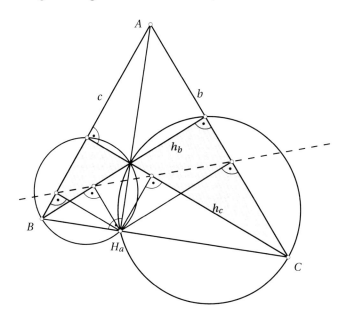

1.9 Es gilt mit dem **Satz über Sehnenvierecke 1.3** $\zeta + \eta = 180°$.

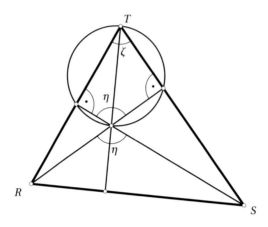

Kapitel 2

2.1 Folgt direkt aus dem **Sehnensatz 2.1** im Thaleskreis über $\overline{AB}$.

2.2 Verwende neben dem **Sekantensatz 2.4** auch den **Sehnensatz 2.1**.

2.3 Wir zeigen beispielhaft an der folgenden Figur, dass der Schnittpunkt P von BC und $A'D'$ dieselbe Potenz bezüglich der beiden Kreise hat (siehe **Satz 2.9**).

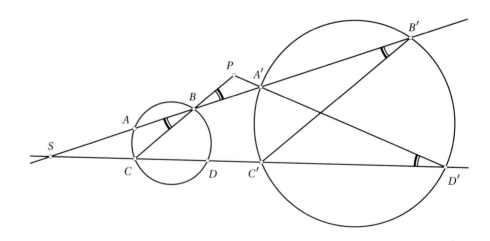

Beachte zuerst, dass BC parallel zu $B'C'$ ist. Unter anderem mit dem **Peripheriewinkelsatz 1.2** sind dann alle markierten Winkel gleich groß. Damit sind die Dreiecke $\triangle A'BP$ und $\triangle CD'P$ ähnlich, woraus folgt:

$$\overrightarrow{PB} \cdot \overrightarrow{PC} = \overrightarrow{PA'} \cdot \overrightarrow{PD'}$$

2.4 Der Mittelpunkt M des Kreises k ist der Schnittpunkt der gemeinsamen Sehnen der drei gegebenen Kreise (siehe **Satz 2.11**). Wir wählen eine dieser Sehnen, welche durch den Punkt M in zwei Abschnitte geteilt wird. Das Produkt dieser Abschnitte ist nach **Satz 2.9** unabhängig von der gewählten Sehne. Der Radius von k ist nun die Wurzel aus diesem Produkt. Mit dem **Sehnensatz 2.1** folgt, dass k der gesuchte Kreis ist.

2.5 Für Teilaufgabe (a) betrachten wir folgende Figur:

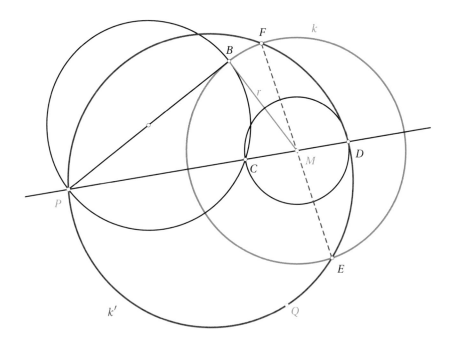

Sei B der Berührungspunkt einer Tangente von P an den Kreis k mit Mittelpunkt M. Der Thaleskreis über $\overline{PB}$ schneidet die Zentrale PM im Punkt C. Auf dieser Zentralen spiegeln wir C an M und erhalten so D. Der Kreis k' durch P, Q, D schneidet k in E und F und hat die gewünschte Eigenschaft: Mit dem **Sekanten-Tangenten-Satz 2.2** ist

$$\overrightarrow{MC} \cdot \overrightarrow{MP} = \overrightarrow{MB}^2 = r^2 \qquad \text{und somit auch} \qquad \overrightarrow{MD} \cdot \overrightarrow{MP} = r^2 = \overrightarrow{ME} \cdot \overrightarrow{MF}.$$

Mit dem **Sehnensatz 2.1** im Kreis k' folgt dann, dass die Sehne $\overline{EF}$ wie gefordert durch M gehen muss.

Bemerkung: Liegen beide Punkte P und Q innerhalb des Kreises k, so muss in obiger Figur die Rolle von P und D vertauscht werden.

Für Teilaufgabe (b) konstruieren wir mit P und k den Punkt D wie oben. Der gesuchte Kreis ist dann der Kreis durch D, der g in P berührt.

Kapitel 3

3.1 Für Teilaufgabe (a) betrachten wir folgende Figur:

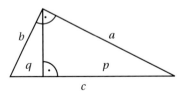

Mit dem **Kathetensatz A.6** gilt $pc = a^2$ und $qc = b^2$ und somit $a^2 : b^2 = pc : qc = p : q$.

Teilaufgabe (b) folgt direkt aus Teilaufgabe (a).

Für Teilaufgabe (c) betrachten wir folgende Figur:

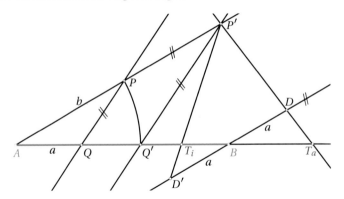

Nach der Grundkonstruktion der harmonischen Teilung liegen AT_iBT_a harmonisch. Weiter gilt mit den Strahlensätzen $a : b = \overrightarrow{AQ} : \overrightarrow{AQ'} = \overrightarrow{AP} : \overrightarrow{AP'} = b : \overrightarrow{AP'}$, also $\overrightarrow{AP'} = b^2 : a$. Somit gilt $\overrightarrow{AT_a} : \overrightarrow{BT_a} = \overrightarrow{AP'} : \overrightarrow{BD} = (b^2 : a) : a = b^2 : a^2$.

3.2 Seien $X_1, Y_1, X_2, Y_2, X_3, Y_3$ sechs Punkte auf einem Kreis wie in der Figur zum **Satz von Carnot 2.13** und sei $\triangle ABC$ das Dreieck gebildet aus X_1Y_1, X_2Y_2, X_3Y_3. Weiter seien P, Q, R die Schnittpunkte der Geraden X_1Y_1 mit Y_2Y_3, X_2Y_2 mit X_1X_3, X_3Y_3 mit X_2Y_1. Aus dem **Satz von Carnot 2.13** und dem **Satz von Menelaos 3.10** folgt nun (nach etwas Rechnen), dass die drei Punkte P, Q, R auf einer Geraden liegen.

3.3 Für Teilaufgabe (a) wählen wir einen von A und A' verschiedenen Punkt B' auf der Geraden AA' und konstruieren den vierten harmonischen Punkt B. Ist O der Schnittpunkt der Geraden $B'X'$ und BX, so ist OA, OX', OA', OX ein Geradenbüschel mit der gewünschten Eigenschaft.

Für Teilaufgabe (b) gehen wir analog vor wie oben: Zuerst wählen wir eine von a und a' verschiedene Gerade b' durch den Schnittpunkt von a und a', und dann konstruieren wir die vierte harmonische Gerade b. Ist O der Schnittpunkt der Geraden b und x, und ist O' der Schnittpunkt der Geraden b' und x', so hat die Gerade OO' die gewünschte Eigenschaft.

Kapitel 4

4.1 Wir betrachten folgende Figur:

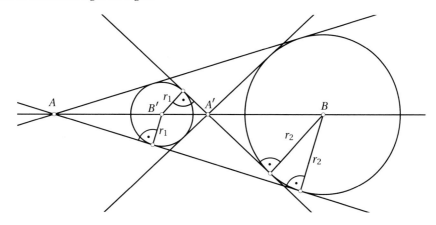

Mit dem **2. Strahlensatz** gilt

$$\overrightarrow{AB'} : \overrightarrow{AB} \,=\, r_1 : r_2 \,=\, \overrightarrow{A'B'} : \overrightarrow{A'B}\,.$$

4.2 Nach **Satz 4.4** schneiden sich k_1 und k_2 rechtwinklig, und somit liegen mit dem **Satz von Archimedes (über harmonische Punkte) 4.2** $AFA'M_2$ harmonisch, und zwar, nach **Aufgabe 3.1**, im Verhältnis $m^2 : n^2$.

4.3 Wir zeigen nur, dass S_1 auf AL liegt; dass S_2 auf BL liegt, wird ähnlich gezeigt.

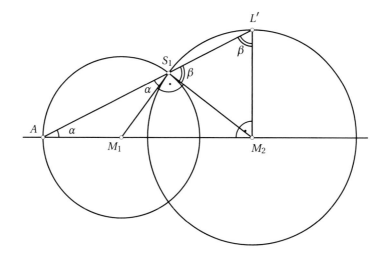

Die Gerade AS_1 schneide den anderen Kreis in L'. Weil sich die beiden Kreise rechtwinklig schneiden, ist $\sphericalangle M_1 S_1 M_2 = 90°$, und somit gilt $\alpha + \beta = 90°$. Wegen der gleichschenkligen Dreiecke $\triangle AM_1 S_1$ und $\triangle S_1 M_2 L'$ folgt $\sphericalangle AM_2 L' = 90°$. Also ist $L' = L$.

4.4 Mit **Satz 1.6** ist die Länge dieser Verbindungsstrecke unabhängig von der Wahl von A, und aus **Aufgabe 4.3** folgt, dass diese durch den Mittelpunkt von k_2 geht.

4.5 Zu zeigen ist, dass in der folgenden Figur, für jede Gerade d durch den Mittelpunkt M des Kreises k die Punkte $AB'A'B$ harmonisch liegen.

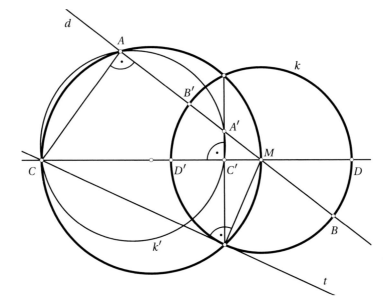

Da t eine Tangente an k ist, liegen mit dem **Satz von Archimedes (über harmonische Punkte) 4.2** die Punkte $CD'C'D$ harmonisch. Weil der Thaleskreis k' über $\overline{CA'}$ durch die Punkte C' und A geht, schneidet k' mit **Satz 4.3** den Kreis k rechtwinklig. Nochmals mit **Satz 4.3** folgt dann die Behauptung.

4.6 Gesucht ist der Kreis k', der die Gerade g in P berührt und den Kreis k rechtwinklig schneidet.
Wir konstruieren zuerst den zu P bezüglich dem Kreis k inversen Punkt P'. Wir konstruieren nun den Kreis k' durch P' welcher g in P berührt.

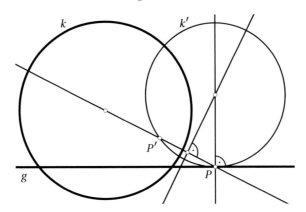

Mit **Satz 4.3** schneiden sich k und k' rechtwinklig.

4.7 Alle Konstruktionen dieser Aufgabe folgen aus **Satz 4.10** und dem **Hauptsatz der Polarentheorie 4.6**, und werden ähnlich ausgeführt wie die *Konstruktion der Tangenten an einen Kreis mit dem Lineal allein.*

4.8 Die Streckenlänge $\overrightarrow{MP}$ ist das arithmetische Mittel, da M den Durchmesser $\overline{AB}$ halbiert. Die Streckenlänge $\overrightarrow{TP}$ ist nach dem **Sekanten-Tangenten-Satz 2.2** das geometrische Mittel. Die Streckenlänge $h = \overrightarrow{HP}$ ist das harmonische Mittel, denn aus dem **Satz von Archimedes (über harmonische Punkte) 4.2** folgt $a : b = (a - h) : (h - b)$ und daraus $h = \frac{2ab}{a+b}$. Die Streckenlänge $q = \overrightarrow{SP}$ ist das quadratische Mittel, denn aus
$$q^2 = \overrightarrow{MP}^2 + \overrightarrow{MS}^2 = \left(\tfrac{a+b}{2}\right)^2 + \left(\tfrac{a-b}{2}\right)^2 \text{ folgt } q = \sqrt{\tfrac{a^2+b^2}{2}}.$$
Es gelten die Ungleichungen $\overrightarrow{HP} < \overrightarrow{TP} < \overrightarrow{MP} < \overrightarrow{SP}$.

4.9 Sei r der Radius des Kreises k. Da die gleichschenkligen Dreiecke $\triangle MP'S$ und $\triangle SMP$ ähnlich sind, gilt $\overrightarrow{MP'} : r = r : \overrightarrow{MP}$ und somit $\overrightarrow{MP'} \cdot \overrightarrow{MP} = r^2$. Aus dem Beweis von **Satz 4.3** folgt, dass P' der zu P inverse Punkt ist.

4.10 Keine Lösung gibt es wenn die beiden Kreise konzentrisch liegen, oder wenn sich die beiden Kreise in zwei Punkten schneiden; denn die beiden Kreise müssen zwei rote Kreise in der Figur aus **Satz 4.5** sein.
Zur Konstruktion: Im Fall, in dem sich die beiden Kreise berühren, ist $U = W$ der Berührungspunkt.
Seien A, B und S, L die Schnittpunkte der Kreise mit ihrer Zentralen. Liegt einer der Kreise im Inneren des anderen, so erhalten wir U und W wie in der Konstruktion auf Seite 78. Im anderen Fall invertieren wir zuerst S, L am anderen Kreis.

4.11 Wir verwenden **Satz 4.3**. Sei g die Gerade durch P und das Zentrum Z des gegebenen Kreises k. g schneidet k in den Punkten R und S. Wir ergänzen PRS durch T zu harmonischen Punkten $PRTS$. Dann löst der Kreis X durch die Punkte P, Q und T die Teilaufgabe (a). Sei dann noch U einer der Schnittpunkte von k und X. Der Schnittpunkt V der Geraden PQ und ZU ist dann das Zentrum des in Teilaufgabe (b) gesuchten Kreises Y (siehe Figur).

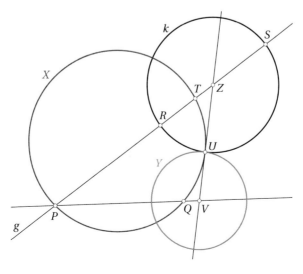

Kapitel 5

5.1 Wir gehen vor, wie beim Beweis von **Satz 5.3** (siehe Figur). Der gestrichelte Kreis i mit Zentrum X berührt k_1 im Punkt Y_1 außen und k_2 im Punkt Y_2 innen. Im gleichschenkligen Dreieck $\triangle Y_1 Y_2 X$ finden wir einen Basiswinkel α. Die Gerade $Y_1 Y_2$ schneidet k_1 in einem weiteren Punkt Y_3. Im Dreieck $\triangle Y_1 Y_3 Z_1$ mit Spitze im Zentrum Z_1 von k_1 sind dann die Basiswinkel ebenfalls α. Somit ist $Z_1 Y_3$ parallel zu $Y_2 X$, und es folgt, dass das innere Ähnlichkeitszentrum Z auf $Y_2 Y_3$ liegt. Schließlich betrachten wir noch die Schnittpunkte X_1 und X_2 der Zentralen $Z_1 Z_2$ mit k_1 und k_2. In den gleichschenkligen Dreiecken $\triangle X_1 Y_1 Z_1$ und $\triangle X_2 Y_2 Z_2$ findet man die Basiswinkel β respektive γ. Somit ergibt sich im Dreieck $\triangle Z_1 Z_2 X$ die Außenwinkelsumme $2\pi = 2\alpha + 2\beta + 2\gamma$, also $\alpha + \beta + \gamma = \pi$. An der Geraden $X Z_1$ findet man so im Punkt Y_1, dass der Winkel $\sphericalangle X_1 Y_1 Z$ gleich γ ist. Somit sind die Dreiecke $\triangle X_1 Y_1 Z$ und $\triangle Y_2 X_2 Z$ ähnlich. Für die Potenz des Kreises i bezüglich Z folgt $\overrightarrow{ZY_1} \cdot \overrightarrow{ZY_2} = \overrightarrow{ZX_1} \cdot \overrightarrow{ZX_2}$, und dieser Wert hängt nicht vom Kreis i ab.

Wir merken noch an, dass die Punkte Y_1 und X_2 auf dem Ortsbogen über der Sehne $X_1 Y_2$ liegen. Also liegen $X_1 X_2 Y_2 Y_2$ auf einem Kreis h.

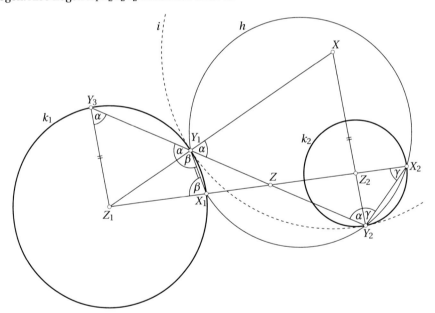

5.2 Wir betrachten eine Situation, in der k_2 den kleinsten Radius r_2 der drei Kreise hat. Der Kreis k berührt k_1 und k_2 außen und k_3 innen (siehe Figur). Nun lassen wir den Kreis k wachsen, wobei die Kreise k_1 und k_2 gleichzeitig konzentrisch schrumpfen und k_3 wächst. Dabei sollen die Berührungen der Kreise untereinander erhalten bleiben. Schließlich ist k_2 zu einem Punkt, also zu seinem Zentrum Z_2, geschrumpft. k_1 ist dann zu einem konzentrischen Kreis k_1' mit Radius $r_1 - r_2$ geschrumpft und k_3 zu einem konzentrischen Kreis k_3' mit Radius $r_3 + r_2$ gewachsen. Der Kreis k schließlich ist zu einem Kreis k' geworden, der durch Z_2 geht und der k_1' und k_3' berührt.

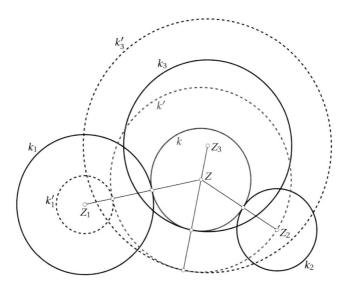

5.3 Wir wissen aus **Satz 5.3**, dass die Potenz p von k bezüglich Z gegeben ist durch $p = \overrightarrow{ZU} \cdot \overrightarrow{ZV}$. Mit **Satz 2.2** folgt dann für den Kreis h, dass $p = \overrightarrow{ZU} \cdot \overrightarrow{ZV} = \overrightarrow{ZP} \cdot \overrightarrow{ZP'}$. Für den gesuchten Kreis k heißt dies, dass er durch P und P' geht. Nun verwenden wir noch einmal **Satz 2.2**, diesmal für den Punkt Q und die Kreise k_2, h und k. Es gilt $\overrightarrow{QP} \cdot \overrightarrow{QP'} = \overrightarrow{QV} \cdot \overrightarrow{QW} = \overrightarrow{QT}^2$. k ist also der Kreis durch die Punkte P, P' und T.

5.4 Für Teilaufgabe (a) betrachten wir nochmals die Figur in der Begründung zum Konstruktionsschritt 4. Diesmal nehmen wir aber nicht die inneren Schnittpunkte B und B' von s mit k und k' in den Blick, sondern die beiden äußeren Schnittpunkte A und A' (siehe Figur).

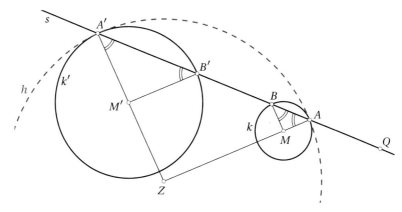

Wir haben bereits erkannt, dass die markierten Winkel alle gleich groß sind. Insbesondere ist das Dreieck $\triangle AA'Z$ gleichschenklig. Somit berührt der Kreis h mit Zentrum Z und Radius $\overline{ZA}$ die Kreise k und k' in den Punkten A und A'.

Auf diese Weise erhält man mit der Konstruktion in Abschn. 5.2 einen Kreis k_0', der k_1, k_2 und k_3 innen berührt (siehe Figur). Der Beweis ist genau analog zum Fall des Kreises k_0.

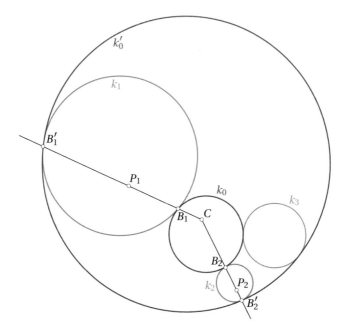

Für Teilaufgabe (b) betrachten wie die Figur in der Begründung zum Konstruktionsschritt 4, wobei wir das äußere Ähnlichkeitszentrum Q durch das innere Ähnlichkeitszentrum R ersetzen. Die Gerade s durch R schneidet den Kreis k in den Punkten A und B und den Kreis k' in den Punkten A' und B' (siehe Figur). Da R das Ähnlichkeitszentrum ist, sind MA und $M'A'$ parallel. Es folgt sofort, dass die markierten Winkel gleich groß sind. Somit ist das Dreieck $\triangle ABZ$ gleichschenklig. Also berührt der Kreis h um Z mit Radius $\overline{ZA}$ den Kreis k im Punkt A und den Kreis k' im Punkt B'.

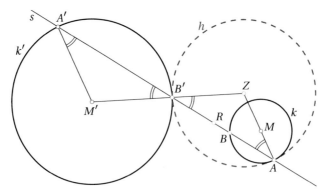

Wir modifizieren nun die Konstruktion in Abschn. 5.2, indem wir die äußere Ähnlichkeitsachse durch eine innere Ähnlichkeitsachse a ersetzen, zum Beispiel die Achse durch die inneren Ähnlichkeitszentren der Kreise k_1 und k_2 respektive k_1 und k_3 (siehe Figur). Weiter seien P_1 und P_3 die Pole von k_1 und k_3 bezüglich a. Die Gerade CP_1 schneidet k_1 in B_1 und B_1', und CP_3 schneidet k_3 in B_3 und B_3'. Der Kreis k_0, der k_1 in B_1 und k_3 in B_3 berührt, berührt dann auch k_2. Und der Kreis k_0', der k_1 in B_1' und k_3 in B_3' berührt, berührt dann auch k_2. Der Beweis ist analog wie in Teilaufgabe (a).

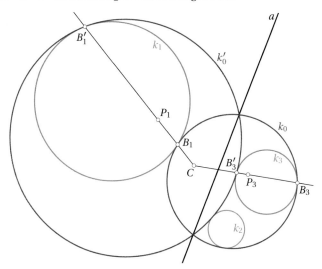

Wir merken noch an, dass sich die Kreise k_0 und k_0' auf a schneiden.

5.5 Wir betrachten nur den Fall, in dem die Punkte B_i im Inneren der Dreiecksseiten liegen (siehe Figur). Diese Dreiecksseiten seien $a_1 = \overline{A_2 A_3}$, $a_2 = \overline{A_3 A_1}$ und $a_3 = \overline{A_1 A_2}$. Da k_1 die Seite a_2 im Punkt B_2 und a_3 im Punkt B_3 berührt, sind die Tangentenabschnitte $\overrightarrow{A_1 B_2} = \overrightarrow{A_1 B_3} =: u_1$ gleich lang. Entsprechend gilt $\overrightarrow{A_2 B_1} = \overrightarrow{A_2 B_3} =: u_2$ und $\overrightarrow{A_3 B_1} = \overrightarrow{A_3 B_2} =: u_3$. Somit hat man

$$u_1 + u_2 = a_3, \quad u_2 + u_3 = a_1, \quad u_3 + u_1 = a_2.$$

Dieses lineare Geichungssystem hat die eindeutige Lösung

$$u_1 = s - a_1, \quad u_2 = s - a_2, \quad u_3 = s - a_3,$$

wobei $s = \frac{1}{2}(a_1 + a_2 + a_3)$ der halbe Dreiecksumfang ist. Dies gilt aber insbesondere für den Inkreis des Dreiecks.

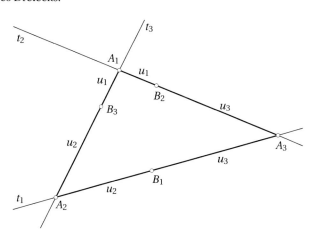

Kapitel 6

6.1 Für Teilaufgabe (a), beachte zuerst, dass die beiden Potenzkreise h_1 und h_2 auf zwei sich in einem Punkt P' schneidende Geraden h_1' und h_2' abgebildet werden. Der gesuchte Kreis X, welcher k_1, k_2, k_3 außen berührt, wird in einen Kreis X' abgebildet, der h_1' und h_2' senkrecht schneidet, sein Zentrum also in P' hat. Dasselbe gilt für den Kreis Y, der k_1, k_2, k_3 innen berührt. Somit sind X' und Y' (und dann X und Y) ganz leicht zu konstruieren (siehe Figur).

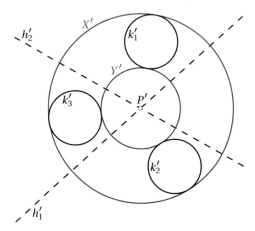

Für Teilaufgabe (b) können mit **Satz 6.7** die Kreise k_1 und k_2 in konzentrische Kreise k_1' und k_2' übergeführt werden. Die neue Aufgabe lautet also, einen Kreis X' zu konstruieren, der die konzentrischen Kreise k_1', k_2' und das Bild k_3' von k_3 berührt. Dies lässt sich leicht lösen: Das Zentrum des gesuchten Kreises X' liegt auf dem Mittelparallelkreis h' von k_1' und k_2', und sein Radius ist die halbe Differenz der Radien von k_1' und k_2'. Ein um diesen Betrag größerer äußerer Parallelkreis j' von k_3' schneidet also h' in den gesuchten Zentren der Lösungskreise X' und Y' (siehe Figur).

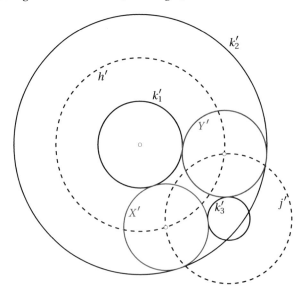

Für Teilaufgabe (c) nehmen wir als Inversionskreis einen Kreis, dessen Zentrum ein Schnittpunkt von k_1 und k_2 ist. Deren Bilder sind dann zwei sich schneidende Geraden k_1' und k_2'. Die neue Aufgabe lautet also, einen Kreis X' zu konstruieren, der k_1', k_2' und das Bild k_3' von k_3 berührt. Diese Aufgabe lässt sich leicht lösen, indem man k_3' zu seinem Zentrum P schrumpft. Dabei wächst der gesuchte Kreis X' um den Radius von k_3' zum Kreis X'' und schiebt dabei die Geraden k_1' und k_2' parallel nach außen. Diese Parallelen seien k_1'' und k_2'' (siehe Figur).

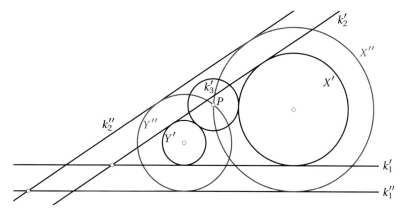

Der Kreis X'', der k_1'' und k_2'' berührt und durch P geht, ist dann mit einem Hilfskreis h leicht zu finden (siehe Figur).

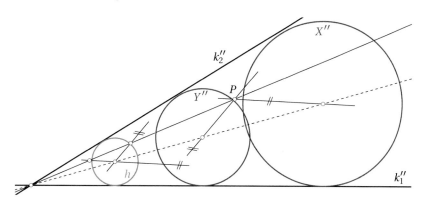

6.2 Der Kreis k' schneidet k_2 und k_3 unter gleichem Winkel (siehe zweite Bemerkung nach **Satz 5.3**). Somit schneidet k' den Potenzkreis h_1 von k_2 und k_3 senkrecht. Ebenso schneidet k' die Kreise k_1 und k_3 unter gleichem Winkel und daher den Potenzkreis h_2 von k_1 und k_3 senkrecht. k' ist somit (genau wie der Orthogonalkreis k in der Gergonne-Konstruktion in **Satz 6.9** und die gesuchten Kreise c_1 und c_2) ein Apollonischer Kreis bezüglich der Schnittpunkte X und Y der Potenzkreise h_1 und h_2 (siehe die Figur zur Kiefer-Konstruktion in **Satz 5.4**). Die Ähnlichkeitsachse a ist die gemeinsame Chordale all dieser Apollonischen Kreise. Die zugeordneten Apollonischen Kreise, also die Kreise durch X und Y, schneiden c_1, c_2 und k' rechtwinklig und haben ihr Zentrum auf a. Das heißt, die Konstruktion der Berührungspunkte P und P' geht nun mit dem Kreis k' genauso wie bei der Gergonne-Konstruktion mit dem Kreis k.

6.3 Natürlich ist hier nicht die Meinung, dass Konstruktionen auf der Sphäre ausgeführt werden. Vielmehr klärt der Blick auf die Sphäre die Konstruktion in der Ebene. Auch der Kreis k wird für die Konstruktion selber nicht benötigt, er dient nur der Rechtfertigung. Danach wird alles ganz einfach und in perfekter Analogie mit der Konstruktion eines Inkreises eines gewöhnlichen Dreiecks: Die Kreise w_1, w_2, w_3 sind die winkelhalbierenden Kreise in zwei von den Kreisdreiecken aus den Kreisen k_1, k_2, k_3. Diese schneiden sich in den Punkten V und W. Die gesuchten Berührungskreise X und Y sind dann Kreise, welche orthogonal zu den Kreisen w_1, w_2, w_3 stehen und einen der Kreise k_1, k_2, k_3 (und somit alle) berühren. Die Berührungspunkte konstruiert man mit den Hilfskreisen h_1, h_2, h_3, welche durch V und W gehen und senkrecht auf den Kreisen k_1, k_2, k_3 stehen (siehe **Aufgabe 4.11**).

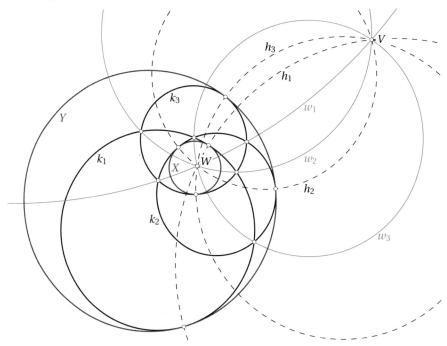

6.4 Wir wählen den Berührungspunkt von k_1 und k_2 als Zentrum eines Inversionskreises. Der gestrichelte Kreis h wird dann bei der Inversion auf eine Gerade h' abgebildet, und k_1, k_2 werden auf zwei Parallelen k_1', k_2', welche h' in den Punkten P_1' und P_2' schneiden, abgebildet (siehe Figur). Das Bild des Kreises k muss dann k_1' und k_2' in den Punkten P_1' und P_2' berühren. Das ist aber nur möglich, wenn k_1' und k_2' senkrecht auf h' stehen. Da die Inversion winkeltreu ist, gilt dies auch für die Urbilder.

6.5 Die Inversion aus **Aufgabe 6.1.(a)** liefert sofort die Lösung (siehe die Figur zur erwähnten Aufgabe und die folgende Figur): Der Kreis h ist der Fasskreis zum Winkel α über der Strecke $\overline{P'Z_1}$, wobei Z_1 das Zentrum des Kreises k_1' ist. h schneidet k_1 in zwei Punkten. Durch diese beiden Punkte gehen zwei Kreise U' und V' mit Zentrum P'. Es ist leicht zu sehen, dass diese beiden Kreise k_1' (und somit auch k_2' und k_3') unter dem Winkel α schneiden.

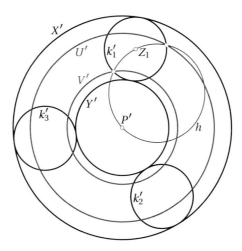

6.6 Für Teilaufgabe (a) konstruiert man als Vorbereitung einen Kreis h durch P und Q, welcher k in einem Punkt B berührt. Man wählt dann B als Zentrum eines Inversionskreises und invertiert die Figur. Dabei werden k und h auf parallele Geraden k' und h' abgebildet. Die Bilder P' und Q' von P und Q liegen auf h'. Die neue Aufgabe lautet also, einen Kreis X' durch P' und Q' zu konstruieren, der k' unter dem Winkel α scheidet:

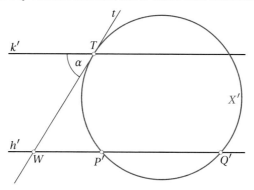

Mit **Satz 2.2** muss $\overrightarrow{WT}^2 = \overrightarrow{WP'} \cdot \overrightarrow{WQ'}$ gelten. Da $\overrightarrow{WT}$ und $\overrightarrow{P'Q'}$ bekannt sind, lässt sich $\overrightarrow{WP'}$ konstruieren, zum Beispiel wie folgt: Zunächst wählt man einen Punkt R auf k' und legt dort die künftige Tangente t im Winkel α bezüglich k' (siehe Figur). Dann wählt man einen (genügend großen) Kreis i, der t in R berührt sowie einen zu i konzentrischen Kreis j, dessen Tangenten aus i eine Sehne der Länge $\overrightarrow{P'Q'}$ ausschneiden. Anschließend legt man vom Schnittpunkt A von t und h' eine Tangente an j. Diese schneidet i in zwei Punkten S und T. Aus **Satz 2.2** folgt dann, dass $\overrightarrow{AS} = \overrightarrow{WP'}$. Man kann also die Strecken $\overline{AS}$ und $\overline{AT}$ auf der Geraden h' nach rechts (oder für die zweite Lösung nach links) abtragen und erhält die Punkte U und V. Der Kreis X' durch U, V und R schneidet also aus h' eine Sehne der richtigen Länge aus und schneidet k unter dem Winkel α. Nun muss der Kreis X' nur noch durch eine Translation in Richtung k' verschoben werden, sodass er durch die Punkte P' und Q' geht.

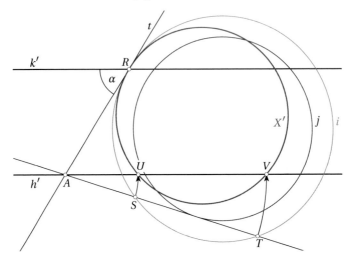

Für Teilaufgabe (b) nehmen wir an, h schneide k in einem Punkt S. Der h zugeordnete Apollonische Kreis i durch S geht durch P und Q und schneidet k unter dem Winkel $\frac{\pi}{2} - \alpha$. Das heißt i (und somit der Punkt S) kann mit Teilaufgabe (a) konstruiert werden. Die Winkelhalbierenden der Geraden PS und QS schneiden dann die Gerade PQ in einem Durchmesser des gesuchten Kreises h.

6.7 Wir gehen aus von der Kiefer-Konstruktion in **Satz 5.4**: k_1, k_2 und k_3 sind die drei gegebenen Kreise. X und Y sind die Schnittpunkte der drei äußeren Potenzkreise von je zwei der drei Kreise. Man konstruiert dann den Kreis i durch X, Y, der k_1 unter dem Winkel $\frac{\pi}{2} - \alpha$ schneidet wie in **Aufgabe 6.6.(a)**. Die Lösungskreise U und V erhält man dann wie in **Aufgabe 6.6.(b)**. In der Figur ist die Lösung für $\alpha = \frac{\pi}{3}$ abgebildet.

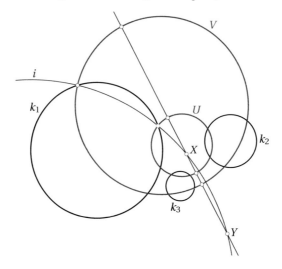

Kapitel 7

7.1 Für Teilaufgabe (a) beachte, dass E auf der Mittelsenkrechten m liegt und somit $\overrightarrow{NE} = \overrightarrow{EP}$ gilt. Es ist also

$$\overrightarrow{NE} + \overrightarrow{ME} = \overrightarrow{EP} + \overrightarrow{ME} = r,$$

wobei r der Radius von k ist. Mit **Satz 7.14** liegt E auf einer Ellipse e.

Für Teilaufgabe (b) beachte, dass keiner von E verschiedene Punkt E' auf m auch auf e liegt: Da

$$\overrightarrow{NE'} + \overrightarrow{ME'} = \overrightarrow{E'P} + \overrightarrow{ME'} > r,$$

erfüllt E' die Bedingungen von **Satz 7.14** nicht. Die Gerade m besitzt somit nur einen gemeinsamen Punkt mit der Ellipse e und ist deshalb eine Tangente an e.

Für Teilaufgabe (c) zeigen wir, dass der Einfallswinkel gleich groß wie der Ausfallswinkel ist. Zu beachten ist dabei, dass m die Symmetrieachse des Dreiecks $\triangle NEP$ ist.

7.2 Mit der Charakterisierung aus **Satz 7.14** der Parabel als geometrischer Ort kann diese Aufgabe analog zur vorhergehenden gelöst werden.

7.3 Für Teilaufgabe (a) betrachten wir exemplarisch die folgende Figur:

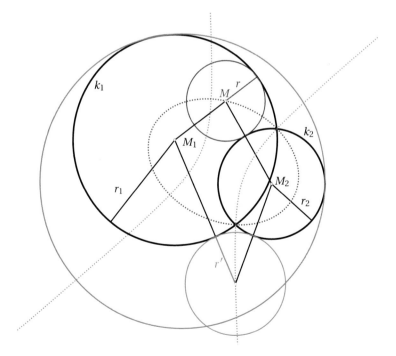

Für die Kreismittelpunkte M der roten Kreise gilt

$$\overrightarrow{MM_1} + \overrightarrow{MM_2} = (r_1 - r) + (r_2 + r) = r_1 + r_2,$$

unabhängig von r. Mit **Satz 7.14** liegen diese Mittelpunkte auf einer Ellipse. Analog zeigt man, dass die Kreismittelpunkte der grünen Kreise auf einer Hyperbel liegen.

Teilaufgabe (b) ist ein Spezialfall von Teilaufgabe (a).

Teilaufgabe (c) erhält man wiederum mit der Charakterisierung aus **Satz 7.14** der Parabel als geometrischer Ort.

Teilaufgabe (d) ist ein Spezialfall von Teilaufgabe (c).

Für Teilaufgabe (e) beachte, dass es, wie in **Satz 6.7** gezeigt, immer möglich ist zwei sich nicht schneidende Kreise in ein Paar konzentrischer Kreise zu invertieren. Es ist dann offensichtlich, dass die Bilder der betrachteten Berührungspunkte auf einem konzentrischen Kreis liegen; dessen Urbild – auf dem die betrachteten Berührungspunkte liegen – ist nun entweder ein Kreis oder eine Gerade.

Mithilfe einer geeigneten Inversion, kann man auch zeigen, dass sich zwei schneidende Kreise oder ein Kreis und eine Gerade immer entweder in ein Paar sich schneidender Geraden oder in ein Paar konzentrischer Kreise abbilden lässt. Somit liegen auch in diesen Fällen die Berührungspunkte wie behauptet.

7.4 Die Konstruktion ist analog zur in Abschn. 7.3.5 beschriebenen Konstruktion. Einzig, dass wir im ersten Schritt – anstelle einer Achsenspiegelung an h – eine Schrägspiegelung an $\tilde{h}$ in Richtung der gegebenen Tangente verwenden.

7.5 Die Idee der Konstruktion ist, dass zuerst ein zugehöriger Kreis wie im Beweis von **Satz 7.10** bzw. **Satz 7.12** konstruiert wird, wobei natürlich Entsprechendes in die Zeichenebene umgeklappt werden muss. Mithilfe der Verschwindungsgeraden können mit den Resultaten aus Kap. 7 (z.B. **Satz 7.4**) Hauptachsen, Brennpunkte, etc. konstruiert werden. Für eine genauere Ausführung siehe [31].

Kapitel 8

8.1 Gehen wir aus von einem gegebenen Punkt A und einer gegebenen Strecke $\overline{BC}$. Wir möchten zunächst mit einem kollabierenden Zirkel eine Strecke $\overline{AF}$ konstruieren, welche zu $\overline{BC}$ kongruent ist. Wir folgen direkt der Konstruktion, die schon Euklid angegeben hat: Wir konstruieren zunächst das gleichseitige Dreieck $\triangle ABD$. Sei dann E der Schnittpunkt von BD mit dem Kreis k_1 um B durch C, sodass B zwischen D und E liegt. Dann findet man F als Schnittpunkt von AD mit dem Kreis k_2 um D durch E, sodass A zwischen D und F liegt (siehe Figur). Dann gilt

$$\overrightarrow{DA} + \overrightarrow{AF} = \overrightarrow{DF} = \overrightarrow{DB} + \overrightarrow{BE} = \overrightarrow{DA} + \overrightarrow{BC}$$

und somit $\overrightarrow{AF} = \overrightarrow{BC}$.

Der Kreis um A durch F kann nun mit jeder beliebigen Geraden g durch A geschnitten werden. Das heißt, man kann mit dem kollabierenden Zirkel die Strecke $\overline{BC}$ von A aus auf jeder beliebigen Geraden g durch A abtragen. Mehr braucht es nicht, um jede Konstruktion, die mit dem klassischen Zirkel und Lineal durchführbar ist, auch mit dem kollabierenden Zirkel und Lineal auszuführen.

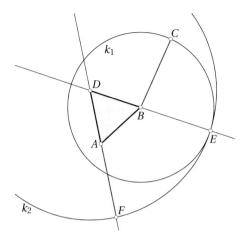

8.2 Man verdoppelt zuerst die Strecke $\overline{AB}$ wie folgt: Man zeichnet die Kreise k_1 und k_2 um A und B mit Radius $\overrightarrow{AB}$ und trägt von einem der Schnittpunkte P_1 den Radius $\overrightarrow{AB}$ noch zweimal auf k_2 ab (siehe Figur). Das gibt die Punkte P_2 und P_3. Dann ist B der Mittelpunkt der Strecke $\overline{AP_3}$. Dann wendet man die Konstruktion aus **Aufgabe 4.9** an, um P_3 an k_1 zu invertieren. Das liefert den Mittelpunkt M der Srecke $\overline{AB}$.

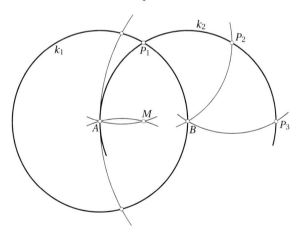

8.3 Sei $\mathrm{DV}(P_1P_2P_3P_4) = \lambda$. Dann sieht man leicht, dass dieser Wert sich nicht ändert, wenn man P_1 und P_2 und gleichzeitig P_3 und P_4 vertauscht. Dasselbe gilt, wenn man das Paar (P_1, P_2) mit dem Paar (P_3, P_4) vertauscht. Das heißt, es gilt

$$\mathrm{DV}(P_1P_2P_3P_4) = \mathrm{DV}(P_2P_1P_4P_3) = \mathrm{DV}(P_3P_4P_1P_2) = \mathrm{DV}(P_4P_3P_2P_1) = \lambda.$$

Vertauscht man nur P_3 und P_4, so geht das Doppelverhältnis in den reziproken Wert über:

$$\mathrm{DV}(P_1P_2P_4P_3) = 1/\lambda$$

Man rechnet weiter leicht nach, dass gilt:

$$\mathrm{DV}(P_1P_3P_2P_4) = 1 - \lambda$$

Die Werte bei allen anderen Permutationen ergeben sich aus diesen Regeln. Die vollständige Liste lautet:

- $DV(P_1P_2P_3P_4) = DV(P_2P_1P_4P_3) = DV(P_3P_4P_1P_2) = DV(P_4P_3P_2P_1) = \lambda$

- $DV(P_1P_2P_4P_3) = DV(P_2P_1P_3P_4) = DV(P_4P_3P_1P_2) = DV(P_3P_4P_2P_1) = \dfrac{1}{\lambda}$

- $DV(P_1P_3P_2P_4) = DV(P_3P_1P_4P_2) = DV(P_2P_4P_1P_3) = DV(P_4P_2P_3P_1) = 1-\lambda$

- $DV(P_1P_3P_4P_2) = DV(P_3P_1P_2P_4) = DV(P_4P_2P_1P_3) = DV(P_2P_4P_3P_1) = \dfrac{1}{1-\lambda}$

- $DV(P_1P_4P_3P_2) = DV(P_4P_1P_2P_3) = DV(P_3P_2P_1P_4) = DV(P_2P_3P_4P_1) = \dfrac{\lambda}{1-\lambda}$

- $DV(P_1P_4P_2P_3) = DV(P_4P_1P_3P_2) = DV(P_2P_3P_1P_4) = DV(P_3P_2P_4P_1) = \dfrac{1-\lambda}{\lambda}$

8.4 Nach **Satz 8.15** ist zu zeigen, dass

$$TV(A_1A_2P_{23})\,TV(A_1A_2P_{13})\,TV(A_2A_3P_{31})\,TV(A_2A_3P_{21})\,TV(A_3A_1P_{12})\,TV(A_3A_1P_{32}) = 1$$
$$\text{(B.1)}$$

gilt. Die Tangentenabschnitte von A_1 an den Ankreis k_1 sind gleich lang: $\overrightarrow{A_1P_{13}} = \overrightarrow{A_1P_{12}}$.
Das heißt,

$$s := \overrightarrow{A_1P_{33}} + \overrightarrow{P_{33}A_2} + \overrightarrow{A_2P_{13}} = \overrightarrow{A_1P_{22}} + \overrightarrow{P_{22}A_3} + \overrightarrow{A_3P_{12}}.$$

Andererseits ist wegen $\overrightarrow{P_{33}A_2} = \overrightarrow{A_2P_{11}}$ und $\overrightarrow{P_{22}A_3} = \overrightarrow{A_3P_{11}}$ die Summe all dieser Streckenabschnitte gerade der Umfang $U = a_1 + a_2 + a_3$ des Dreiecks:

$$U = \overrightarrow{A_1P_{33}} + \overrightarrow{P_{33}A_2} + \overrightarrow{A_2P_{13}} + \overrightarrow{A_1P_{22}} + \overrightarrow{P_{22}A_3} + \overrightarrow{A_3P_{12}} = 2s$$

Das heisst s ist der halbe Dreiecksumfang. Analog haben wir

$$s = \overrightarrow{A_1P_{13}} = \overrightarrow{A_1P_{12}} = \overrightarrow{A_2P_{21}} = \overrightarrow{A_2P_{23}} = \overrightarrow{A_3P_{32}} = \overrightarrow{A_3P_{31}}.$$

Somit gilt

$$TV(A_1A_2P_{23})\,TV(A_1A_2P_{13}) = \left(-\frac{s-a_3}{s}\right)\left(-\frac{s}{s-a_3}\right) = 1,$$

und Gleichung (B.1) folgt sofort.

8.5 Für Teilaufgabe (a) beachte, dass fünf der sechs Ecken, sagen wir A_1, A_2, A_3, B_1, B_2, einen eindeutigen Kegelschnitt c_2 bestimmen, der durch diese Punkte geht. Nach **Satz 8.22** hat aber das Tangentendreieck an den Kegelschnitt c_1 mit Ecken B_1, B_2 seine dritte Ecke, eben B_3, dann ebenfalls auf c_2.

Für Teilaufgabe (b) beachte, dass fünf der sechs Dreiecksseiten, sagen wir die Seiten des Dreiecks $\triangle A_1A_2A_3$ und die Seiten B_1B_2 und B_2B_3, einen eindeutigen Kegelschnitt c_2 bestimmen, der tangential an diese fünf Seiten ist. Nach **Satz 8.22** ist dann auch die dritte Seite B_3B_1 des Dreiecks $\triangle B_1B_2B_3$ tangential an c_2.

8.6 Für Teilaufgabe (a) verwenden wir trilineare Koordinaten. Der Punkt P hat trilineare Koordinaten $p_1 : p_2 : p_3$. Der Pol G einer Geraden g durch P hat trilineare Koordinaten $g_1 : g_2 : g_3$. Da g die Polare von G ist, hat g laut **Satz 8.25** die trilinearen Koordinaten $\frac{1}{g_1} : \frac{1}{g_2} : \frac{1}{g_3}$. Und weil g durch P geht, gilt $\frac{p_1}{g_1} + \frac{p_2}{g_2} + \frac{p_3}{g_3} = 0$. Nach Multiplikation mit $g_1 g_2 g_3$ erhält man nun die Gleichung des geometrischen Ortes der Pole G:

$$p_1 g_2 g_3 + p_2 g_3 g_1 + p_3 g_1 g_2 = 0 \tag{B.2}$$

Dies ist eine quadratische Gleichung in den trilinearen Koordinaten. Da die Umrechnung in kartesische Koordinaten linear ist (siehe Abschn. 8.7), ist die Gleichung auch in kartesischen Koordinaten quadratisch und stellt somit einen Kegelschnitt dar. Offensichtlich erfüllen die Ecken $1 : 0 : 0$, $0 : 1 : 0$ und $0 : 0 : 1$ Gleichung (B.2). Die Rechnung funktioniert auch in der umgekehrten Richtung.

Wir deuten noch einen geometrischen Beweis an: Die Punkte $A_3 X_1 A_2 Y_1$ und die Punkte $A_2 X_3 A_1 Y_3$ liegen nach Konstruktion harmonisch (siehe Figur).

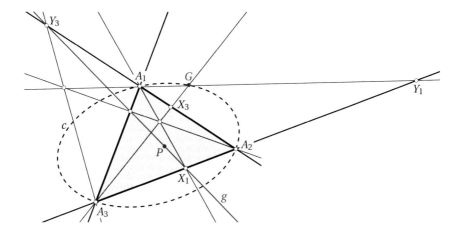

Die durch die Konstruktion festgelegten Abbildungen $\varphi_1 : X_3 \mapsto Y_3$ und $\varphi_2 : X_1 \mapsto Y_1$ sind daher projektiv, das heißt, sie erhalten das Doppelverhältnis von Punkten. Dasselbe gilt für die Abbildung $\psi : Y_3 \mapsto X_1$ wegen **Satz 8.12** mit P als Projektionszentrum. Somit ist auch die Verknüpfung der drei Abbildungen $\varphi_2 \circ \psi \circ \varphi_1 : X_3 \mapsto Y_1$ projektiv. Damit sind auch die Strahlen $A_3 X_3$ und $A_1 Y_1$ projektiv aufeinander bezogen. Nach einem Satz von STEINER liegen dann die Schnittpunkte $A_3 X_3 \cap A_1 Y_1$ auf einem Kegelschnitt durch die Zentren A_1 und A_3 [45, II. Theil, §22]. Dasselbe Argument mit permutierten Indizes ergibt, dass der Kegelschnitt auch durch A_2 geht.

Für Teilaufgabe (b) nehmen wir an, die trilinearen Polaren der Ecken A_i bezüglich $\triangle B_1 B_2 B_3$ seien kopunktal. Aus Teilaufgabe (a) folgt dann sofort, dass alle sechs Ecken der beiden Dreiecke auf einem Kegelschnitt liegen. Dasselbe gilt auch, wenn wir die Rollen von $\triangle A_1 A_2 A_3$ und $\triangle B_1 B_2 B_3$ vertauschen.

Wenn wir umgekehrt davon ausgehen, dass die Ecken der beiden Dreiecke auf einem Kegelschnitt liegen, so folgt wieder aus Teilaufgabe (a), dass die trilinearen Polaren der Ecken A_i bezüglich $\triangle B_1 B_2 B_3$ kopunktal sind und dass die trilinearen Polaren der Ecken B_i bezüglich $\triangle A_1 A_2 A_3$ ebenfalls kopunktal sind.

Der Beweis in Teilaufgabe (c) erfolgt durch Dualisieren der Argumente in Teilaufgabe (b).

8.7 Der betrachtete Fall tritt genau dann ein, wenn der **Satz von Poncelet 8.22** für Dreiecke $\triangle A_1 A_2 A_3$ gilt, welche Ecken auf c_2 haben und deren Seiten tangential an c_1 sind (siehe Figur).

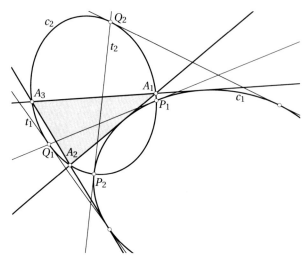

Wenn sich nämlich der Punkt A_1 dem Punkt P_1 nähert, nähern sich die Punkte A_2 und A_3 dem Punkt Q_1. Im Grenzfall wird die Sehne $A_2 A_3$ zur Tangente in Q_1, und das Dreieck degeneriert zur Strecke $\overline{P_1 Q_1}$. Das Analoge spielt sich ab, wenn sich der Punkt A_2 dem Punkt P_2 nähert.

8.8 Wir betrachten den Fall, bei dem die Kreise k_1, k_2, k_3 gleich orientiert sind. Dabei schauen wir von oben auf die Zeichenebene E, in der die drei Kreise liegen.
Für Teilaufgabe (a) betrachten wir die Ebene F durch Kreiszentren Z_1, Z_2 und die beiden Kegelspitzen. F steht senkrecht auf E und erscheint von oben betrachtet als Gerade $Z_1 Z_2$. Diese Ebene F legen wir nun in Ebene E um (siehe Figur). Die dünnen Linien sind dann die Mantellinien, welche in F liegen: Sie schneiden sich in den Punkten A und B. Die Gerade AB ist dann die Umlegung der gesuchten Schnittebene E_{12} der zyklographischen Kegel von k_1 und k_2. Damit ist die gestrichelt eingezeichnete Spur s_{12} von E_{12} gefunden: s_{12} ist also die Schnittgerade von E_{12} mit der Zeichenebene E und steht senkrecht auf $Z_2 Z_2$. Der Winkel α_{12} ist der Neigungswinkel von E_{12} gegenüber der Zeichenebene E. Für E_{13} geht man analog vor.

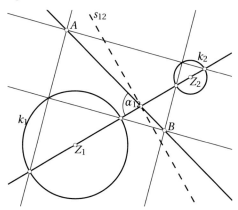

Wir merken noch an, dass s_{12} nichts anderes als die Chordale von k_1 und k_2 ist.

Für Teilaufgabe (b) gehen wir davon aus, dass die beiden Ebenen E_{12} und E_{13} aus Teilaufgabe (a) durch ihre Spuren s_{12} und s_{13} sowie ihre Neigungswinkel α_{12} und α_{13} gegeben sind. Ein Punkt der gesuchten Schnittgerade g von E_{12} und E_{13} ist dann der Schnittpunkt U von s_{12} und s_{13}. Um einen weiteren Punkt von g zu finden, bestimmen wir die Geraden s'_{12} und s'_{13}, welche in E_{12} und E_{13} parallel zu E liegen und einen Abstand d von E haben. Im Hinblick auf Teilaufgabe (c) wählen wir $d = r_1$, den Radius von k_1. Dann ist der Schnittpunkt V von s'_{12} und s'_{13} ein zweiter Punkt von g. Die Konstruktion ist der folgenden Figur zu entnehmen.

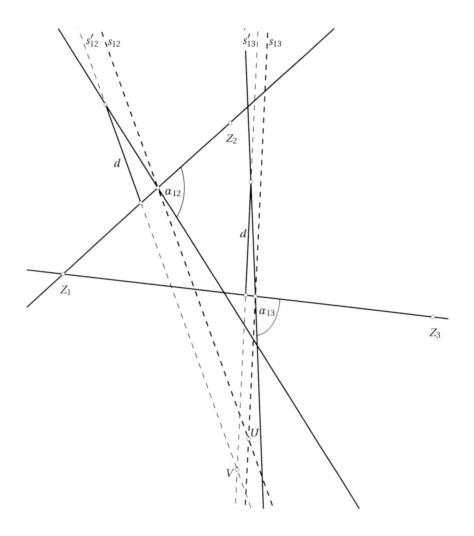

Der Punkt V liegt im Raum auf der Höhe d über der Zeichenebene. Wenn wir in der Zeichenebene E eine Gerade durch U und den Grundriss von V legen, so liegen darauf die Zentren der beiden gesuchten Berührungskreise k.

Für Teilaufgabe (c) bestimmen wir die Ebene G durch g und die Spitze S_1 des zyklographischen Kegels des Kreises k_1. Die Ebene G hat eine Spur s durch U in der Zeichenebene E. Da wir geschickterweise $d = r_1$ gewählt haben, ist s parallel zu Z_1V. Die Spur s schneidet dann k_1 in zwei Punkten P und Q. Die Geraden Z_1P und Z_1Q schneiden dann den Grundriss von UV in den gesuchten Zentren der beiden Berührungskreise (siehe Figur).

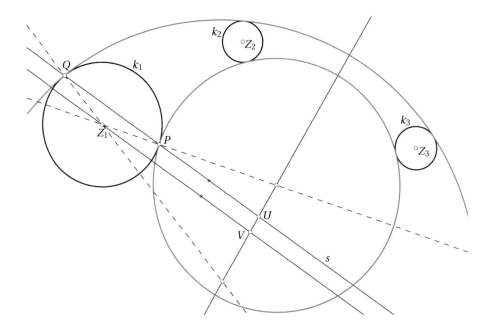

Wenn wir die Situation mit der Konstruktion in Abschn. 5.2 vergleichen, wird ersichtlich, dass U der Chordalpunkt der drei Kreise ist und dass auf UP der Pol von k_1 bezüglich der äußeren Ähnlichkeitsachse der drei Kreise liegt.

Literaturverzeichnis

[1] Carl Adams, *Die Lehre von den Transversalen in ihrer Anwendung auf die Planimetrie*, Verlag der Steiner'schen Buchhandlung, Winterthur, 1843.

[2] Carl Adams, *Die harmonischen Verhältnisse. Ein Beitrag zur neueren Geometrie*, Verlag der Steiner'schen Buchhandlung, Winterthur, 1845.

[3] Apollonius, *Apollonius von Pergen ebene Örter* [wiederhergestellt von Robert Simson; aus dem Lateinischen übersetzt von Johann Wilhelm Camerer], Adam Friedrich Böhme, Leipzig, 1796.

[4] Apollonius, *Des Apollonius von Perga sieben Bücher über Kegelschnitte, nebst dem durch Halley Sieder hergestellten achten Buche* [Deutsch bearbeitet von H. Balsam], Verlag von Georg Reimer, Berlin, 1861.

[5] Apollonius, *Die Kegelschnitte des Apollonius* [übersetzt von Dr. Arthur Czwalina], Verlag R. Oldenbourg, München und Berlin, 1926.

[6] Archimedes, *Opera Omnia IV: Über einander berührende Kreise* [aus dem Arabischen übersetzt und mit Anmerkungen versehen von Yvonne Dold-Samplonius, Heinrich Hermelink und Matthias Schramm], B. G. Teubner, Stuttgart, 1975.

[7] Günter Aumann, *Kreisgeometrie* [Springer-Lehrbuch], Springer Spektrum, Heidelberg, 2015.

[8] Peter Baptist, *Historische Anmerkungen zu Gergonne- und Nagel-Punkt*, Sudhoffs Archiv, vol. 71 (1987), no. 2, 230–233.

[9] **Duden**, *Rechnen und Mathematik*, 3rd ed., Dudenverlag, Mannheim/Wien/Zürich, 1969.

[10] Anne Blauth, *Christoph Gudermann und sein „Lehrbuch der niederen Sphärik"*, Masterarbeit, Westfälische Wilhelms-Universität Münster, 2020.

[11] Charles Julien Brianchon, *Sur les surfaces courbes du second degré, Journal de l'École Polytechnique*, Cah. XIII (1806).

[12] Detlef Cauer, *Über die konstruktion des mittelpunktes eines kreises mit dem lineal allein*, Mathematische Annalen, vol. 73 (1912), no. 1, 90–94; corrigendum vol. 74, (1913), no. 3, 462–464.

[13] James Mark Child, *640. [K^1. 1. c.] Proof of "Morley's Theorem" (by Euclid, Bk. III.)*, The Mathematical Gazette, vol. 11 (1922), no. 160, 171.

[14] Harold Scott MacDonald Coxeter, *Unvergängliche Geometrie*, Birkhäuser Verlag, Basel, 1963.

[15] Harold Scott MacDonald Coxeter, *Introduction to geometry*, 2nd ed., John Wiley & Sons, New York-London-Sydney, 1969.

[16] Harold Scott MacDonald Coxeter, *The real projective plane*, 3rd ed., Springer-Verlag, New York, 1993.

[17] René Descartes, *Regulae ad directionem ingenii / Regeln zur Ausrichtung der Erkenntniskraft*, Descartes philosophische Schriften, Felix Meiner Verlag, Hamburg, 1996, pp. 1–181.

[18] Euklid, *Die Elemente, Buch I–XIII*, nach Heibergs Text aus dem Griechischen übersetzt und herausgegeben von Clemens Thaer, Wissenschaftliche Buchgesellschaft, Darmstadt, 1980.

[19] Wilhelm Fiedler, *Cyklographie oder Construction der Aufgaben über Kreise und Kugeln, und elementare Geometrie der Kreis- und Kugelsysteme*, B. G. Teubner, Leipzig, 1882 (German).

[20] Christoph Gudermann, *Grundriss der analytischen Sphärik*, Du Mont-Schauberg, 1830.

[21] Richard K. Guy, *The lighthouse theorem, Morley & Malfatti – a budget of paradoxes*, American Mathematical Monthly, vol. 114 (2007), no. 2, 97–141.

© Springer-Verlag GmbH Deutschland, ein Teil von Springer Nature 2021
L. Halbeisen et al., *Mit harmonischen Verhältnissen zu Kegelschnitten*,
https://doi.org/10.1007/978-3-662-63330-4

[22] Lorenz Halbeisen und Norbert Hungerbühler, *On periodic billiard trajectories in obtuse triangles*, *SIAM Review*, vol. 42 (2000), no. 4, 657–670 (electronic).

[23] Lorenz Halbeisen und Norbert Hungerbühler, *A simple proof of Poncelet's theorem (on the occasion of its bicentennial)*, *American Mathematical Monthly*, vol. 122 (2015), no. 6, 537–551.

[24] Robin Hartshorne, *Geometry: Euclid and Beyond* [Undergraduate Texts in Mathematics], Springer-Verlag, New York, 2000.

[25] Gaston Hauser, *Geometrie der Griechen von Thales bis Euklid, mit einem einleitenden Abschnitt über die vorgriechische Geometrie*, Eugen Haag, Luzern, 1955.

[26] Carl Hellwig, *Das Problem des Apollonius nebst den Theorien der Potenzörter, Potenzpunkte, Aehnlichkeitspunkte, Aehnlichkeitsgeraden, Potenzkreise, Pole und Polaren*, H.W. Schmidt, Halle, 1856.

[27] David Hilbert, *Die Grundlagen der Geometrie* [8. Auflage, mit Revisionen und Ergänzungen von Dr. Paul Bernays], B. G. Teubner, Stuttgart, 1956.

[28] Norbert Hungerbühler, *Geometrical aspects of the circular billiard problem*, *Elemente der Mathematik. Eine Zeitschrift der Schweizerischen Mathematischen Gesellschaft. Une Revue de la Société Mathématique Suisse. Una Rivista della Società Matematica Svizzera*, vol. 47 (1992), no. 3, 114–117.

[29] Norbert Hungerbühler, *Die zehn Apollonischen Probleme*, *Didaktik der Mathematik*, vol. 21/4 (1993), 241–249.

[30] Norbert Hungerbühler, *A short elementary proof of the Mohr-Mascheroni theorem*, *The American Mathematical Monthly*, vol. 101 (1994), no. 8, 784–787.

[31] Norbert Hungerbühler, *Sections of pyramids, perspectivities and conics*, *International Journal of Mathematical Education in Science and Technology*, vol. 27 (1996), no. 3, 335–345.

[32] Fritz Hüttemann, *Ein Beitrag zu den Steinerschen Konstruktionen*, *Jahresbericht der DMV*, vol. 43 (1933), 184–185.

[33] Adolf Kiefer, *Geometrische Mitteilungen*, *Vierteljahresschrift der Naturforschenden Gesellschaft in Zürich*, vol. 63 (1918), 494–511.

[34] Philippe de La Hire, *Sectiones conicae*, P. Michalet, Parisiis, 1685.

[35] George E. Martin, *Geometric constructions*, Undergraduate Texts in Mathematics, Springer-Verlag, New York, 1998.

[36] C. Stanley Ogilvy, *Unterhaltsame Geometrie*, Vieweg & Sohn, Braunschweig/Wiesbaden, 1979.

[37] Alexander Ostermann und Gerhard Wanner, *Geometry by Its History* [Undergraduate Texts in Mathematics. Readings in Mathematics], Springer-Verlag, Heidelberg, 2012.

[38] Blaise Pascal, *Essay pour les Coniques* (1640).

[39] Jean-Victor Poncelet, *Traité des propriétés projectives des figures*, Bachelier, Paris, 1822.

[40] Hermann Probst, *Geschichte des Königlichen Gymnasiums zu Cleve von 1817–1867: Festschrift womit zu der am 4., 5., und 6. Mai stattfindenden fünfzigjährigen Gedenkfeier der Gründung des Königl. Gymnasiums zu Cleve ergebenst einladet Dr. Hermann Probst, Director des Gymnasiums*, 1867.

[41] Harald Scheid und Wolfgang Schwarz, *Elemente der Geometrie*, 4th ed., Elsevier / Spektrum Akademischer Verlag, Heidelberg, 2007.

[42] Hermann Amandus Schwarz, *Gesammelte mathematische Abhandlungen. Band I, II* [Nachdruck in einem Band der Auflage von 1890], Chelsea Publishing Co., Bronx, N.Y., 1972.

[43] Christoph J. Scriba und Peter Schreiber, *5000 Jahre Geometrie. Geschichte, Kulturen, Menschen*, Springer-Verlag, Berlin, 2001.

[44] Jacob Steiner, *Jacob Steiner's Vorlesungen über synthetische Geometrie. Erster Theil: Die Theorie der Kegelschnitte in elementarer Darstellung* [bearbeitet von C. F. Geiser], 2nd ed., B. G. Teubner, Leipzig, 1875.

[45] Jacob Steiner, *Jacob Steiner's Vorlesungen über synthetische Geometrie. Zweiter Theil: Die Theorie der Kegelschnitte gestützt auf projectivische Eigenschaften* [bearbeitet von H. Schröter], 2nd ed., B. G. Teubner, Leipzig, 1876.

[46] Jacob Steiner, *Die geometrischen Constructionen, ausgeführt mittelst der geraden Linie und eines festen Kreises* [herausgegeben von A. J. von Oettingen], Verlag von Wilhelm Engelmann, Leipzig, 1895.

[47] Jacob Steiner, *Allgemeine Theorie über das Berühren und Schneiden der Kreise und der Kugeln* [aus Steiners Nachlass herausgegeben von R. Fueter], Orell Füssli Verlag, Zürich, 1931.

[48] Eduard Stiefel, *Lehrbuch der darstellenden Geometrie* [Lehrbücher und Monographien aus dem Gebiete der exakten Wissenschaften, Mathematische Reihe Band VI], Birkhäuser Verlag, Basel, 1947.

[49] Johannes Thomae, *Ebene geometrische Gebilde erster und zweiter Ordnung vom Standpunkte der Geometrie der Lage*, Verlag von Louis Nebert, Halle an der Saale, 1873.

[50] Johannes Tropfke, *Geschichte der Elementar-Mathematik in systematischer Darstellung mit besonderer Berücksichtigung der Fachwörter, 3. Band: Proportionen, Gleichungen*, 3rd ed., Walter de Gruyter, Berlin, 1937.

[51] Johannes Tropfke, *Geschichte der Elementar-Mathematik in systematischer Darstellung mit besonderer Berücksichtigung der Fachwörter, 4. Band: Ebene Geometrie*, 3rd ed., Walter de Gruyter, Berlin, 1940.

[52] Bartel L. van der Waerden, *Erwachende Wissenschaft. Ägyptische, babylonische und griechische Mathematik*, [aus dem Holländischen übersetzt von Helga Habicht, mit Zusätzen vom Verfasser; Wissenschaft und Kultur, Bd. 8], Birkhäuser Verlag, Basel/Stuttgart, 1956.

[53] Jan van Yzeren, *A simple proof of Pascal's hexagon theorem*, American Mathematical Monthly, vol. 100(10) (1993), 930–931.

[54] Herbert Zeitler und Dušan Pagon, *Kreisgeometrie – gestern und heute*, Wissenschaftliche Buchgesellschaft, Darmstadt, 2007.

[55] Hieronymus Georg Zeuthen, *Die Lehre von den Kegelschnitten im Altertum* [deutsche Ausgabe unter Mitwirkung des Verfassers, besorgt von Dr. R. v. Fischer-Benzon], Verlag von Andr. Fred. Höst & Sohn, Kopenhagen, 1886.

Index

© Springer-Verlag GmbH Deutschland, ein Teil von Springer Nature 2021
L. Halbeisen et al., *Mit harmonischen Verhältnissen zu Kegelschnitten*,
https://doi.org/10.1007/978-3-662-63330-4

Printed in the United States
by Baker & Taylor Publisher Services